大道至简

快速求解
线性电路传递函数

［法］克里斯多夫·巴索 (Christophe Basso) 著

文天祥　王牡丹　译

机械工业出版社
CHINA MACHINE PRESS

快速分析电路技术（简称 FACTs）倡导的是一种简单的方法，如果一个电路太复杂，就把它分成几个更简单的子电路，分而治之。然后将所有中间结果组合起来，形成你想要的最终结果。如果结果与你预期的不一致，只需要找到有错误的子电路并修正它，而不需要从头开始。本书从简到复杂，逐步推进讲解线性电路传递函数快速分析技术，通过对电路传递函数进行系统分析，作者对示例通过传统理论推导，以及 SPICE 仿真和 Mathcad® 软件计算验证，这种严谨的交叉验证使读者能够从多个维度对电路进行学习。

本书将时间常数、零点、极点、传递函数、双重抵消注入（NDI）等概念和技巧贯穿其中，从一阶到多阶的电路网络，以一种全新的视角将电路分析的方法呈现给读者。

本书适合电子及电子信息工程相关本科生、研究生、电源工程师、电子工程师，以及其他相关研究人员参考学习，通过本书可以较为系统地了解线性电路的时域、频域理论知识，简化系统的传递函数分析，并将这一全新的方法推广应用到更复杂的电路系统中。

The Fast Track to Determining Transfer Functions of Linear Circuits: The Student Guide

ISBN 9781960405197

Copyright © Christophe Basso 2023

Simplified Chinese Translation Copyright © 2024 by China Machine Press. This edition is authorized for sale in the Chinese mainland (excluding Hong Kong SAR, Macao SAR and Taiwan).

北京市版权局著作权合同登记　图字：01-2024-2497 号。

图书在版编目（CIP）数据

大道至简：快速求解线性电路传递函数 /（法）克里斯多夫·巴索著；文天祥，王牡丹译. -- 北京：机械工业出版社，2024. 12（2025. 4 重印）. -- ISBN 978-7-111-76986-6

Ⅰ. TM131

中国国家版本馆 CIP 数据核字第 20241PW093 号

机械工业出版社（北京市百万庄大街 22 号　邮政编码 100037）

策划编辑：江婧婧　　　　　责任编辑：江婧婧
责任校对：韩佳欣　梁　静　封面设计：王　旭
责任印制：张　博
北京建宏印刷有限公司印刷
2025 年 4 月第 1 版第 2 次印刷
210mm×285mm · 13.75 印张 · 444 千字
标准书号：ISBN 978-7-111-76986-6
定价：99.00 元

电话服务　　　　　　网络服务
客服电话：010-88361066　机 工 官 网：www.cmpbook.com
　　　　　010-88379833　机 工 官 博：weibo.com/cmp1952
　　　　　010-68326294　金 书 网：www.golden-book.com
封底无防伪标均为盗版　机工教育服务网：www.cmpedu.com

译者序

我很幸运能够翻译 Christophe Basso 的书籍，在我看来，Christophe Basso 的技术严谨、逻辑自洽令我钦佩，对于每一个公式和图表，他力图通过数值计算、仿真分析等多种手段交叉验证。

大概在 2018 年的时候，Christophe Basso 和我开始通过邮件沟通，想推广快速分析电路技术（FACTs），考虑到国内对此技术的了解甚少，当时只限于工程师圈内传播。同年受世纪电源网团队（www.21dianyuan.com）的邀请，他来到中国，为中国工程师和学生举办了为期 10 天共计四场技术研讨会，本次培训的目的是通过引入一种简单的电路分析方法，将复杂的高阶电路进行简化，然后将此方法引入到实际的电路中，如输入滤波器的振荡机理，Buck 电路的环路验证。通过 SPICE 的仿真，以及 Mathcad® 的交叉验证，读者可以化繁为简地理解和分析开关电源电路。

在我看来，FACTs 是一种全新的方法论，它可以帮助你扩展学生时期所学到的知识，电路的传递函数写出来后，一般都是比较复杂的高阶数学表达式，很多工程师不太擅长数学上的推导，FACTs 大大简化了分析过程并能得到更准确的结果。通过使用 FACTs，加快了执行速度，最终结果将以有序的多项式形式出现，而无需进一步的因子分解工作。这和传统的传递函数分析相比，能够更为方便和快速地显示出结果。

本书将时间常数、零点、极点、传递函数、双重抵消注入（NDI）等概念和技巧贯穿其中，从一阶到多阶的电路网络，以一种全新的视角将电路分析的方法呈现给读者。

在本书的翻译过程中，我查阅了大量的参考文献内容，和之前的书籍出版一样，机械工业出版社的编辑江婧婧从立项到完稿，给予了我极大的支持，并在审稿过程提供了细致的帮助。同时，爱妻王牡丹给予一如既往的支持，小儿夕宝陪伴左右嬉闹，虽有打扰，但仍然乐在其中，没有这些背后的默默付出，本书不可能出版。

本书虽多次审校，但受译者水平和能力所限，翻译过程中若存在不妥之处，恳请读者批评指正。欢迎读者对书中内容或是术语翻译进行探讨，邮箱：eric.wen1984@qq.com，谢谢！

文天祥
2024 年 5 月于上海

原书致谢

我感到很幸运，这本书已经得到了我的许多朋友和同事的审阅。仔细阅读本书中的这些图表和表达式需要坚韧的毅力和足够的耐心，谢谢大家！我的 Onsemi 的同事们认真地检查了部分或全部章节，我也要感谢 Stéphanie Cannenterre（法国）、Joël Turchi（法国）和 Alain Laprade（美国）的努力。Dmitriy（俄罗斯）将 FACTs 应用于他的一些项目，并对许多内容进行了评审和建议。How2Power 在线通讯报道的 David Morrison（美国）对这本书的结构进行了评审，并提出了有用的建议。来自 Future Electronics 的 Riccardo Collura（意大利）审阅了其中的一些内容，并向我发送了这些评论。Andrew Krill（美国）审阅了部分章节，并对某些部分提出了有趣的建议。台湾大学的 Katherine Kim 教授和她的学生 Adrian Keil、Chi-Yuan Huang 和 Wen-Yen Li 在回顾和练习了部分例子后，也提供了宝贵的反馈。

最后，作为一名忠实的书评人，Tomáš Gubek（捷克）对所有内容进行了彻底的审阅，包括每个公式和图表的计算。

我无法忘记我亲爱的妻子 Anne，她鼓励我继续写作，在我苦苦钻研复杂的电路分析时，她总是善解人意地暂停钢琴演奏。

最重要的是，我要感谢机械工业出版社的编辑江婧婧和版权经理吴红敏给了本书被翻译和出版的机会，也要感谢我的好朋友文天祥（Eric Wen）严谨细致地将这本书翻译成中文。

Christophe Basso

2024 年 5 月

在分析一些简单无源元件构成的电路时，必须确定这些电路的传递函数，你有没有感到无能为力？我记得多年前在大学里，考试题目是一个简单的网络，周围仅有几个电阻，我当时很恐慌。题目是这样的：在将传递函数写成标准化形式后，确定输出电压，同时根据第一个答案回答接下来的问题。但是，在经过繁杂的代数计算之后，我放弃了，并马上跳到下一个问题。我记得当时的解决方法，但我没有掌握有效的方法。当然，这些日子已经一去不复返了，但当我在翻阅优秀的社区网站 electronics.stackexchange.com 上的帖子时，我有时会看到迷失的学生和工程师，他们缺乏一种快速而基本的方法，同时又不需要大量时间去修正方程或分解表达式。

在分析电路以确定其传递函数时，你可以选择各种工具。最常见的方法是使用所谓的暴力求解方法，该方法列出基尔霍夫电流和电压定律（KCL 和 KVL）方程，得到一个系数多项式表达式。如果需要数值结果的话，可能需要通过在求解器中实现矩阵运算，那么它可能会在计算过程中面临崩溃，无法进一步往下进行。你会发现很长的方程式是一条死胡同，甚至可能有错误。怎么解决呢？只能从头开始，找到其中某个方程中出现的符号错误或某些项丢失。可以预见，这种情况是多么令人沮丧，而我也经历过！

相反，我在这本书中提出的方法建立在减少数学计算的基础上，在许多情况下，甚至不需要计算。是的，你也许已经读过了：它没有公式推导！这种方法使用所谓的快速分析电路技术，简称 FACTs。FACTs 提倡一种简单的方法，如果一个电路太复杂，就把它分成几个更简单的子电路，分而治之。然后将所有中间结果组合起来，形成你想要的最终结果。如果结果与你预期的不一致，只需要找到有错误的子电路并修正它，而不需要从头开始。相信我，在分析一些比较复杂的无源或有源电路时，这是很宝贵的方法。哦，是的，我忘了说明，虽然 FACTs 是基于 RLC 线性网络，但它也适用于具有运算放大器或晶体管的有源电路。

FACTs 并不是最近才被提出来，是可以追溯到 21 世纪 40 年代控制工程的基础上，后来经过重新审视和改进，我在本书中使用的形式即基于这些改进。在这方面，值得一提的是加州理工学院的 Middlebrook 博士在 20 世纪 80 年代所做的工作，他真正将这项技术提升到了一个更高的水平，用于被称为面向设计的分析（D-OA）[1]。这意味着你确定的表达式必须达到一个目标，即能设计一个具有特定功能的电路，使电路的特性在表达中可视化。换言之，电路表达式揭示了它的特点，如增益、多极点或零点、谐振等。这些都是具有有序项的低熵表达式的特征，可以深入了解其频率响应以及影响它的因素。FACTs 自然为这种低熵表达式铺平了道路，而暴力求解方法得到的是高熵表达式，它需要消耗更多的精力将整个公式重新排列成多项式形式。最近，JPL 的 Vorpérian 博士出版了一本书[2]，展示了 FACTs 如何有效地用于求解需要许多行代数处理的电路结构。Vorpérian 在 2000 年代开设过一门课程来推广此技术，我有幸参加了。我自己的关于这个主题的书后来出版了[3]，侧重于从基本电路开始的更实际的应用。它可以被视为一块奠基石，让你一步一步地掌握该技能，然后处理更复杂的电路结构。

这本新书与前几本不同，它旨在真正实用，引导你通过循序渐进的方法来解决眼前的问题。在许多情况下，需要的是一张纸和一支笔。我已经使用 Mathcad® 和 SPICE 进行了交叉验证，当然任何其他求解器都可以。假设你已经知道如何处理简单的拉普拉斯表达

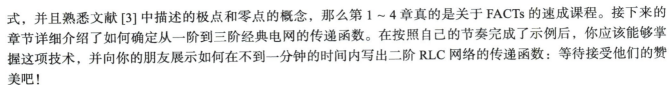

式，并且熟悉文献 [3] 中描述的极点和零点的概念，那么第 1 ~ 4 章真的是关于 FACTs 的速成课程。接下来的章节详细介绍了如何确定从一阶到三阶经典电网的传递函数。在按照自己的节奏完成了示例后，你应该能够掌握这项技术，并向你的朋友展示如何在不到一分钟的时间内写出二阶 RLC 网络的传递函数：等待接受他们的赞美吧！

和往常一样，请随时将你的评论或你可能在书上发现的任何错误发送给我，我的邮箱地址为 cbasso@orange.fr，我会像以前的书一样，在我的个人网页 [4] 中保留一个勘误表。谢谢大家，祝大家阅读愉快。

Christophe Basso
2023 年 11 月

参考文献

1. R. D. Middlebrook, *Methods of Design-Oriented Analysis: Low-Entropy Expressions*, Frontiers in Education Conference, Twenty-First Annual conference, Santa-Barbara, 1992.
2. V. Vorpérian, *Fast Analytical Techniques for Electrical and Electronic Circuits*, Cambridge 2002, 0-521-62442-8.
3. C. Basso, *Linear Circuit Transfer Functions – An Introduction to Fast Analytical Techniques*, Wiley, 2016.
4. https://powersimtof.com/Spice.htm

Christophe Basso 在 Future Electronics（法国）担任业务拓展经理，他为欧洲开发功率开关变换器的客户提供技术援助。在此之前，他是法国图卢兹 Onsemi 的技术研究员，在那里，他领导了一个应用团队，致力于开发新的离线式 PWM 控制器。Christophe 发明了许多集成电路，其中 NCP120X 系列为低待机功率变换器树立了新标准。

Christophe 出版了许多关于功率变换和仿真方面的书籍。他的最新的一本书通过法拉第出版社出版，书名是《开关变换器的传递函数》。在这本书中，他应用快速分析电路技术（FACTs）来确定许多开关变换器的四个传递函数。

Christophe 拥有超过 25 年的电源行业经验。他拥有 25 项电源变换专利，经常参加行业会议并在包括 How2Power 在线网站和专业杂志上发表技术文章。在 1999 年加入 Onsemi 之前，Christophe 是位于图卢兹的摩托罗拉半导体公司的应用工程师。在 1997 年之前，他在位于法国格勒诺布尔市的欧洲同步辐射中心工作了 10 年。Christophe 拥有法国蒙彼利埃大学学士学位，法国图卢兹国立综合理工学院硕士学位，他还是 IEEE 高级会员。

当他不写作的时候，Christophe 喜欢在比利牛斯山徒步旅行以寻找写作灵感。

目录

第4章　广义传递函数

第5章　一阶电路的传递函数

第6章　二阶电路的传递函数

第7章　三阶电路的传递函数

第1章

传递函数

本书将教你如何利用快速分析电路技术（FACTs）以一种快速和有效的方式确定电路网络的传递函数。在作者看来，大多数情况下，FACTs 的简单和易用是其他方法无法比拟的。它采用分而治之的方法，将一个复杂的原理图分解成可以独立分析的子电路，这样自然会得到所谓的低熵表达式，在这种形式中，你可以立即识别出增益、极点、零点或谐振。如果你在检查最终结果时发现了一个错误，不需要像传统方法那样从头开始，你只要分析可能有错误的子电路，并修正它，更新与之关联的系数，而其他部分保持不变，这是不是很方便？

低熵这个术语是由 Middlebrook 博士在他的论文 [1-2] 中提出的，在那里，他将原始的多项式和用热力学描述为熵的无序系统进行了类比。将暴力求解计算分析应用于高阶电路一般会导致复杂结果，并陷入高熵公式的代数崩溃，极难处理。通过 FACTs，你不仅提高了处理速度，而且最终结果还以有序的多项式形式呈现，通常不需要额外的因子分解工作。FACTs 不需要学习新的知识；它是建立在你在大学所学的电路基础课程上，并将研究范围扩展，从而大大简化了分析。

最后更为关键的是，对学生和工程师来说，FACTs 不仅仅是快速确定传递函数的工具，它还是一个面向设计的分析方法。因此，通过采用适当的数学结构，你将自然地突显出想要的电路特性，如带通滤波器的增益，或谐振网络的品质因数等。这种方法被描述为面向设计的分析方法，或 D-OA，Middlebrook 博士总是坚持用连字符连接这两个词：你写出最终表达式的目的是为了设计，而不是为了成为第一个找到这四阶多项式的学生，虽然你的其他同学可能仍然在为求解这个公式而努力。

本书这些介绍性的章节可以看作是关于 FACTs 的速成课程，本书给出了许多例子，这样可以快速且连续地获得这个新技能。我写了一个关于传递函数的介绍，详细介绍了关于时间常数所采用的形式。与任何小结一样，它并不是完整的，你可以按需阅读，但假设你已经能熟练地使用拉普拉斯变换和极点、零点表达式。对于那些想进一步学习这个主题的人，除了关于本书之外，我建议阅读参考文献 [3] 和 [4]，其中涵盖了传递函数和FACTs 的主题，它们具有坚实的理论基础。

在快速介绍之后，是时候开始回顾总结传递函数并确定它们了。

1.1 传递函数

传递函数，通常缩写为 TF，是一种将激励与响应联系起来的数学关系。你可以在许多文献中找到正式的定义。

如图 1.1 所示，你所考虑的是在输入注入一个信号或激励，然后观察它在电路中的传播过程，同时在输出端采集响应。激励信号可以是任何形式的，但通常，对于频域分析，它是一个幅值足够低的正弦波，以保持系统的线性，但也需要足够强，以与噪声区别开来。在拉普拉斯频域中，可以使用复数频率参数 s 来进行分析，定义 $s = \sigma + j\omega$，其中 σ 和 ω 是实数。当你进行谐波分析时，令 σ 为零，则 $s = j\omega$，其中 ω 表示激励网络信号的角频率。请注意，拉普拉斯符号中的 s 是斜体的，与正常字母 s 相比，虽然都是小写字母，但如果不是斜体的，就表示时间，表示秒这个单位。

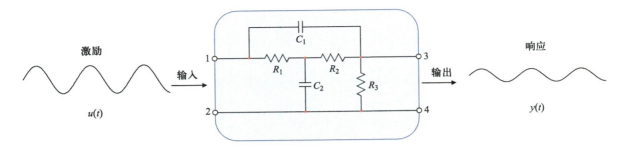

图1.1 将正弦波形注入盒子中，并研究信号在盒子内部的传播过程

图 1.1 是对测量原理的一个简单说明，输入信号 $u(t)$ 施加在端子 1 和 2 之间的输入端口，而时域响应 $y(t)$ 连接在输出端口 3 和 4。在这个例子中，图中所示的电路称为双端口网络。请注意 u 和 y 是用小写字母表示的，因为它们代表瞬时或与时间相关的波形，而不是像 I_1 这样的连续值，它可以表示在连续偏置下流入端子 1 的电流。这样的变量总是用大写字母表示。

如图 1.1 中所示的周期波形具有幅值和相位的特征。输入信号 u 在网络中传播，在形成响应 y 之前可能经历放大、衰减和延迟。响应的幅值和相位随激励频率 f 变化，把每个频率点 f 对应的值存储起来。取决于你想确定的传递函数，响应幅值 $Y(f)$ 和激励幅值 $U(f)$ 的比例可以用伏特或安培来表示。在每个频率点 f 处，保存输入和输出波形的相位信息。由于 U 和 Y 是受大小和相位影响的复变量，可以写为

$$H(s) = \frac{Y(s)}{U(s)} \tag{1.1}$$

H 表示一个传递函数，它将响应信号 Y 与激励信号 U 关联起来。在这个例子中，我采用了传递函数 H，但其实它可以使用任何名称，比如 Z 表示阻抗，Y 表示导纳，G 表示补偿滤波器等。请注意在式（1.1）中，激励信号 U 位于传递函数的分母中，而响应 Y 位于分子中，在本书中均遵循这样的表达方式。

传递函数的幅值以 $|H(f)|$ 表示，幅角或相位以 $\angle H(f)$ 或 $\arg H(f)$ 表示。我们所得到的比值 $Y(f)/U(f)$，它对应于在频率 f 下观察到传递函数的大小（也称为模量）。Y 和 U 之间的相位差表示传递函数的在所考虑频率点 f 下的相位。图 1.2 展示了如何使用示波器提取这些数据。

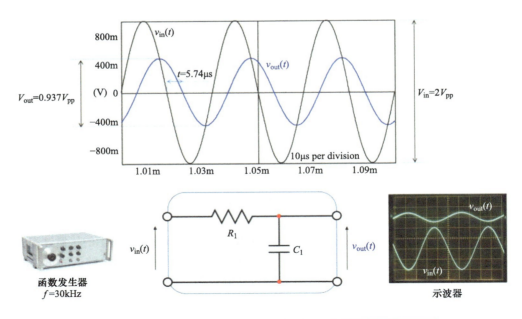

图1.2 你可以通过测量选定频率点上的振幅和相位来确定传递函数响应

在这个例子中，电容为 10nF，电阻为 $1k\Omega$。用函数发生器注入一个 30kHz，峰峰值为 2V 的正弦电压，并在示波器上观察输出响应。通过使用光标或简单地估计屏幕上波形的高度，你可以得到输出电压峰值为 937mV，在 30kHz 处的传递函数的大小是两个测量值的比值：

$$|H(30\text{ kHz})| = \frac{0.937}{2} = 0.468 \tag{1.2}$$

对其用分贝（dB）进行对数处理：

$$20\log_{10}(0.468) = -6.6\text{ dB} \tag{1.3}$$

这表示这个滤波器在 30kHz 时产生了 6.6dB 的衰减，或者在该频率下的幅值为 −6.6dB。

相位是由信号之间的时差推断出来的，如果以 V_{in} 作为参考，我们看到 V_{out} 滞后于 V_{in}，时间为 5.74μs，这意味着在这个例子中存在一个负的相移。如果是 33.33μs 对应于一个周期，即 2π 或 360°，那么 5.74μs 的相移意味着相位为

$$\angle H(30\text{kHz}) = -\frac{5.74\mu s}{33.33\mu s} \times 360° \approx -62° \tag{1.4}$$

这样可以认为滤波器有 62° 的相位滞后，或在 30kHz 的相位是 −62°。

传递函数的幅值单位取决于观测变量。在这个例子中，因为我们观察到输入和输出变量的单位均是伏特，传递函数的大小是无量纲的。相反，对于阻抗，激励为电流源，响应为电压，这会得到传递函数 Z，它以欧姆为单位。在本章的后面，你可能会看到像 H 这样的下标符号 H_{v}，表示这是电压增益，或 H_{i} 表示电流增益。如 H_0 它表示 $s=0$ 时的直流增益，H_∞ 表示 s 趋于无穷大时的直流增益。

H 的模量或幅值只能大于或等于零，幅值的差可以是任何值，正、零或负。如果它为零，则没有输出信号，如果 $|H|$ 小于 1，即表示衰减，$|H|$ 大于 1，它表示为增益。如果幅值只能是零或正数，那么增益为 −2 代表什么呢？它简单地描述了一个系统的放大倍数或增益为 2，但相位响应滞后或超前激励信号 180°。

在实验中，你可以开始分析 100Hz 的电路，然后在每隔一个点增加 1 或 10Hz，直到 10MHz。这将意味着有大量的数据点并需要烦琐的测量过程。可取的方法是在十倍频程范围内限制数据点数量，就像在 SPICE 仿真中所做的那样。通常，每十倍频程内选择 50 ~ 100 点就足够好了，但峰值响应可能需要更多的点以获得足够的准确度。为了获得像在运行交流分析仿真中那样，进行对数频率处理，可以编程实现一个快速例程，如图 1.3 所示即为在 Mathcad® 中实现的程序。

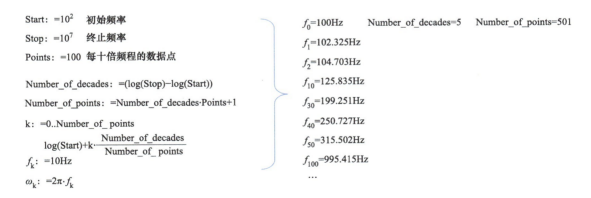

图1.3　通过选择每十倍频程的数据点数，可以极大地减少采集数据点的数量

当你收集了所有幅值和相位点时，例如在 100Hz 到 10MHz 之间，你可以在所谓的伯德图（Bode 图）中绘制出响应曲线。频率轴用计算数据点进行对数压缩，垂直轴以分贝（dB）表示幅值或以度（°）表示相位。你将得到类似于图 1.4 所示的曲线。

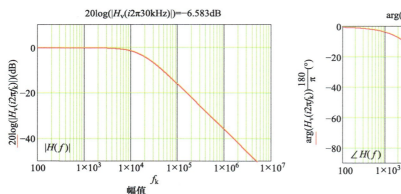
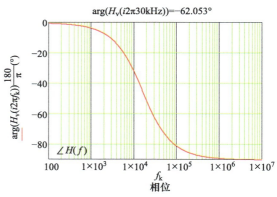

图1.4 通过收集和绘制一个图上的所有数据点，就可以生成一个伯德图

伯德图被广泛用于描述传递函数响应，特别适用于控制工程的稳定性分析。其他图表，如 Nyquist 或 Nichols，也可以实现不同的目的，但它们不会在这本书中使用。

1.1.1 不同类型的传递函数

在前面的例子中看到了将电压响应与电压激励联系起来的传递函数。但如果考虑电流激励，它会带来一个电流响应或任何类似的组合，如图 1.5 和图 1.6 所示。在所有这些示例中，你可以看到激励和响应分别被施加到不同的端口并进行观察。

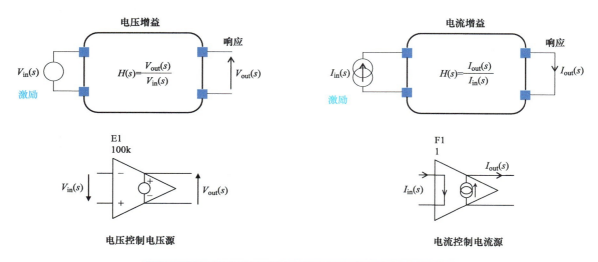

图1.5 在这两种传递函数中，激励和响应在不同的端口被观察到

第一个传递函数是电压增益，其中输入和输出信号是电压变量：

$$H_v(s) = \frac{V_{out}(s)}{V_{in}(s)} \tag{1.5}$$

一个典型的情况是放大器驱动扬声器，像 CD 播放器这样的源注入音频信号，被功放电路放大并驱动扬声器。它可以被建模为压控电压源或在 SPICE 仿真器中用 E 源建模表示，H_v 是无量纲的，有时用 [V]/[V] 表示。

第二个传递函数是电流增益，输入端口注入第一个电流，在输出端口观察到第二个电流：

$$H_i(s) = \frac{I_{out}(s)}{I_{in}(s)} \tag{1.6}$$

电流增益是无量纲（无单位）的，有时也用 [A]/[A] 表示，表示电流控制的电流源或是在 SPICE 仿真器中用 F 源来建模表示。

在图 1.6 中，传输导纳是指由电压源激励的电路，其响应为电流：

$$Y(s) = \frac{I_{\text{out}}(s)}{V_{\text{in}}(s)} \tag{1.7}$$

这个传递函数的单位是 [A]/[V] 或西门子。实现这种控制的放大器被建模为一个电压控制的电流源（在 SPICE 仿真中是 G 源），通常在文献或器件数据表中表示为跨导放大器或 OTAs。它们的跨导率为 g_{m}，也用西门子表示，例如 100μS。甚至有时用 Ω^{-1}，但这不属于国际单位系统（SI）。

第四个传递函数是一个传递阻抗，也被称为跨阻抗。激励为电流源，而观察到的响应为电压：

$$Z(s) = \frac{V_{\text{out}}(s)}{I_{\text{in}}(s)} \tag{1.8}$$

当你想放大一个光电二极管电流时，可以采用跨阻抗放大器，它通常用 [V]/[A] 表示，并且可以用 SPICE 中的 H 源来建模表示。

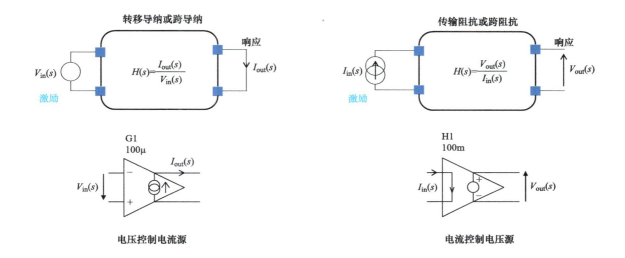

图1.6　激励和响应具有不同的单位，并在不同的端口被观察到

对于描述阻抗 Z 和导纳 Y 的最后两个传递函数，激励和响应在一个共同的端口上被观察到。因此，重要的是如何定义创建激励源以及对应的响应是什么。对于所谓的驱动点阻抗（DPI），激励源是一个电流源，而其两端的电压代表响应。相反，如果我们想确定一个导纳，激励源是一个电压源，而响应为电流。图 1.7 总结了这些概念，顺便说一下，这是一个习惯定义，你也可以利用电压激励来确定阻抗，同样有效。然而，如果你注意到，在之前所有传递函数的定义中，激励变量位于分母中，而响应位于分子。为了保持阻抗和导纳定义的惯例，我们采用了相同的原则。

如果想确定图 1.8 中连接端子提供的阻抗，那么在本图中，前面的符号是 Z？还是 R？这意味着我们需要找到由箭头所指向的连接端口所提供的阻抗或电阻（阻抗的实部）。为此，施加一个电流测试发生器 I_{T}，在两端生成电压 V_{T}，阻抗很简单，表示为

$$Z(s) = \frac{V_{\text{T}}(s)}{I_{\text{T}}(s)} \tag{1.9}$$

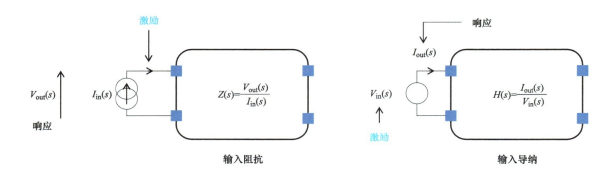

图1.7 在这些传递函数中，激励和响应在同一个端口进行评估

如果这是一个电阻 R，注入直流电流 I_T 并测量采集到的电压 V_T：

$$R = \frac{V_T}{I_T} \tag{1.10}$$

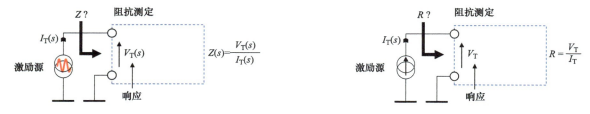

图1.8 对于这个传递函数，注入一个测试电流源 I_T 并采集两端的电压 V_T

可以用相同的方法来确定如图 1.9 所示的导纳。这次，电压源被施加在连接端子上，表示为激励，被吸收的电流是由电压源产生的响应，导纳表达式很简单，表示为

$$Y(s) = \frac{I_T(s)}{V_T(s)} \tag{1.11}$$

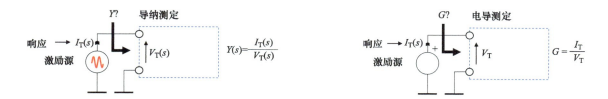

图1.9 在这个传递函数中，电压源连接端子上产生偏置，被吸收的电流代表响应

如果这是一个电导 G（导纳的实部），用直流电压源 V_T 偏置电路并测量吸收的电流 I_T：

$$G(s) = \frac{I_T(s)}{V_T(s)} \tag{1.12}$$

重要的是，要了解如何通过测试发生器来执行各种操作，例如确定增益或阻抗。这些电路将在书中经常被提及。特别的是，即将看到的核心练习包括将电容或电感元件暂时断开，确定从两端"看到"的电阻 R，有时只需要观察这些电路即可求得阻抗，否则需要借助式（1.10）找到 R 的解析表达式。

1.1.2 传递函数的时间常数、极点和零点

一个没有纯延迟的线性时变（LTI）系统的传递函数，例如一条延迟线，可以由两个多项式的比值来定义，分子定义为 $N(s)$，分母定义为 $D(s)$：

$$H(s) = \frac{N(s)}{D(s)} \tag{1.13}$$

分母 $D(s)$ 含有传递函数的极点，而零点位于分子 $N(s)$ 中。我们将在下一节中看到，极点表示分母的根，而零点表示分子的根。极点的数目决定了分母和传递函数的阶次。如果你只有一个极点，那么这是一个一阶传递函数。如果有两个极点，那么得到的是一个二阶系统等。在拉普拉斯频域中，当激励频率被调谐到极点频率位置时，分母为零，其中式（1.13）的 H 无穷大。先从一阶分母开始

$$D(s) = 1 + s\tau \tag{1.14}$$

在这个表达式中，希腊字母 τ（tau）表示一个时间常数，其单位是时间（s）。一个时间常数代表一个储能元件，如一个电容 C 或一个电感 L，与一个电阻 R 相关联。当该电容或该电感被标记时，如 C_1 和 L_2，为了清晰起见，关联的时间常数也采用了相同的标记。如包含电容 C_1 的时间常数为

$$\tau_1 = RC_1 \tag{1.15}$$

类似的，包含电感 L_2 的时间常数

$$\tau_2 = \frac{L_2}{R} \tag{1.16}$$

时间常数表示系统从一种状态切换到另一种状态所需的时间。在图 1.10 中，可以看到，如果试图改变电容（由电阻驱动）两端的电压时，给电容充电需要一定的时间。同样，电感（由电阻驱动）L_2 中的电流，也不会瞬间改变，需要一段时间才能达到最终值。在这两种情况下，10μs 的时间常数定义了变量从其初始值开始达到额定值的 63% 的时间。如果去掉激励源，电路只会有一些初始条件（例如电容初始电压 1V，电感初始电流 1mA），并返回到初始状态。自然响应还允许你量化图 1.10 右侧所示的时间常数。

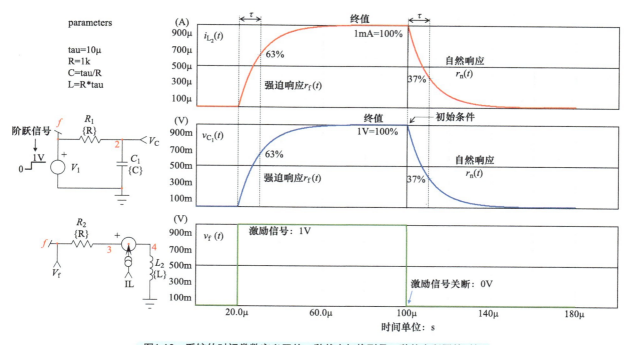

图1.10 系统的时间常数定义了从一种状态切换到另一种状态所需的时间

为了表示一个线性电路的时间常数，在这个练习中，分析激励关闭后的电路。从其连接端子暂时断开电容或电感，并从断开的两端进行观察来确定电阻 R。这个简单的过程奠定了 FACTs 的基础，如图 1.11 所示。你不需要写一行代数式，你可以在脑中通过电气连接来观察电路并确定电阻 R。这是最简单的方法，它适用于无源电路。但对于具有受控源的电路，仅依靠观察是不切实际的，你也不能简单地推断出电路的电气特性。你必须借助于图 1.8 中的技术，通过注入一个测试电流源 I_T 并确定其两端电压 V_T。

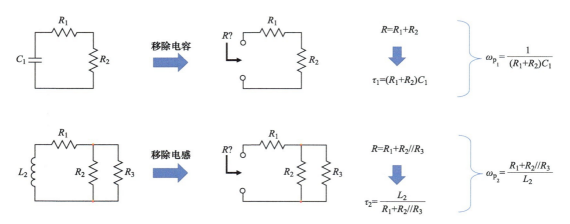

图1.11 断开储能元件，并查看其两端的连接以确定 R，一旦有了 R，极点立即出现

在无源电路中，电阻 R 可以通过一个电阻或多个电阻的线性组合来获得，但当涉及有源元件（晶体管或运算放大器）时，通常可以用增益或跨导等系数来补充。然后，你必须验证最终结果的单位一致性，以确保 R 以欧姆为单位的正确表示。

电路的时间常数与输入激励源无关，仅取决于电路结构，即当激励源被关闭时，R、C 和 L 的组合形式决定电路的时间常数。系统中固有频率的数量（系统的阶数），与该电路中独立状态变量的数量有关。一个状态变量与一个储能元件（例如，电容上的电压和电感中的电流）相关联，并定义了电路在给定时间内的状态。如果状态变量不是由其他状态变量唯一定义的，则认为是独立的。计算电路中储能元件的数量以确定其阶数，因此需要对状态变量进行检查，并考虑退化情况。例如，两个电容 C_1 和 C_2 并联，状态变量也并联，这退化成一阶系统。但在电容 C_2 串联一个小的电阻，你将得到有两个状态变量的二阶电路，将在文献 [3] 中进行说明。

我们将在后面的内容中看到，FACTs 主要是确定在两种不同的条件下系统的时间常数：①当激励源关闭，②存在激励信号，响应被置零。这里的术语零是指，尽管向网络中注入了激励源，但在输出处观察不到响应。这句话现在听起来很奇怪，但请记住，因为我们将在后面回到这个重要的概念。

重要的是要强调式（1.14），它是无量纲的，当 s 是高阶表达式的一部分时，s 应该乘以一个时间常数或几个时间常数的和（仍然是时间）。在确定时间常数时，当你写出包含储能元件的表达式时，特别是当一个电路中有很多储能元件时，需要清楚地将它们标识出来。这样，每个时间常数在分析过程中总是被很好地识别出来。因此建议你总是将时间常数标号与所涉及的储能元件联系起来，就像式（1.15）和式（1.16）中所做的那样。

现在从式（1.17）和一个时间常数 τ_1 标记开始，我们必须确定其分母为零的根 s_p。

$$1 + s_p \tau_1 = 0 \tag{1.17}$$

在这个简单的情况下，它等于

$$s_p = -\frac{1}{\tau_1} \tag{1.18}$$

这是一个负数根，即是一个衰减的时域响应。根可以放置在 s 平面上，这是一个二维图表，其虚轴和实轴如图 1.12 所示。极点 s_p 位于左侧，用一个交叉符号表示。

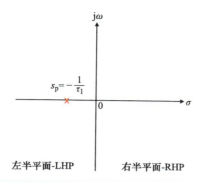

图1.12 s平面有两个轴，可视化观察极点和零点的位置

在控制理论中，这被称为左半平面极点或LHPP，有时也称为稳定极点，因为其时域响应是衰减的。相反的，被称为右半平面极点（RHPP）或称为不稳定极点，因为它会导致发散的时域输出响应。这就是为什么将传递函数的极点放在图表上，观察它们与元器件的值的关系和移动方向，这是很有意义的。简而言之，比较两个一阶系统，如果包含一个LHPP和一个同频率的RHPP，它们的交流响应在幅值上没有差异。然而，RHPP的相位响应将出现超前，而不是像LHPP那样滞后。

极点通常用下标p表示，例如在ω_p中。式（1.18）的根是实数，并得到一个由s_p的大小定义的极点。

$$\omega_p = \left| s_p \right| = \left| \sigma + j\omega \right| = \left| -\frac{1}{\tau_1} + 0j \right| = \sqrt{\left(-\frac{1}{\tau_1}\right)^2 + 0^2} = \frac{1}{\tau_1} \tag{1.19}$$

在这个简单的一阶表达式中，极点是自然时间常数的倒数。时间常数总是由电路结构单独决定，而和输入激励无关。在图1.11中画了两个子电路，其中没有激励源，只有网络的自然结构。为了确定这些情况下的时间常数，只需暂时断开所考虑的储能元件，并通过端子来"查看"以确定电阻，在脑中很容易识别串联和并联，并确定电阻R的值，然后立即找到这两个例子的极点。

一阶传递函数的分母可以写成低熵形式，表达式以1开头：

$$D(s) = 1 + \frac{s}{\omega_p} \tag{1.20}$$

"+"符号意味着这是一个LHPP，而$\left(1 - \dfrac{s}{\omega_p}\right)$中的"–"表示有一个RHPP。

在具有多个储能元件的高阶电路中，分母可能会有多个极点，当你刚获得原始表达式时，这些极点可能不容易显示出来。一个n阶分母的标准化形式遵循以下格式：

$$D(s) = 1 + b_1 s + b_2 s^2 + b_3 s^3 + ... + b_n s^n \tag{1.21}$$

由于FACTs的好处是，你能迅速确定每个系数b的值，但你将需要重新排列表达式来可视化极点位置。最好的方法是将它们组合成一个已分解的形式，比如

$$D(s) = (1 + s\tau_1)(1 + s\tau_2)...(1 + s\tau_n) = \left(1 + \frac{s}{\omega_{p_1}}\right)\left(1 + \frac{s}{\omega_{p_2}}\right)...\left(1 + \frac{s}{\omega_{p_n}}\right) \tag{1.22}$$

在上面的式子中，极点的位置清晰地出现在表达式中，不需要进一步的操作来满足想要的低熵形式。因为极点是实数，对于一个三极点系统而言，它们彼此之间以100Hz、1kHz和50kHz分布。

有时，由于表达式的复杂性，不可能找得到这样组合排列好的极点（或零点，因为这对分子也是如此），你可能想要找到一个标准化的多项式或近似它的表达式。一个好的参考资料是文献[5]，在其中详细说明了分析时间常数（看看哪些常数占主导或可以分组）如何得到任意阶的近似多项式。练习时得到的结果并不总是很明显，但你需要熟悉方法，为传递函数找到最好的表达式形式。

既然可以用软件很容易地绘制出它的响应，为什么我们需要塑造这个最终结果？因为这个最终的传递函数很可能用于设计目的：例如，如果你设计了一个滤波器，需要将元件值关联到你想要的极点或零点。或者调整一些元件值，以匹配在给定频率下所期望的增益。在控制系统中，你需要确定影响环路增益的那些参数，以及在工作寿命期间可能危及裕量的那些因数，如温度和器件老化。

了解这些变化的根源将使你能够设计稳健的环路补偿策略，抵消所有这些变化，并使系统保持长期稳定。这些目标说明了面向设计的分析或 D-OA 背后的原则。如果不重新排列式（1.21），就不可能一眼推断出这些结果。相反，式（1.22）揭示出了极点，并让你确定足够所需的元件值。因此，确定一个传递函数的练习并不仅限于得到一个原始的表达式，而是需要做更多的工作来以一种有用的形式表达出来，并形成最终的表达式，这是最终的目标，以设计为导向。

这是最终的目标。

式（1.21）以 1 开始，因此分子没有单位，我们将在本书中统一采用这种标记形式。因此，如果式（1.21）描述的是一个三阶表达式（$n=3$），它意味着 s 的系数 b_1 的单位为时间 [s]，并且将几个时间常数组合在一起。另一方面，s^2 的系数 b_2 的单位为时间的平方 [s^2]，它是两个时间常数和乘积或是两个时间常数的累加乘积。最后，s^3 的系数 b_3 的单位是时间的三次方 [s^3]，包括三个时间常数的乘积或三个时间常数的累加乘积。你可以把这个概念推广到 n 阶。

如果 $D(s)$ 不是以 1 开头的，它仅仅意味着你在原点有一个或几个极点：当 $s=0$ 时，分母为零，传递函数变为无穷大，这是一个积分器。例如，考虑下面不是以 1 开头的表达式，它可以很容易地重写为

$$H(s) = \frac{N(s)}{b_1 s + b_2 s^2} = \frac{N(s)}{b_1 s \left(1 + \frac{b_2}{b_1} s\right)} = \frac{N(s)}{s\tau_1(1 + s\tau_2)} = \frac{N(s)}{\dfrac{s}{\omega_{p_0}} \left(1 + \dfrac{s}{\omega_{p_1}}\right)} \tag{1.23}$$

当 $s=0$ 或偏置电路处于直流偏置时，那么幅值是无穷大的。实际上，有源元件的增益，例如一个运算放大器，将这个无限大的增益限制在它的开环增益值上。如果在分母上有 s^2，那么在原点就会有一个双重极点。在这个表达式中，ω_{p_0} 被称为 0dB 穿越极点（在这个频率下，积分器的增益已经下降到 1）。

分子 $N(s)$ 承载着传递函数的零点，零点是分子的根，通常用下标 z 表示，如 ω_z。当激励频率被调谐到零点频率时，H 的幅值为零。例如，假设下面的一阶系统的分子

$$N(s) = 1 + s\tau_1 \tag{1.24}$$

要确定系统中的零点，只需找到式（1.24）$N(s_z) = 0$ 时的根 s_z：

$$s_z = -\frac{1}{\tau_1} \tag{1.25}$$

这个根是实数，它没有虚部，这样得到了一个 s_z 定义的零点：

$$\omega_z = |s_z| = |\sigma + j\omega| = \left| -\frac{1}{\tau_1} + 0j \right| = \sqrt{\left(-\frac{1}{\tau_1}\right)^2 + 0^2} = \frac{1}{\tau_1} \tag{1.26}$$

它也可以放在 s 平面上，用图 1.13 中的一个小圆圈表示，这是一个负根，被称为左半平面零点或 LHPZ，而正根被称为右半平面零点或 RHPZ。当存在 RHPZ 时，会影响输入阶跃的时域响应，输出将首先下降，而不是在上升之前立即增加。为了说明，在图 1.14 中绘制了三个不同的时域响应：

蓝色虚线表示输入阶跃 1V 的响应，这是经典的指数响应 $H_1(s)$。时间常数取决于左半部平面极点的倒数，如式（1.19）。

在 $H_2(s)$ 中增加一个左半平面零点你会看到一个微分效应，先迫使电压上升，直到极点主导。现在，在 $H_3(s)$ 加入右半平面零点，注意分子中的负号，电压首先下降，然后再上升。这是 RHPZ 系统的典型特征，比如升压或升降压开关变换器，它们在控制到输出传递函数中包含一个正零点。在图 1.15 中，如果零点主导响应，微分效应在响应中会带来一个明显的超调（LHPZ）或下调（RHPZ），最终到稳定达到 1V。将零点放置到更高

的频率，观察积分效应如何主导右边的响应图。当调节示波器上 10:1 探头时，可以观察到这种类型的响应 - 微分或积分，但是没有右半平面零点的跌落。

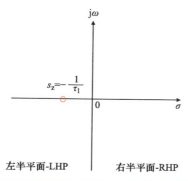

图1.13 零点可以放在 s 平面上，它是一个负实数值

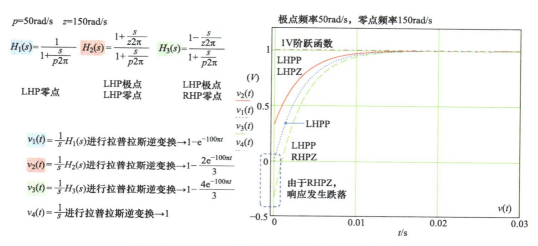

图1.14 是否存在左半平面零点，输入阶跃响应是不同的

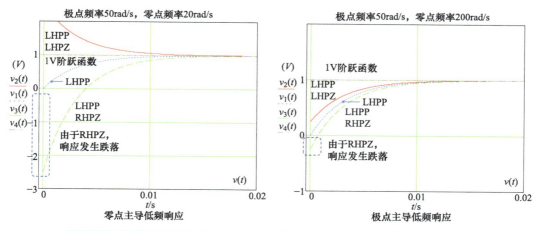

图1.15 当LHPZ主导低频响应时，会出现超调，当极点位置低于零点时，它就消失了

为了结束 RHP 这一节的内容，比较一阶电路网络的交流响应，如果 RHPP 和 RHPZ 位于相同频率，它们的幅值没有差异。然而，在第二种情况下，相位响应将滞后，而不是像 LHPZ 那样通常超前。

根据之前的定义，可以以一种更规范的方式重写式（1.24），并且我们将在这本书中一直采用：

$$N(s) = 1 + \frac{s}{\omega_z} \tag{1.27}$$

"+"符号表明这是一个 LHPZ，而 $\left(1-\dfrac{s}{\omega_z}\right)$ 中 "−" 符号表示有一个 RHPZ。请注意，这个表达式也以 1 开头，并且分母表达式是无量纲的。分子的标准化形式遵循我们在式（1.21）中遇到的，系数通常采用字母 a：

$$N(s) = 1 + a_1 s + a_2 s^2 + a_3 s^3 + \cdots + a_n s^n \tag{1.28}$$

所有与分母有关的标识对分子都是类似的，它在我们的符号中仍然是一个无单位的表达式。这意味着 a_1 以秒为单位表示，a_2 的单位是二次方秒，a_3 以三次方秒为单位。正如 DO-A 方法所提倡的，你必须考虑表达式的形式，这样零点就会显示出来，方便设计电路。所有的细节都在参考文献 [5] 中，这也同样适用于分子，并实现因子分解的目标，如

$$N(s) = (1 + s\tau_1)(1 + s\tau_2)\cdots(1 + s\tau_n) = \left(1 + \dfrac{s}{\omega_{z_1}}\right)\left(1 + \dfrac{s}{\omega_{z_2}}\right)\ldots\left(1 + \dfrac{s}{\omega_{z_n}}\right) \tag{1.29}$$

正如文中所强调的那样，在某些情况下，对于式（1.21）或式（1.28），想找到一个精确解是不可能的。你只能找到一个合理近似值来满足设计目标。一般通过对寄生参数进行比较，忽略一个或几个特定的项来获得近似表达式。最后，需要通过经验和工程判断，与完整的表达式进行比较，确定二者在幅值和相位上的差异是否可以接受。

如果分子表达式不是以 1 开头，那么它在原点处有一个零点，这意味着当 $s=0$ 时，幅值为零，它是一个微分器，可以阻止直流信号的传输。原点处的零点意味着在因式分解时 s 可以被提取出来，在下面的例子所示，它有一个标准的零点，在原点还有另一个零点：

$$H(s) = \dfrac{a_1 s + a_2 s^2}{D(s)} = \dfrac{a_1 s\left(1 + \dfrac{a_2}{a_1}s\right)}{D(s)} = \dfrac{s\tau_1(1 + s\tau_2)}{D(s)} = \dfrac{\dfrac{s}{\omega_{z_0}}\left(1 + \dfrac{s}{\omega_{z_1}}\right)}{D(s)} \tag{1.30}$$

如果要分解整个表达式 s^2，那么在原点就有一个双重零点。在这个表达式中，ω_{z_0} 项被称为 0dB 穿越零点（在这个频率下，微分器的增益幅值为 1）。

在图 1.11 中，我展示了如何在没有激励源的情况下确定驱动电容或电感的电阻 R。我们将回到这种技术上，展示如何关闭电压源和电流源，返回到电路网络的自然结构。对于零点，该练习还包括确定驱动电容或电感的电阻 R。然而，如果在进行极点求解过程中激励被关闭，你必须保持注入激励源的有效状态，同时确定从电容或电感端子看到的电阻 R。这种技术的原理如图 1.16 所示，被称为双重抵消注入或 NDI [2]。

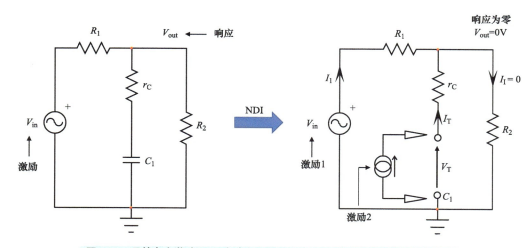

图1.16　尽管存在激励源1，令响应为零，$\hat{v}_{out} = 0\text{V}$，确定这种条件下的电阻 R

正如 NDI 名称所暗示的那样，有两个注入激励源：输入源 V_{in} 再加上一个测试发生器 I_T，这个电流源被调整，以抵消流入 R_2 的电流，很自然地将输出置零。请注意，这不是将输出进行短路，但它类似于在运算放大器电路中的虚地。当满足此条件时，计算 I_T 两端的电压 V_T，自然会得到在此情况下，驱动电容的电阻 R。值得注意的是，激励 1 的幅值与 R 的阻值无关。

我猜你想知道如何在保持电压 V_{in} 偏置的同时使得输出电压为零。在文献 [3] 中介绍了一个简单的 SPICE 仿真模板将很容易地证实这个结果。如图 1.17 所示，在这个电路中，添加了一个高增益压控电流源 G1，它一直注入电流直到输出为 0V，此时 R_2 偏置在 -60mV。注入电流源两端的电压 V_T 和电流 I_T 的比值即为我们要确定的电阻。

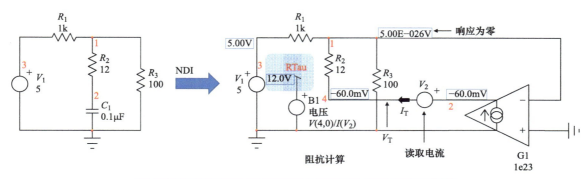

图1.17　电路中，电流 I_T 是由 V_{in} 注入的，可以使得输出处电压为零

一个简单的偏置点计算证实了它是有效的。由在线电源 B1 计算出的电阻表明，在 NDI 时，电容与 12Ω 的电阻（图 1.16 中的 r_C）串联。将 V_{in} 更改为不同的值，例如 3V，由 B1 计算的值保持不变。我们现在可以计算出时间常数了

$$\tau_1 = r_C C_1 \tag{1.31}$$

并立即确定零点位置

$$\omega_z = \frac{1}{\tau_1} = \frac{1}{r_C C_1} \tag{1.32}$$

在这个练习中，零点频率调谐的激励信号虽然在电路中传播，但没有到达输出并形成响应，它丢失在电路中的某个地方。毕竟，我们将零点定义为一个特定的频率来令分子为零，并使传递函数的幅值等于零。我们简单地确定了 NDI 条件下的时间常数。观察也可以用来确定零点吗？当然，它实际上会得到最简单的表达式，我们稍后将会看到。

1.1.3 正确地书写传递函数

正如前面所强调的，用低熵形式正确表达传递函数是很重要的，其中突显出极点、零点和特定的增益或衰减。我们可以从教科书中写的传递函数的经典例子开始：

$$H(s) = \frac{N(s)}{D(s)} = \frac{s+4}{(s+0.8)\left[(s+2.5)^2+4\right]} \tag{1.33}$$

可以立即看到，这个表达式并不满足我们迄今为止所倡导的，即分子和分母以 1 开头的形式。简单的因式分解将有助于找到一个更合适的表达式：

$$H(s) = \frac{N(s)}{D(s)} = \frac{4}{0.8} \cdot \frac{1+\dfrac{s}{4}}{\left(1+\dfrac{s}{0.8}\right)(s^2+5s+10.25)} = \frac{4}{8.2} \cdot \frac{1+\dfrac{s}{4}}{\left(1+\dfrac{s}{0.8}\right)\left[1+\dfrac{s}{2.049}+\left(\dfrac{s}{\sqrt{10.25}}\right)^2\right]} \tag{1.34}$$

求解分子 $N(s)$ 的根

$$N(s) = 1 + \frac{s}{4} = 0 \tag{1.35}$$

有

$$s_z = -4 \tag{1.36}$$

因此，零点为

$$\omega_z = 4\,\text{rad/s} \tag{1.37}$$

分母有三个极点，因此它是一个三阶分母，或是一个三阶传递函数，第一项即为

$$1 + \frac{s}{0.8} = 0 \tag{1.38}$$

求得

$$s_{p_1} = -0.8 \tag{1.39}$$

这个极点位于

$$\omega_{p_1} = 0.8\,\text{rad/s} \tag{1.40}$$

分母中的第二项表示一个二阶多项式，其根可以通过求解找到

$$s^2 + 5s + 10.25 = 0 \tag{1.41}$$

它会得到共轭复数根

$$s_{p_2} = -2.5 + 2\text{j} \tag{1.42}$$

$$s_{p_3} = -2.5 - 2\text{j} \tag{1.43}$$

和一个复数极点对，它们位于：

$$\omega_{p_2} = \omega_{p_3} = \sqrt{(-2.5)^2 + (\pm 2)^2} = \sqrt{10.25}\,\text{rad/s} \tag{1.44}$$

如果现在用符号形式重写式（1.34），可以看到上述参数自然地对应在这个表达中：

$$H(s) = H_0 \frac{1 + \dfrac{s}{\omega_z}}{\left(1 + \dfrac{s}{\omega_{p_1}}\right)\left[1 + \dfrac{s}{\omega_0 Q} + \left(\dfrac{s}{\omega_0}\right)^2\right]} \tag{1.45}$$

这即是正确书写式（1.33）的形式。请注意，式（1.33）和式（1.45）是严格相同的，但只有后者描述直观。例如，你看到直流增益 H_0（在这种情况下实际上是衰减）是在 $s = 0$ 时获得的：

$$H_0 = \frac{4}{8.2} \approx 0.488 \tag{1.46}$$

或

$$20\log_{10}(H_0) \approx -6.2\text{dB} \tag{1.47}$$

联立式（1.45）和式（1.34），得到谐振频率和品质因数或阻尼比

$$\omega_0 = \sqrt{10.25} \tag{1.48}$$

和

$$\omega_0 Q = 2.049 \tag{1.49}$$

求解得到 Q

$$Q = 0.64 \tag{1.50}$$

它与阻尼比 ζ 有关

$$\zeta = \frac{1}{2Q} = 0.781 \tag{1.51}$$

然后，将这些值与元器件值相关联，并设计电路以实现特定的功能。根据这些准则，可以将该概念扩展到不同类型的传递函数，例如增益、阻抗或电导的传递函数。在所有情况下，建议在传递函数上写一个分解的首项，然后关联 $N(s)$ 和 $D(s)$ 的分数。由于这两个都没有单位，所以首项（如果有的话）必须携带单位。例如，如果确定了阻抗 Z，则传递函数必须写为

$$Z(s) = R_0 \frac{N(s)}{D(s)} \tag{1.52}$$

在这个表达式中，Z 是阻抗，单位为欧姆（Ω），当 $s = 0$ 时，它是 R_0，当 $s = \infty$ 时，为 R_{inf} 或 R_∞，它也可以是想要突出显示的任何其他值，比如传递函数中的平台、峰值或跌落。图 1.18 说明了各种传递函数的概念。

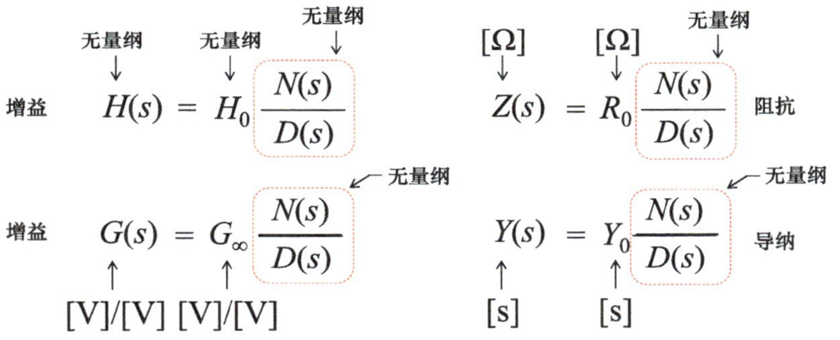

图1.18 只要有可能，必须写出一个传递函数，使首项携带单位，而其余项保持无单位

检查首项的齐次性，确保 R_0 会返回一个以欧姆为单位的值，而 $N(s)$ 和 $D(s)$ 是无单位的，这是检查派生表达式的完整性的第一步。

1.1.4 确定阻抗

稍作停顿，考虑一下图 1.19 的简单示例。我们想要确定由电阻和电容（其 ESR 为 r_C）的并联连接所提供的阻抗。该练习包括通过连接端子处施加一个电流源（激励源），并确定两端的响应 V_T。电流源产生的电压除以注入电流即得传递函数。这个阻抗很简单

$$Z(s) = R_1 // \left(r_C + \frac{1}{sC_1} \right) \tag{1.53}$$

这是对的，但是，现在必须展开此表达式，以使其符合图 1.18 中描述的所需格式。与其沿着这条道路走，不如我们看看 FACTs 是如何在几秒钟内解决这个问题的。在图 1.19c 的电路中，你重新绘制 $s = 0$ 状态的电路：电容开路，直流电阻立得：

$$R_0 = R_1 \tag{1.54}$$

如果关闭激励源并将其设置为 0A（一个 0A 的电流源相当于开路），那么，如电路图 1.19d 所示，从电容的连接端子"看到"的电阻将马上得到时间常数

$$\tau_1 = RC_1 = (r_C + R_1)C_1 \tag{1.55}$$

这意味着一个极点位于

$$\omega_p = \frac{1}{\tau_1} = \frac{1}{(r_C + R_1)C_1} \tag{1.56}$$

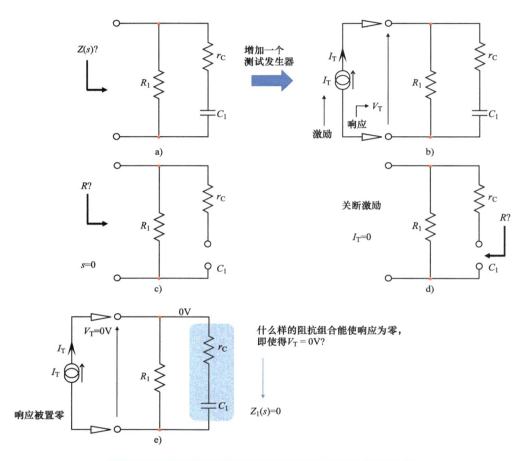

图1.19 这个阻抗在直流和 s 接近无穷大时均提供了一个电阻项

虽然零点可以利用 NDI 得到，但观察也同样适合于确定零点。我们知道，当激励在零点频率下被调谐时，传递函数表现为幅值为零。在电路图 1.19e 中所示的电路中，什么样的情况会带来响应 V_T 为 0V？在某个频率下，R_1 会变成一个分流器吗？当然不是，这是一个固定的电阻。那么与 r_C 串联的 C_1 的支路呢，标记 $Z_1(s)$，它在某个时候会变成一个分流器吗？要观察它，先写出这个阻抗表达式，看是否存在一个根

$$Z_1(s) = r_C + \frac{1}{sC_1} = \frac{1 + sr_C C_1}{sC_1} = 0 \tag{1.57}$$

$1 + sr_C C_1$ 分子的根等于

$$s_z = -\frac{1}{r_C C_1} \tag{1.58}$$

导致一个零点位于

$$\omega_z = \frac{1}{r_C C_1} \tag{1.59}$$

图 1.20 中的简单的 SPICE NDI 仿真确认了在零响应下，驱动电容的电阻 r_C，其值是 10Ω。

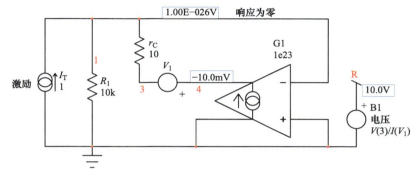

图1.20 在确定零点时，利用NDI确定了此电阻值

现在可以组合传递函数，突出显示在这些条件下确定的电阻：

$$Z(s) = R_1 \frac{1 + s r_C C_1}{1 + s(r_C + R_1)C_1} = R_0 \frac{1 + \dfrac{s}{\omega_z}}{1 + \dfrac{s}{\omega_p}} \tag{1.60}$$

通过一些简单的电路得到了此表达式，其中我们将直流电阻作为了首项。然而，我们可以观察到，在高频的情况下，C_1 变成短路，阻抗由 r_C 和 R_1 并联主导。如果我们关注高频响应，是否可以重新排列公式？从式（1.60）中，因式分解分母和分子中的 C_1 项：

$$Z(s) = R_1 \frac{1 + s r_C C_1}{1 + s(r_C + R_1)C_1} = R_1 \frac{s r_C C_1}{s(r_C + R_1)C_1} \frac{1 + \dfrac{1}{s r_C C_1}}{1 + \dfrac{1}{s(r_C + R_1)C_1}} \tag{1.61}$$

现在简化首项，引入极点和零点符号得到

$$Z(s) = R_\infty \frac{1 + \dfrac{1}{s\tau_N}}{1 + \dfrac{1}{s\tau_D}} = R_\infty \frac{1 + \dfrac{\omega_z}{s}}{1 + \dfrac{\omega_p}{s}} \tag{1.62}$$

其中

$$R_\infty = r_C // R_1 \tag{1.63}$$

式（1.60）和式（1.62）严格相等，但排列形式不同，以突出显示你设计感兴趣的特定项。分子具有倒置零点，而分母具有倒置极点（参见文献[3]）。

为了检查表达式，图 1.21 中所示的 Mathcad® 将告诉我们是否正确地确定了该传递函数。使用 Mathcad® 或任何其他求解器时，请确保始终将单位传递给指定的值。求解器能够检查表达式的齐次性，并标记出任何不一致的地方。在确定传递函数时，这节省了很多时间。在图中，对阻抗进行对数化，结果的值用 $dB\Omega$ 表示。但是，由于内置的对数函数只能处理无单位数，所以在对数压缩结果之前必须除以 1Ω。

在这张表中，我比较了原始表达式（1.53）与式（1.60）和式（1.62）中推导出的两个表达式的响应。如幅值和相位响应图所示，所有的曲线都完美地重合，证实了推导是正确的。我们如何知道是否存在微小的偏差，是否被所绘曲线的粗细所掩盖？检查这一点的最佳方法是绘制出你想要比较的幅值和相位响应之间的差异。

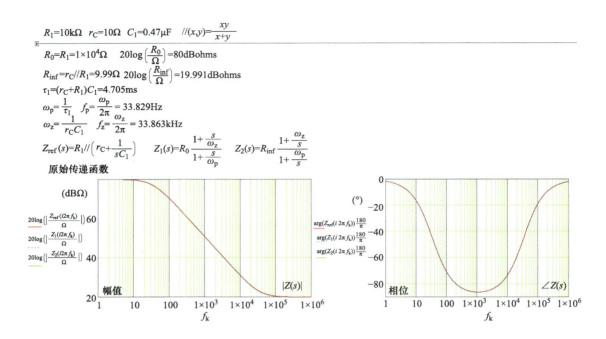

$R_1 = 10\text{k}\Omega \quad r_C = 10\Omega \quad C_1 = 0.47\mu\text{F} \quad //(x,y) = \dfrac{xy}{x+y}$

$R_0 = R_1 = 1 \times 10^4 \Omega \quad 20\log\left(\dfrac{R_0}{\Omega}\right) = 80\text{dBohms}$

$R_{\text{inf}} = r_C // R_1 = 9.99\Omega \quad 20\log\left(\dfrac{R_{\text{inf}}}{\Omega}\right) = 19.991\text{dBohms}$

$\tau_1 = (r_C + R_1)C_1 = 4.705\text{ms}$

$\omega_p = \dfrac{1}{\tau_1} \quad f_p = \dfrac{\omega_p}{2\pi} = 33.829\text{Hz}$

$\omega_z = \dfrac{1}{r_C C_1} \quad f_z = \dfrac{\omega_z}{2\pi} = 33.863\text{kHz}$

$Z_{\text{ref}}(s) = R_1 // \left(r_C + \dfrac{1}{sC_1}\right) \quad Z_1(s) = R_0 \dfrac{1 + \dfrac{s}{\omega_z}}{1 + \dfrac{s}{\omega_p}} \quad Z_2(s) = R_{\text{inf}} \dfrac{1 + \dfrac{\omega_z}{s}}{1 + \dfrac{\omega_p}{s}}$

图1.21 幅值响应在直流时是平坦的10kΩ，随着频率的增加下降到近10Ω

如果一切正常，则差值结果不能为零，而是接近求解器分辨率或以下，如图1.22所示。

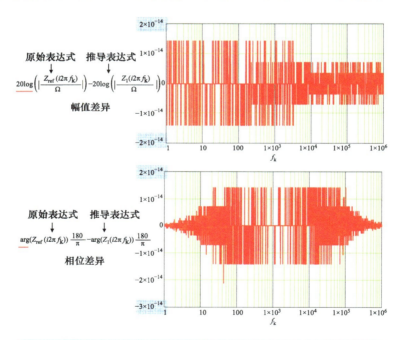

图1.22 当幅值和相位差异达到求解器的分辨率时，证明公式是完全相同的

1.2 本章小结

通过这一章，学习到了以下知识点：

1. 当一个激励被注入输入端口时，它会在电路中传播，可以在输出端口观察到对应的响应。激励与响应之间的数学关系被称为传递函数。

2. 对于一个线性电路的传递函数，可以通过分析电路网络的两个不同状态的两个时间常数来确定：当激励源降低到零和当响应被置零时，输出为零意味着尽管存在激励，但响应等于零。

3. 传递函数由分子 N 和分母 D 组成。当激励减少到零时，可以确定传递函数的分母的根，也就是极点。相反，分子的根是传递函数的零点，这是当交流输出被置零，且激励被代回时得到的。

4. 零激励意味着关闭发生源。实际上，对于 0A 电流源，即开路，对于 0V 电压源被导线代替。通过暂时断开每个储能元件并确定其连接端子提供的电阻 R，可以确定此情况下电路的时间常数。

5. 一旦获得了包含每个储能元件的时间常数，就可以将它们组合成分母 $D(s)$。

6. 零点是通过双重抵消注入或 NDI 来确定的：恢复激励，当输出为零时，必须找到电路的时间常数。当组合这些时间常数时，将得到分子 $N(s)$。

参考文献

1. R. D. Middlebrook, *Methods of Design-Oriented Analysis: Low-Entropy Expressions*, Frontiers in Education Conference, Twenty-First Annual conference, Santa-Barbara, 1992.

2. R. D. Middlebrook, *Null Double Injection and the Extra Element Theorem*, IEEE Transactions on Education, Vol. 32, NO. 3, August 1989 (https://authors.library.caltech.edu/63233/1/00034149.pdf)

3. C. Basso, *Linear Circuit Transfer Functions – An Introduction to Fast Analytical Techniques*, Wiley, 2016.

4. V. Vorpérian, *Fast Analytical Techniques for Electrical and Electronic Circuits*, Cambridge University Press, 2002.

5. R. Erickson, D. Maksimović, *Fundamentals of Power Electronics*, Kluwer Academic Publishers, 2001, pp. 289-293 (http://encon.fke.utm.my/nikd/Dc_dc_converter/Converter/Bodenotes.pdf)

第2章

快速分析电路技术（FACTs）

第1章定义了传递函数的概念以及时间常数对多项式系数的影响。在接下来的章节中，你将了解到如何暂时断开储能元件并在特定条件下"查看"其连接端子，从而快速确定传递函数。

2.1 快速分析电路技术（FACTs）的介绍

现在我们知道了应该如何合理地编写一个传递函数，以及它是由哪些项组成的，现在是时候阐明前面例子中涵盖的一些细节了。我们从确定时间常数中包含的激励源开始。我们说过，在考虑电路的时间常数之前，必须关闭激励源。激励源可以是电压源或电流源，这取决于你想确定的传递函数。关闭电压源或将其值降低到0V相当于将其用导线代替，对于电流源，将其电流值降低到0A相当于将其从电路中移除，使其连接端子与电路断开。有了这些概念，可以重新绘制原始电路，将激励电压源替换为短路，或者断开激励电流源连接的电路，如图2.1所示。

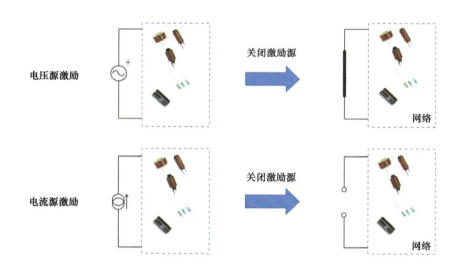

图2.1 关闭激励源并更新原理图以确定时间常数

图2.2用一个实例说明了这一原理，其中暂时移除储能元件，以确定驱动它的电阻 R。时间常数可以立即确定。

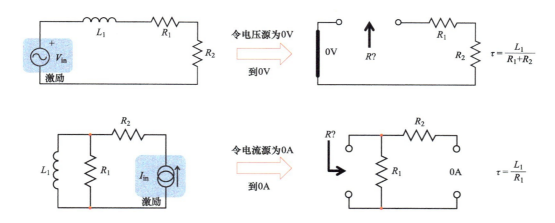

图2.2　确定自然时间常数的第一步是关闭激励源

该原理完全适用于有源元件，无论是双极性晶体管还是运算放大器。在直流偏置的双极性电路中，在开始分析之前，必须用晶体管的线性混合 π 模型替换晶体管，因为 FACTs 仅适用于线性或小信号电路。输入电压 V_{in} 减少到 0V，意味着没有基极电流 i_b，也没有集电极电流 i_c。V_{cc} 电源被一个无限大电容解耦，在交流分析中被接地。因此，从电容连接端子上"看到"的唯一电阻是 R_c。你马上得到了时间常数和电路的极点，如图 2.3 所示。

对于运算放大器，同样的方法，将输入电源降低到 0V，并通过电容连接端子进行查看，没有电流流过 R_i，考虑两端的电压为 0V，所有电流 I_T 流入 R_f，立即可得时间常数和电路极点。别担心，我们将在所有的示例中更详细地介绍这些电路。

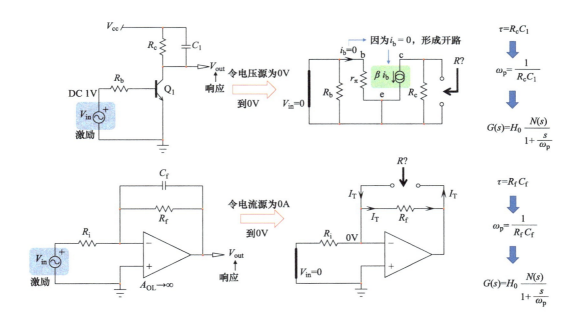

图 2.3　当涉及小信号模型时，对诸如双极性晶体管或运算放大器等有源器件的分析原理保持相同

图 2.4 所示的电流源也有一种所谓的退化情况。在给定的电压条件下，其两端的电压是 0V 时，为了分析电路网络，用导线替换电流源发生器，当这样做时，支路中的电流保持不变，并且导线上电压仍然为 0V。

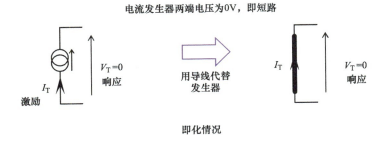

图2.4　当电流源两端电压为0V时，可以用一根导线代替

　　这个观察结果在处理特定电路的输入或输出阻抗时特别有用，并且你希望通过令响应为零来确定零点。例如，在第 1 章图 1.19e 的电路中，我们将输出节点短路到地并求得了 $r_C C_1$ 网络的电阻。另一种方法是考虑刚才提到的退化情况，并在电流发生器短路时观察电容两端，在图 2.5 中有 $R = r_C$，由于导线短路 R_1 到地，只剩下 r_C 单独留在电路网络中。

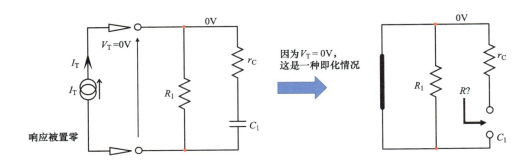

图2.5　当响应在此结构中为零时，电路分析很简单

　　正如之前所述，自然时间常数和极点是由电路的电气结构决定的，即元器件连接在一起的方式。当激励源被关断时就可以揭示出来：你把电路放在它的自然结构中，在此情况下确定了一个或几个时间常数后，就可以写出分母 $D(s)$。如果现在分析同一电路不同的几个传递函数，那么你将会在不同的地方施加激励源。例如，为了确定电路的增益，用电压源激励网络的一个端口。而为了表示输出阻抗，可以通过在电路的输出端连接一个电流源。在所有这些练习中，都有一个激励源作用于电路。如果关断这个激励会把电路代回一个相同的自然结构，那么意味着时间常数在所有的练习中都是相同的。因此，你可以立即重复使用在第一次传递函数分析中已经获得的分母，而不需要重新推导。

　　虽然观察电路中不同点的响应会影响零点的位置，但不会改变分母表达式。只要激励源被关断后结构保持不变就是此。考虑到这一点将节省大量的时间，如图 2.6 所示，通过简单的一阶电路来确定增益和输出阻抗。在上面，激励源被关闭，并被导线代替。对于输出阻抗，考虑一个完美的输入发生器 V_{in}（源阻抗为零），我们可以用 $0\,\Omega$ 的电阻代替它，并通过电流源 I_T 对输出产生激励。在这两种分析中，可以看到新得到的电路是相同的，这意味着时间常数是相同的：如果你在第一个练习下确定了 $D(s)$，你可以在第二个练习中直接调用它。

　　现在假设想找到从输入发生器 V_{in} 所看到的输入阻抗。在这种情况下，断开 V_{in} 并施加一个电流发生器 I_T，如第 1 章中的图 1.8 所示的连接端子。注入电流源 I_T 将得到一个响应 V_T，结合这两个变量就会产生你想要的阻抗。

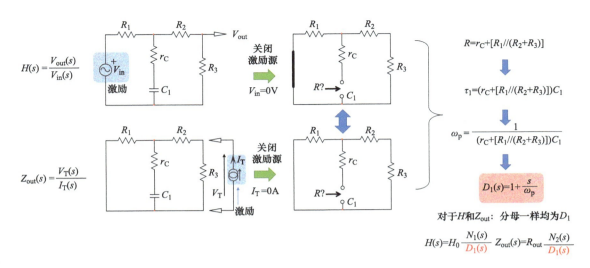

图2.6　当激励源被关断时，电路就会回到相同的自然状态，两个传递函数具有相同的分母

因为我们讨论的是同一个电路，所以我们能重复利用图 2.6 中已经得到的分母吗？

不，因为当关闭电流发生器时，它会使得 R_1 的左端浮地，这是一个不定态，从而得到了一个新的电路结构：你不能重复利用之前确定的分母，需要找到一个新的分母，但这并不复杂，如图 2.7 所示。

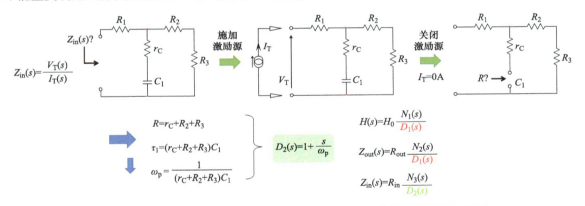

图2.7　当激励源关闭时，电路不会恢复到以前的自然状态，所以不能重复使用它

实际上，有了这些操作经验，会发现，在这个阻抗确定练习中，当查看自然时间常数时，从图 2.6 中获得的分母将变成了阻抗表达式的分子。这是因为零点的确定是通过将电流测试发生器两端的响应置零来实现的，在这个特殊的情况下，可以用短路代替这个电流发生器。这在文献 [1] 中被描述成为一种退化情况。如果当电流源短路，则分析的电路与图 2.6 相同，时间常数已经确定：图 2.6 中分母的表达式成为图 2.7 中阻抗表达式的分子，再次节省了分析时间。

在观察起作用时，确定一阶电路中的极点并不复杂。有时，特别是当处理受控源（电压源或电流控制源）时，观察变得并不明显或根本不可能，就必须求助于安装在两端的测试发生器 I_T，然后利用 KVL 来确定电阻 R。我们在接下来的电路分析中将这一原理扩展到高阶电路。

2.1.1　一阶电路中无源元件的状态

我们已经看到，FACTs 研究的是线性网络被放置在不同的工作条件下，如关闭激励源以确定时间常数，其他典型的状态是令 $s=0$ 或 $s=\infty$ 时的电路情况。在这些极端情况下，电容和电感具有特定的值。在直流（DC）状态下，电容被开路（从电路中移除），而电感被短路（用导线代替）。这也是 SPICE 在仿真开始时计算直流工作偏置点时所做的：短路电感和开路电容，以研究直流偏置下的电路，并围绕该点启动线性化过程。然后，在高频（HF）状态下，电容变成短路，而电感变成开路。图 2.8 说明了这一事实。

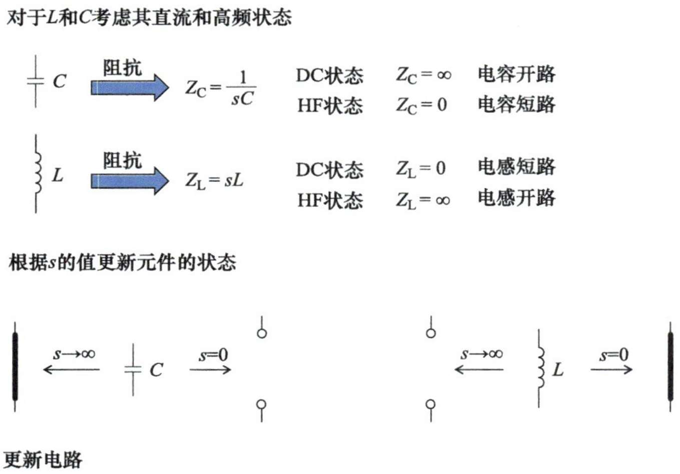

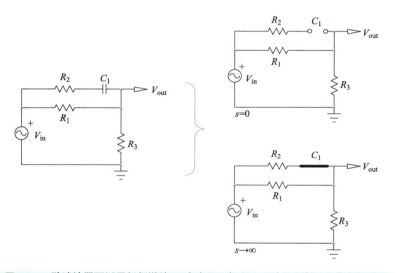

对于 L 和 C 考虑其直流和高频状态

根据 s 的值更新元件的状态

更新电路

图2.8　无论是在直流或高频条件下观察，都可以更新电路

从这种表示方法中，我们可以很容易地确定电路网络在直流条件下或高频条件下的增益，只需绘制中间子电路，其中储能元件（直流或高频）被它们的等效电路取代。考虑图 2.9 中的简单滤波器。

图2.9　一阶滤波器可以用低频增益 H_0 来表示，但当 $s=\infty$ 时，也有一个确定的增益

直流分析中，电容 C_1 开路，增益 H_0 是

$$H_0 = \frac{R_3}{R_3 + R_1} \tag{2.1}$$

相反，如果现在考虑高频响应，短路 C_1 并确定状态下的增益：

$$H_\infty = \frac{R_3}{R_3 + R_1 // R_2} \tag{2.2}$$

因为它是一个线性电路，我们可以使用一个简单的直流工作点计算，使用 SPICE 仿真来检查我们的结果是否正确。将电源设置为 1V 激励源，SPICE 计算输出电压，节点 2 显示的值就是增益（激励源是 1V），应该与公式计算结果完全一致。图 2.10 显示了实际工作情况。

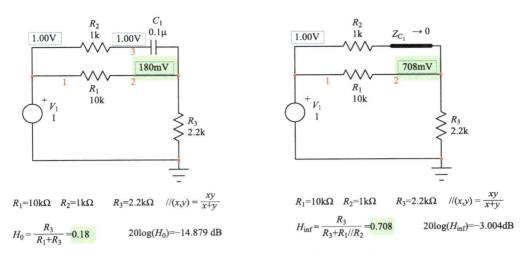

$R_1=10\text{k}\Omega$　$R_2=1\text{k}\Omega$　$R_3=2.2\text{k}\Omega$　$//(x,y)=\dfrac{xy}{x+y}$

$H_0=\dfrac{R_3}{R_1+R_3}=0.18$　　$20\log(H_0)=-14.879\text{ dB}$

$R_1=10\text{k}\Omega$　$R_2=1\text{k}\Omega$　$R_3=2.2\text{k}\Omega$　$//(x,y)=\dfrac{xy}{x+y}$

$H_{\text{inf}}=\dfrac{R_3}{R_3+R_1//R_2}=0.708$　　$20\log(H_{\text{inf}})=-3.004\text{ dB}$

图2.10　SPICE及其直流工作点仿真对检查计算非常有用

在这种特殊的情况下，可以看到表示传递函数有许多方式，这取决于你想要为设计目的而突出显示的参数。如果直流增益很重要，可以写出

$$H(s)=H_0\frac{N_1(s)}{D_1(s)} \tag{2.3}$$

相反，如果更关心高频响应，那么传递函数看起来就像

$$H(s)=H_\infty\frac{N_2(s)}{D_2(s)} \tag{2.4}$$

在这两种情况下，时间常数都可以确定为

$$\tau_1=C_1(R_2+R_1//R_3) \tag{2.5}$$

图 2.11 利用 1A 直流源的偏置工作点计算并证实了这一结果。请注意在线电源 B_1 的实现情况，采集电流源两端（节点 1 和节点 2）上的浮动电压，并显示出对地电压值。SPICE 和 Mathcad® 计算证实，这些值是严格相同的，这是一种具备健全性、完整性的证明过程。如果仿真和计算值之间存在显著偏差，则表明某处存在错误，必须在继续操作之前进行纠正。

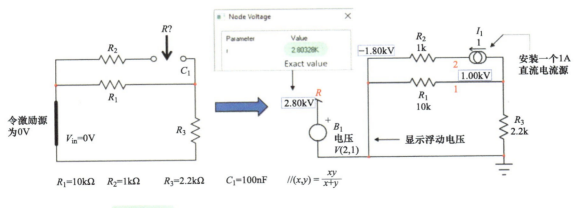

$R_1=10\text{k}\Omega$　$R_2=1\text{k}\Omega$　$R_3=2.2\text{k}\Omega$　$C_1=100\text{nF}$　$//(x,y)=\dfrac{xy}{x+y}$

$R=R_2+R_1//R_3=2.80328\times10^3\Omega$

$\tau_1=RC_1=280.32787\mu\text{s}$

图2.11　安装1A直流电流源可以找到想要的电阻值，并与分析结果进行比较

2.1.2 高阶电路中无源元件的状态

当仅有一个储能元件，如电容或电感，选择很容易：涉及的元件要么设置在直流或高频状态，也即 $s=0$ 或 $s \to \infty$ 时的参考状态。然而，当有更多的储能元件时，我们有许多可能的选择，然后选择一个用于计算首项。考虑经典二阶滤波器，如图 2.12 的右侧所示，你可以看到一个电容和一个电感。为了确定首项，其中每个储能元件都被设置为其参考状态，我们通过子电路图 2.12a 和 b，描述了四种不同的选择，我们应该选哪一种？

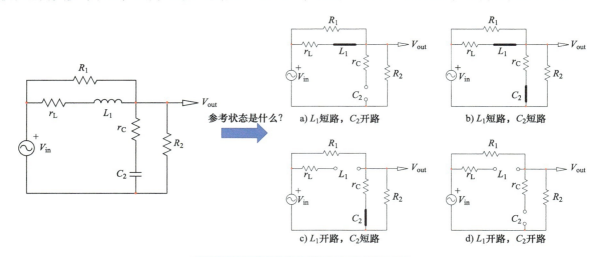

图2.12　这个二阶滤波器具有两个储能元件

实际上，可以从四个子电路中选择任何一种，只要我们相应地处理后续的分析。我已经用文献 [1] 中的一个例子展示了这一点。从物理直观的角度，我们选择了图 2.12a，即当 $s=0$ 时，利用 SPICE 仿真：短路电感和开路电容，以确定直流偏置工作点。在我看来，这是最简单和最直接的方法，因为它是任何工程师都熟悉的直流状态。我们从子电路图 2.12a 可以立即确定直流增益 H_0，这是

$$H_0 = \frac{R_2}{R_2 + R_1 // r_L} \tag{2.6}$$

那么我们该如何继续确定自然时间常数呢？遵循相同的方法，除了当确定驱动两个储能元件之一的驱动电阻 R 时，在练习时，必须定义第二个或第 n 个的状态。

我们知道分母将遵循下面的标准化形式二阶系统，如正在分析的 LC 滤波器：

$$D(s) = 1 + b_1 s + b_2 s^2 \tag{2.7}$$

让我们从 b_1 开始，如果分母是无单位的，b_1 单位应为 s（秒）。对于一个二阶网络，它是两个时间常数的和

$$b_1 = \tau_1 + \tau_2 \tag{2.8}$$

要确定这些项中的任何一个，请暂时断开所考虑的储能元件，例如 C_1，留下第二个（或第 n 个），令其在对应直流状态下，并确定驱动 C_1 的电阻 R。当完成后，转到第二个时间常数：暂时断开连接 L_2 并通过它的两端来确定 R，而 C_1 现在被设置为直流状态或开路。步骤如下：

1）关闭激励源：令电压源短路或电流源开路；

2）令 L_1 短路时确定驱动 C_2 的电阻 R；

3）令 C_2 开路时确定驱动 L_1 的电阻 R；

4）将这两个时间常数相加形成 b_1。

无论有 1 个还是 10 个储能元件，都很容易得到组合 b_1 的子电路：所有未包含电阻 R 的其他元件在练习中处于直流状态。最后，将所有时间常数相加以确定 b_1：

$$b_1 = \tau_1 + \tau_2 + \tau_3 + ... + \tau_n \tag{2.9}$$

有关这第一步，请参见图2.13。

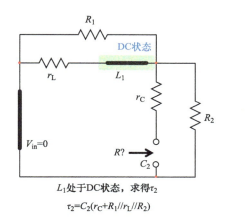
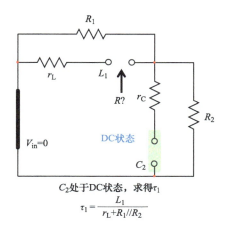

L_1处于DC状态，求得τ_2
$$\tau_2 = C_2(r_C + R_1 // r_L // R_2)$$

C_2处于DC状态，求得τ_1
$$\tau_1 = \frac{L_1}{r_L + R_1 // R_2}$$

图2.13　当另一个元件处于直流状态时，查看一个储能元件的两端

从图中看，我们可以将 τ_1 和 τ_2 相加得到 b_1：

$$b_1 = \tau_1 + \tau_2 = \frac{L_1}{r_L + R_1 // R_2} + C_2(r_C + R_1 // r_L // R_2) \tag{2.10}$$

在这个表达式中，不要去展开计算并联组合，并联在表达式中提供了一些有意义的思路。例如，在 τ_1 中，假设 r_L 非常小，如果 R_1 和 R_2 并联的结果比 r_L 大得多，那么 r_L 可以忽略。在 τ_2 中，假设 r_L 非常小，则它主导着并联项，可以很快化简得到：

$$b_1 \approx \frac{L_1}{R_1 // R_2} + C_2(r_C + r_L) \tag{2.11}$$

如果展开计算并联项的话，那么 r_L 的意义可能被淹没。

现在，对于 b_2，必须考虑两个时间常数的乘积（或高阶网络中乘积的和），以使得 $D(s)$ 保持无单位。因此，引入了一种新的符号来说明这个过程：

$$b_2 = \tau_1 \tau_2^1 \tag{2.12}$$

或

$$b_2 = \tau_2 \tau_1^2 \tag{2.13}$$

这种形式表明，储能元件的标号位于幂指数中，并被设置为高频状态，而需要确定驱动的是下标号储能元件的电阻 R。在式（2.12）中，我们正在重新利用时间常数 τ_1 然后乘以 τ_2^1：令 L_1 在其高频状态下（开路），确定此情况下驱动 C_2 的电阻 R，最终形成时间常数 RC_2。

在文献 [2] 中显示存在一个冗余，这意味着如果取时间常数 τ_2 然后把它乘以 τ_1^2（其中 C_2 短路），确定驱动 L_1 的电阻 R，得到式（2.13），它和式（2.12）中得到的表达式相同。当然，必须在这两个表达式中选择最简单的组合，或选择一个避免不确定性的组合。这个二阶分母的完整表达式是这样的：

$$D(s) = 1 + (\tau_1 + \tau_2)s + \tau_1 \tau_2^1 s^2 \tag{2.14}$$

它也等于

$$D(s) = 1 + (\tau_1 + \tau_2)s + \tau_2 \tau_1^2 s^2 \tag{2.15}$$

图 2.14 说明了该符号的意义，并解释了在确定第二个元件的 R 时，处于幂指数位置的标号元件被设置为其高频状态。然后，将求得的时间常数乘以已经确定的时间常数，对应的上标标号位置，详见图 2.14 右侧。图 2.15 显示了 LC 滤波器的作用。

令其中一个电抗处于高频状态：

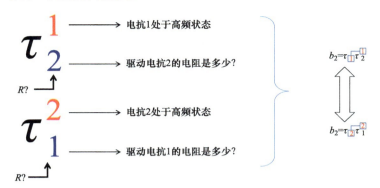

图2.14　二阶时间常数涉及一个不同的标号

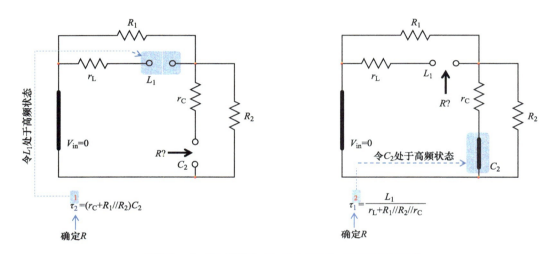

图2.15　二阶时间常数很容易确定，观察在这里也很好用

我们现在可以组合 b_2，其单位为 s^2，依据式（2.12）有

$$b_2 = \tau_1 \tau_2^1 = \frac{L_1}{r_L + R_1 /\!/ R_2}(r_C + R_1 /\!/ R_2)C_2 \tag{2.16}$$

如果我们考虑 r_L 和 r_C 与其他电阻相比非常小，这个表达式可以简化为

$$b_2 \approx L_1 C_2 \tag{2.17}$$

如果应用式（2.13）来计算 b_2，会有

$$b_2 = \tau_2 \tau_1^2 = C_2(r_C + R_1 /\!/ r_L /\!/ R_2)\frac{L_1}{r_L + R_1 /\!/ R_2 /\!/ r_C} \tag{2.18}$$

同样，如果 r_L 和 r_C 非常小，这样主导着并联项，可以得到

$$b_2 \approx C_2(r_C + r_L)\frac{L_1}{r_L + r_C} = L_1 C_2 \tag{2.19}$$

至此，我们完成了任务，确定了分母，而没有写一行代数，只是画了简单的电路，可以通过观察独立解决。依据式（2.7）就可以写出分母为

$$D(s) = 1 + \left[\frac{L_1}{r_L + R_1 /\!/ R_2} + C_2(r_C + R_1 /\!/ r_L /\!/ R_2)\right]s + \left[\frac{L_1}{r_L + R_1 /\!/ R_2}(r_C + R_1 /\!/ R_2)C_2\right]s^2 \tag{2.20}$$

考虑到相对于 R_1 和 R_2，其他寄生电阻贡献可以忽略不计，则可以近似为

$$D(s) \approx 1 + \left[\frac{L_1}{R_1 // R_2} + C_2(r_C + r_L) \right] s + L_1 C_2 s^2 \tag{2.21}$$

我们以最简单的方式确定了分母，而没有写一行代数，只是通过观察一系列中间子电路。如果最后发现了一个错误，可以很容易地回到这些子电路上：只要在修复错误系数的同时，保持其他的不变，就会得到整个表达式，而不像其他方法那样需要一切从头开始。同样有趣的是，可以用一个 SPICE 仿真来单独测试所有的步骤，并检查所有结果是否一致和差异性。这就图 2.16 中所说明的内容，右下角的 Mathcad® 结果屏幕截图确认了所有的值。像本例中这样的简单电路通常不太容易出错，如果是一个带受控源的运算放大器或晶体管电路的话，那将是另一个故事。在这种情况下，SPICE 是一个极好的工具，可以用来确认分析是正确的，所有的结果都是合理的。它帮助改进和修正了许多复杂情况下的错误，如文献 [1] 所示。

确定分母表达式是一回事，但仍需要以低熵形式重新排列式（2.20），其中出现了品质因数 Q 和谐振频率。如果把下面的表达式与之相等，并确定系数，这就不那么复杂了：

$$1 + b_1 s + b_2 s^2 = 1 + \frac{s}{\omega_0 Q} + \left(\frac{s}{\omega_0} \right)^2 = 1 + \frac{2\zeta}{\omega_0} s + \left(\frac{s}{\omega_0} \right)^2 \tag{2.22}$$

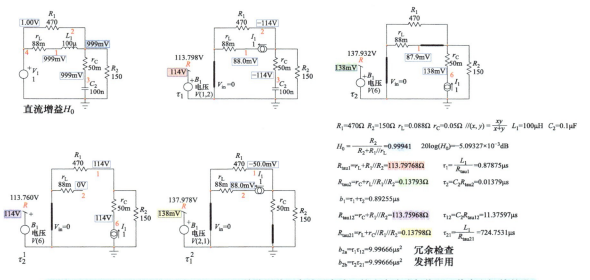

图2.16　SPICE是一个很好的工具，可以单独测试所有的子电路，检查表达式与偏置工作点之间的差异

如果计算正确，则有

$$Q = \frac{\sqrt{b_2}}{b_1} \tag{2.23}$$

$$\zeta = \frac{1}{2Q} = \frac{b_1}{2\sqrt{b_2}} \tag{2.24}$$

和

$$\omega_0 = \frac{1}{\sqrt{b_2}} \tag{2.25}$$

如果在式（2.23）中用近似值来代替 b_1 和 b_2，则有：

$$Q \approx \frac{\sqrt{L_1 C_2}}{\dfrac{L_1}{R_1 // R_2} + C_2 (r_C + r_L)} \qquad (2.26)$$

如果我们进一步考虑寄生参数 r_C 和 r_L 的值非常小，那么这个表达式可以进一步简化为

$$Q \approx (R_1 // R_2) \sqrt{\frac{C_2}{L_1}} \qquad (2.27)$$

在这个表达式中，第一项是电阻，而第二项具有电导的单位（阻抗的倒数），因此 Q 是无单位的，满足齐次性。

这就是必须学会用 FACTs 来做的工作：尽可能地减少重新排列并简化原始表达式，去得到一个紧凑表达式。这显然需要一些工程判断，以避免过度简化和破坏结果。Mathcad® 或任何其他计算求解器都是很好的工具，它们可以评估完整表达式与简化表达式之间的差异。请记住，考虑到实验室中这些元件的自然公差，用小数点后的 3 位数字来计算电阻或电容值是没有意义的。因此，简单和紧凑的表达式是练习的最终目标。

图 2.17 中的 Mathcad 图告诉我们，所有这些表达式通过比较，所有的曲线完美重合，确认了结果是正确的。

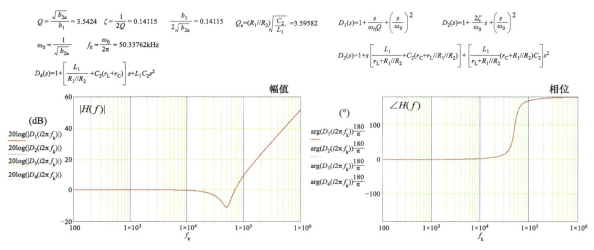

图2.17 分母必须以标准化形式表示，其中包括品质因数和谐振频率

对于高阶分母，将有更多的时间常数乘积表达式并用于 b_2 求和，如式（2.30）中所示。如果我们以一个三阶分母为例，分母将遵循下面的规范化表达式：

$$D(s) = 1 + b_1 s + b_2 s^2 + b_3 s^3 \qquad (2.28)$$

根据之前的解释，我们可以有：

$$b_1 = \tau_1 + \tau_2 + \tau_3 \qquad (2.29)$$

然后

$$b_2 = \tau_1 \tau_2^1 + \tau_1 \tau_3^1 + \tau_2 \tau_3^2 \qquad (2.30)$$

所有项均如图 2.14 所示，最后，是三阶系数 b_3，其单位为 s^3，将被写成：

$$b_3 = \tau_1 \tau_2^1 \tau_3^{12} \qquad (2.31)$$

这是图 2.18 详细说明的：两个元件现在处于幂指数的位置，并处于高频状态。然后就可以确定驱动第三个储能元件的电阻 R 来得到时间常数。这个符号和原理可以推广到 n 阶系统，其中设置在其高频状态下的项位于幂指数位置，同时确定驱动下标号的电阻。

令其中两个电抗处于高频状态

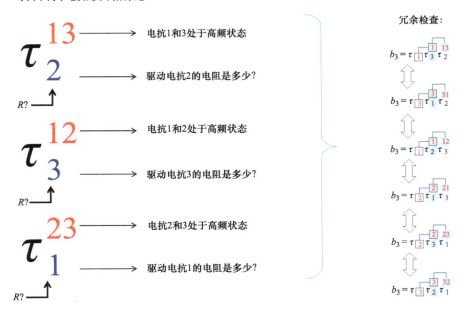

图2.18　当确定三阶传递函数时，b_3 的系数遵循相同的原理，现在在幂指数位置有两个标号。
与 b_2 项一样，冗余检查有助于重写原始表达式，以研究不同的中间电路

现在，系数 b_2 由式（2.12）和式（2.13）定义，可能存在冗余或重组。在某些情况下，这是一个很好的选择，特别是当发生不确定性时，或者当用一个组合分析电路太复杂时。当两项相乘时，可能会出现不确定性：必须确保乘积会得到一个有限数。例如，如果在确定电阻的练习中，有一个 $0\,\Omega$ 电阻，那么有 $\tau_1 = 0\,\Omega \cdot 1\mu F = 0\,s$，这是可以接受的，如果现在把这个项乘以 $\tau_2^1 = 5\mu s$，则得到 $\tau_1 \tau_2^1 = 0 \cdot 5\mu s = 0$，这也很好。但在包含电感和电容的电路中，则在关联时间常数（除了 $0/\infty$ 返回零）时，可能偶然会遇到以下问题之一：

$$\frac{0}{0}$$
$$\infty \cdot 0$$
$$\frac{\infty}{0}$$
$$\frac{\infty}{\infty}$$

（2.32）

在这种情况下，可以重新排列如图所示的表达式，以构建系数 b_3，然后找到使得不确定性消失的组合。如果这种不确定性是一直存在的，那么解决方案是在电路中添加一个虚拟电阻，要么串联，以防止形成 $0\,\Omega$ 支路（一个小电阻 R_s）或与所包含的储能元件并联，以将开路电阻值限制在有限范围（一个大电阻 R_{inf}）。当传递函数确定时，就可以通过因式分解来重新组合结果，并得到 R_s 到零和 R_{inf} 接近无穷大来简化和塑造最终的结果。已经成功地将这个方法应在文献 [1] 中，并解决了许多问题。

另一个建议是，当研究包含运算放大器的电路时，在某些情况下，具有无限增益是观察电路的一个切入点，例如，因为两个输入端具有相同的电位，则观察是显而易见的。有时，它会在分析过程中产生困难，我喜欢有意地将增益设定为 A_{OL} 的有限值，并考虑两个输入端之间的微小电压差。这有助于采用 SPICE 直流分析，可以有效地确认与计算求解器得到的中间结果。在形成最终表达式时，运算放大器的开环增益将被推到一个无限大值。我在例子计算中有意地采用这些技巧。

让我们用图 2.19 来快速练习一下三阶电路，可以先令 $s = 0$，然后将所有元件置于直流状态。这即是电路图 2.19b，考虑到 R_1 和 R_2 构成的电阻分压器，可以立即得到增益，包含 R_1 和 R_2：

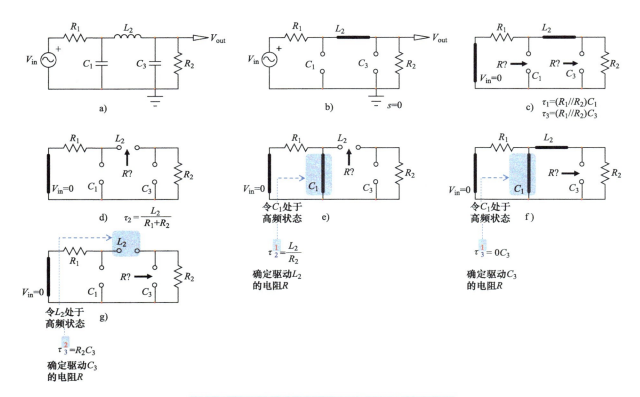

图2.19 电路具有三个储能元件，因此是一个三阶网络

$$H_0 = \frac{R_2}{R_1 + R_2} \tag{2.33}$$

这三个时间常数是通过观察所考虑的储能元件的连接端子来确定的，而其他两个则保持在直流状态。这是一个简单的练习，如果推导正确，则有

$$b_1 = C_1(R_1 // R_2) + \frac{L_2}{R_1 + R_2} + C_3(R_1 // R_2) \tag{2.34}$$

对于高阶项，只需要对应图2.18所描述的，并绘制三个中间子电路。如果正确地检查了电路，你就能得到 b_2 的定义，依据式（2.30），很快可以得到如下结果：

$$b_2 = C_1(R) // R_2 \tag{2.35}$$

对于最后的 b_3，我们有三个时间常数的乘积，这三个时间常数由式（2.31）定义，如图2.20所示。

在确定驱动第三个储能元件的电阻时，有两个储能元件被设置在高频状态。电路图2.19a得到了一个简单的结构，最终的系数是

$$b_3 = C_1(R) // R_2 \tag{2.36}$$

如果第一个组合导致不确定性或复杂的电路，仍然可以选择重新排列组合，并找到一个更容易解决的组合。例如，如图2.18所示，所有这些组合都是等价的：

$$b_3 = \tau_1 \tau_2^1 \tau_3^{12} = \tau_2 \tau_1^2 \tau_3^{21} = \tau_3 \tau_1^3 \tau_2^{31} = \tau_1 \tau_3^1 \tau_2^{13} = \tau_2 \tau_3^2 \tau_1^{23} = \tau_3 \tau_2^3 \tau_1^{32} \tag{2.37}$$

然而，如图2.20所示，如果有三种可能的组合，前两种组合给出了一个有效的结果，而第三种组合似乎是一个死胡同。真的吗？让我们来看看这些结果是如何组合起来的：

$$b_3 = \tau_1 \tau_3^1 \tau_2^{13} = C_1(R_1 // R_2) \cdot 0 \cdot C_3 \frac{L_2}{0} \tag{2.38}$$

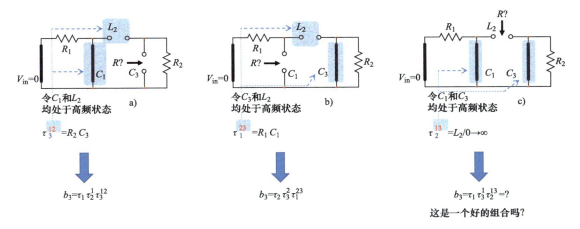

图2.20　系数 b_3 也可以通过观察来获得。如果第一个选择导致一个复杂的电路，总是可以重新排列电路，如电路b）所示，在这种特殊的情况下，电路c）不是一个很好的选择

看起来我们有一个如式（2.32）中第一个情况所描述的不确定性，对吧？现在假设计算求解器不能处理 $0\,\Omega$ 电阻，所以人为地用一个无穷小的有限值，假设 $1\text{p}\Omega$ 来代替，称之为 R_s，在这种情况下，上式可以改写为

$$b_3 = \tau_1 \tau_3^1 \tau_2^{13} = C_1 (R_1 /\!/ R_2) R_s C_3 \frac{L_2}{R_s} = C_1 (R_1 /\!/ R_2) C_3 L_2 \tag{2.39}$$

现在可以用 R_s 来简化式（2.39）和式（2.36），它们是相同的。

我们现在可以组合出分母，用 Mathcad® 进行检查，如果我们汇总整个系数，根据式（2.28）应该得到

$$D(s) = 1 + \left[(R_1 /\!/ R_2)(C_1 + C_3) + \frac{L_2}{R_1 + R_2} \right] s + \left[C_1 (R_1 /\!/ R_2) \frac{L_2}{R_2} + \frac{L_2}{R_1 + R_2} R_2 C_3 \right] s^2 + C_1 (R_1 /\!/ R_2) L_2 C_3 s^3 \tag{2.40}$$

在这个特殊的例子中，没有零点（我将在下一段中说明为什么），并且传递函数就完成了：

$$H(s) = \frac{R_2}{R_1 + R_2} \frac{1}{1 + \left[(R_1 /\!/ R_2)(C_1 + C_3) + \dfrac{L_2}{R_1 + R_2} \right] s + \left[C_1 (R_1 /\!/ R_2) \dfrac{L_2}{R_2} + \dfrac{L_2}{R_1 + R_2} R_2 C_3 \right] s^2 + C_1 (R_1 /\!/ R_2) L_2 C_3 s^3} \tag{2.41}$$

为了验证这是否正确，可以使用暴力求解的方法确定相同的传递函数，方法是在 R_1 和 L_2 之间的节点处使用具有以下特征的 Thévenin 发生器：

$$V_{th}(s) = V_{in}(s) \frac{\dfrac{1}{sC_1}}{\dfrac{1}{sC_1} + R_1} \tag{2.42}$$

$$R_{th}(s) = R_1 /\!/ \left(\frac{1}{sC_1} \right) \tag{2.43}$$

然后是一个包含 L_2 的阻抗分压器，驱动 C_3 与 R_2 并联组合。

$$Z_1(s) = R_2 /\!/ \left(\frac{1}{sC_3} \right) \tag{2.44}$$

可以立刻得到传递函数，而且可以毫无错误地展开和重新排列各项！

$$H_{ref}(s) = \frac{\dfrac{1}{sC_1}}{\dfrac{1}{sC_1} + R_1} \frac{Z_1(s)}{Z_1(s) + R_{th}(s) + sL_2} \tag{2.45}$$

幸运的是，这个表达式虽然复杂，但对于数学求解器来说并不困难，我们已经在 Mathcad 中收集了所有这些公式，结果如图 2.21 所示。

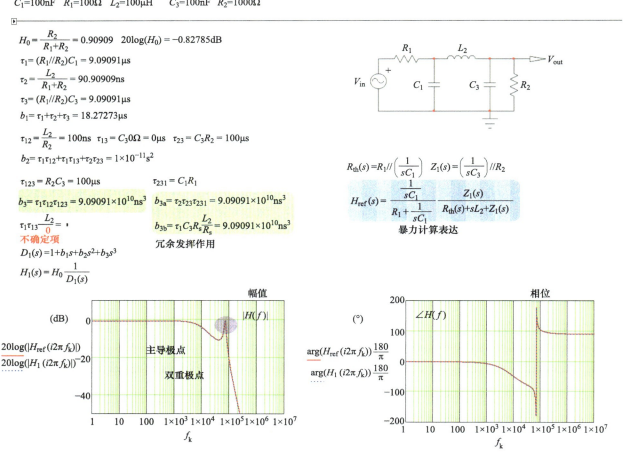

$$//(x, y) = \frac{xy}{x+y} \quad R_{\text{inf}} = 10^{23}\Omega \quad R_s = 10^{-12}\Omega$$

$$C_1 = 100\text{nF} \quad R_1 = 100\Omega \quad L_2 = 100\mu\text{H} \quad C_3 = 100\text{nF} \quad R_2 = 1000\Omega$$

$$H_0 = \frac{R_2}{R_1 + R_2} = 0.90909 \quad 20\log(H_0) = -0.82785\text{dB}$$

$$\tau_1 = (R_1 // R_2)C_1 = 9.09091\mu\text{s}$$

$$\tau_2 = \frac{L_2}{R_1 + R_2} = 90.90909\text{ns}$$

$$\tau_3 = (R_1 // R_2)C_3 = 9.09091\mu\text{s}$$

$$b_1 = \tau_1 + \tau_2 + \tau_3 = 18.27273\mu\text{s}$$

$$\tau_{12} = \frac{L_2}{R_2} = 100\text{ns} \quad \tau_{13} = C_3 0\Omega = 0\mu\text{s} \quad \tau_{23} = C_3 R_2 = 100\mu\text{s}$$

$$b_2 = \tau_1 \tau_{12} + \tau_1 \tau_{13} + \tau_2 \tau_{23} = 1 \times 10^{-11}\text{s}^2$$

$$\tau_{123} = R_2 C_3 = 100\mu\text{s} \qquad \tau_{231} = C_1 R_1$$

$$b_3 = \tau_1 \tau_{12} \tau_{123} = 9.09091 \times 10^{10}\text{ns}^3 \qquad b_{3a} = \tau_2 \tau_{23} \tau_{231} = 9.09091 \times 10^{10}\text{ns}^3$$

$$\tau_1 \tau_{13} \frac{L_2}{0} = \quad \cdot \qquad \qquad b_{3b} = \tau_1 C_3 R_s \frac{L_2}{R_s} = 9.09091 \times 10^{10}\text{ns}^3$$

不确定项 （红字）

冗余发挥作用

$$D_1(s) = 1 + b_1 s + b_2 s^2 + b_3 s^3$$

$$H_1(s) = H_0 \frac{1}{D_1(s)}$$

$$R_{\text{th}}(s) = R_1 // \left(\frac{1}{sC_1} \right) \quad Z_1(s) = \left(\frac{1}{sC_3} \right) // R_2$$

$$H_{\text{ref}}(s) = \frac{\frac{1}{sC_1}}{R_1 + \frac{1}{sC_1}} \frac{Z_1(s)}{R_{\text{th}}(s) + sL_2 + Z_1(s)}$$

暴力计算表达

幅值

(dB)

$20\log(|H_{\text{ref}}(i2\pi f_k)|)$
$20\log(|H_1(i2\pi f_k)|)$

$|H(f)|$

主导极点

双重极点

相位

(°)

$\angle H(f)$

$\arg(H_{\text{ref}}(i2\pi f_k))\frac{180}{\pi}$
$\arg(H_1(i2\pi f_k))\frac{180}{\pi}$

图2.21 Mathcad® 最后计算所有系数并检查齐次性

将式（2.41）减去暴力求解的结果，得到幅值和相位之间的差异，二者的误差保持在极微小范围内，这意味着两个表达式严格相等。

现在观察幅值响应，可以看到一个低频极点，大约在 2 ~ 3kHz 频率处，然后是一个大约 70kHz 的峰值：极点主导着低频部分，而两个相邻的极点出现在更高频率位置。为了证实这一事实，可以观察单个的时间常数，如文献 [3] 所述，并进行比较。我们的目标是重新排列这三阶多项式表达式，并得到一个不那么复杂的公式，这将提供更多的观察可能性，并观察频率响应。在这种特殊的情况下，可以尝试一个低频极点，然后跟随着两个极点的二阶表达式：

$$H_0 \frac{1}{1 + sb_1 + s^2 b_2 + s^3 b_3} \approx H_0 \frac{1}{1 + \frac{s}{\omega_p}} \frac{1}{1 + \frac{s}{Q\omega_0} + \left(\frac{s}{\omega_0}\right)^2} \qquad (2.46)$$

第一个表达式中的极点就是 b_1 的倒数，新定义的 Q 和 ω 如图 2.22 所示。

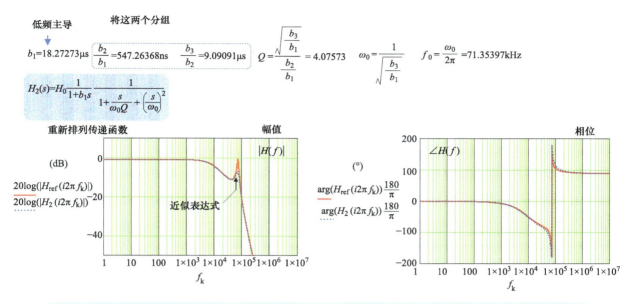

图2.22 Mathcad®可以测试新的表达式和原始的表达式，可以看到吻合得很好，近似表达式在谐振时的峰值较低

在本节中展示了如何确定 n 阶分母中的系数，我在图 2.23 中收集了一阶到四阶电路网络的可能组合。可以使用文献 [1] 中给出的公式将该技术应用于更高阶的系数，也可以查看文献 [4] 上发布的五阶和六阶滤波器示例。随着储能元件数量的增加，其关键在于将所有中间步骤组织好，处理好子电路，这样可以很方便地返回到子电路中纠正错误。

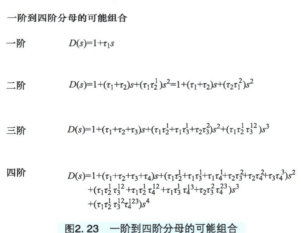

一阶到四阶分母的可能组合

一阶 $D(s)=1+\tau_1 s$

二阶 $D(s)=1+(\tau_1+\tau_2)s+(\tau_1\tau_2^1)s^2=1+(\tau_1+\tau_2)s+(\tau_2\tau_1^2)s^2$

三阶 $D(s)=1+(\tau_1+\tau_2+\tau_3)s+(\tau_1\tau_2^1+\tau_1\tau_3^1+\tau_2\tau_3^2)s^2+(\tau_1\tau_2^1\tau_3^{12})s^3$

四阶 $D(s)=1+(\tau_1+\tau_2+\tau_3+\tau_4)s+(\tau_1\tau_2^1+\tau_1\tau_3^1+\tau_1\tau_4^1+\tau_2\tau_3^2+\tau_2\tau_4^2+\tau_3\tau_4^3)s^2$
                         $+(\tau_1\tau_2^1\tau_3^{12}+\tau_1\tau_2^1\tau_4^{12}+\tau_1\tau_3^1\tau_4^{13}+\tau_2\tau_3^2\tau_4^{23})s^3$
                         $+(\tau_1\tau_2^1\tau_3^{12}\tau_4^{123})s^4$

图2.23 一阶到四阶分母的可能组合

2.2 本章小结

通过这一章，学习到了以下知识点：

1. 一个电路网络的极点完全依赖于它的电气结构，激励源不影响极点的位置。

2. 通过关闭激励源来确定这些极点的位置：0V 的电压源被导线代替，0A 的电流源变成开路。

3. 在一阶电路中，所谓的参考状态可以在直流条件下（$s=0$）或当 s 趋于无穷时确定。

4. 在二阶高阶网络中，可以通过考虑每个储能元件的各种状态组合来获得参考状态。为了便于分析，可以像 SPICE 在计算偏置点时那样考虑参考状态：所有电容断路，电感短路。

5. 重新组织排列所获得的表达式是很重要的，这样它才能自然地揭示出显著的特征，如增益、极点和零点，这对设计目的很有用。

6. 我们已经看到，在检查计算过程时，SPICE 是一个非常好的工具。将一个复杂的电路分成许多的子电路，通过简单的直流工作点仿真和跟踪任何错误来单独验证你的步骤。如果在过程结束时发现错误，只需要修正错误的电路而不需要重新开始。

参考文献

1. C. Basso, *Linear Circuit Transfer Functions – An Introduction to Fast Analytical Techniques*, Wiley, 2016.
2. V. Vorpérian, *Fast Analytical Techniques for Electrical and Electronic Circuits*, Cambridge University Press, 2002.
3. R. Erickson, D. Maksimović, *Fundamentals of Power Electronics*, Kluwer Academic Publishers, 2001, pp. 289-293 (http://encon.fke.utm.my/nikd/Dc_dc_converter/Converter/Bodenotes.pdf)
4. See *presentations and papers to download* section, https://cbasso.pagesperso-orange.fr/Spice.htm

第 3 章

传递函数的零点

我们在上一章中看到，确定一个网络的自然时间常数需要通过施加一个零激励信号来实现。在这里的过程非常相似，也是零激励的概念，只不过这次激励已经恢复，而响应被置零。

3.1 确定零点

分子 $N(s)$ 承载着传递函数的零点。在数学上，零点是函数值为零时的根。因此，原则上，如果我们可以激励一个零点频率的谐振网络，那么传递函数的幅值为零，就不会观测的到交流或小信号响应。在这种特殊情况下，我们会说输出在零点频率时为零。这总是一个很难理解的概念，因为不能在实验室看到它。图 3.1 当分子根位于左半平面时，分子等于零将意味着是没有物理意义的负频率，例如，在图 3.1 中，假设用一个正弦发生器去激励一个 RC 网络，它恰好在零点频率下发生谐振。如果观察输出，仍然会看到一个信号，而期望输出响应为零。这是因为函数发生器发出的正弦信号产生一个正频率，而分子的根是一个负值，我们进行频域分析，其中 σ 是零，只需要考虑 s 平面的虚轴：在这些条件下，很难想象出一个零点。

那么在什么情况下，我们可以看到零点的行为？对于一阶电路，一个简单的微分器，如图 3.1 的底部所示，它在原点有一个零点（$s=0$），意味着直流激励不会通过网络，在输出端将读到 0V。零点对实轴和虚轴都是一样的，我们很容易在实验台上观察到。

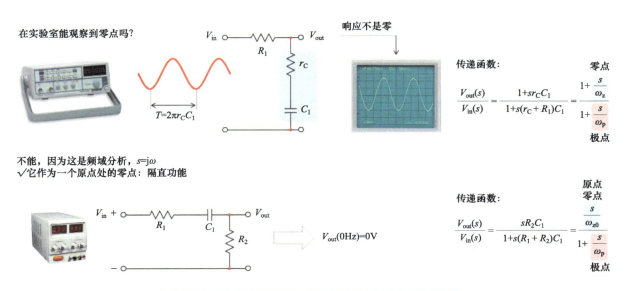

图3.1　在实验中一阶网络的零点难以观察，除非零点位于原点

另一种看待这个问题的方法是，考虑到一个负实极点与时域中的指数衰减波形相关联。如果我们使用这个信号来激励一个网络，而该网络的零点正好调谐到指数时间常数的倒数，那么我们能否通过这种方式说明零点理论呢？这实际上是一个非常好的方法来理解零点的作用，这是 Gazzoni Filho 在和我通信时指出的。在图 3.2 中，可以看到一个电流源驱动的 RL 电路，其表达式为 $e^{-\frac{t}{\tau_1}}$。在时域中，这是一个衰减的响应，一个极点位于 $s_p = -\frac{1}{\tau_1}$。用于计算指数项的时间 t 是通过将对 $1\mu F$ 电容积分，电流为 $1mA$，并由 E_1 缓冲得到的，RL 网络提供以下阻抗：

$$Z_1(s) = r_L + sL_1 \tag{3.1}$$

如果阻抗等于零，则

$$s_z = -\frac{r_L}{L_1} \tag{3.2}$$

这样得到一个零点且位于

$$\omega_z = \frac{r_L}{L_1} \tag{3.3}$$

这是这个阻抗中唯一的零点，可以表示为

$$Z_1(s) = 1 + \frac{s}{\omega_z} \tag{3.4}$$

如果衰减波形的时间常数现在与上面的零点的倒数正好一致，则时域响应为 0V，如图 3.2 右侧所示，响应如预期的那样变为了零，太好了！

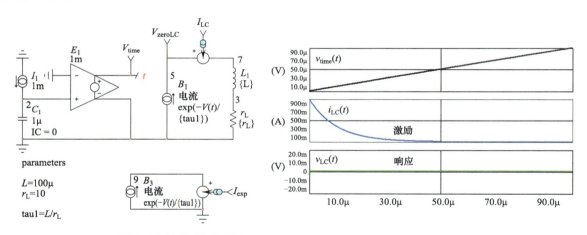

图3.2　如果给 RL 网络注入一个指数衰减的电流激励源，会产生一个零响应

现在，设计一个陷波滤波器，在某一个频率点迅速衰减输入信号（激励被阻尼）。如果这个二阶滤波器的品质因数趋于无穷大，这意味着阻尼无限大，那么这两个零点位于虚轴上，并被我们的频域分析范围覆盖，如果你调整发生器到这些零点频率 ω_0，那么，尽管施加了激励，但输出值几乎为 0V，如图 3.3 所示。

对于 FACTs，我们使用一个数学抽象来轻松地揭示这些零点。不像我们在频域分析（$s = j\omega$）中所做的那样，那时只考虑 s 平面上的纵轴，我们这次将覆盖整个平面，可以有负或正实分量的复根（$s = \sigma + j\omega$）。因此，如果在电路中，当输入信号调谐到零点角频率 s_z 时，交流响应的输出将为零。输出为零是因为电路中的一些阻抗阻断了信号的传播。当电路被 $s = s_z$ 激励时，信号路径中的串联阻抗变得无限大或一个分支将激励短路到地。请注意，这种数学抽象在通过观察来确定零点时提供了巨大的帮助，通常无源和有源电路中无须编写代数计算公式。

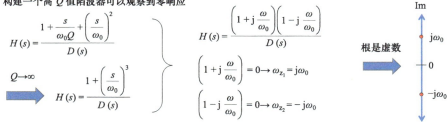

当 Q 趋于无限大时，零点变成虚数
➤ 根沿 y 轴分布：频域分析

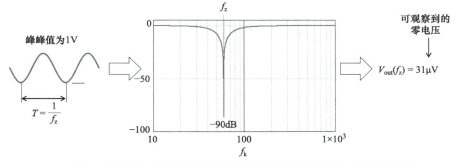

图 3.3　当在陷波频率处调谐时，滤波器输出几乎为 0V：即响应被置零

一个变换后的电路网络意味着电路被重新绘制，其中电感和电容分别以其相应的阻抗表达式呈现，如图 3.4 中的 sL 和 $1/sC$，该图提供了一个简单的流程图，其中详细说明了揭示零点的过程。

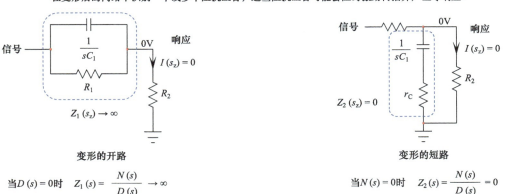

图 3.4　这个简单的流程图指导可以以最快的方式确定零点，当观察不起作用时，将需要进行双重抵消注入 (NDI)

在图 3.4 左侧，可以看到阻抗 Z_1 插入到信号路径中，是否有一个特定的组合，使得这个阻抗的大小可以变得无穷大，并带来一个零响应？阻抗表达式为

$$Z_1(s) = R_1 // \frac{1}{sC_1} = \frac{R_1 \dfrac{1}{sC_1}}{R_1 + \dfrac{1}{sC_1}} = R_1 \frac{1}{1 + sR_1C_1} \tag{3.5}$$

如果分母 $D(s)$ 等于零，则该阻抗将变为无穷大。换句话说，这个表达式的根，或它的极点为

$$D(s) = 0 \rightarrow s_p = -\frac{1}{R_1C_1} \tag{3.6}$$

这正是整个网络中的零点

$$\omega_z = \frac{1}{R_1 C_1} \tag{3.7}$$

在图 3.4 的右侧，r_C 和 C_1 的组合，在当 $s = -s_z$ 时，会在什么情况下成为变形的短路并将激励短路到地？

$$Z_2(s) = r_C + \frac{1}{sC_1} = \frac{1 + sr_C C_1}{sC_1} \tag{3.8}$$

当激励被调谐到如下状态时，分子等于零

$$1 + sr_C C_1 = 0 \rightarrow s_z = -\frac{1}{r_C C_1} \tag{3.9}$$

它意味着有一个零点位于

$$\omega_z = \frac{1}{r_C C_1} \tag{3.10}$$

观察是确定电路网络零点的一种非常方便的方法。一个简单的技巧，如文献 [1] 所述，能够立即观察到网络中是否有一个（或几个）零点，即使乍一看没有观察出：将储能元件放置在其高频状态（电容短路和电感开路），然后再观察在这种情况下，激励信号是否产生响应。所要做的是当 s 接近于无穷大时验证高频增益 H^n 的存在，并且储能元件 n 被设置为高频状态。如果当 C_1 被短路代替，存在 $H^1 \neq 0$，那电容会贡献一个零点。相反，如果 $H^1 = 0$，那么没有与之相关的零点，这就是为什么我猜测在图 2.19 电路中没有零点的原因。让我们用图 3.5 所示的 4 个电路来练习。在电路图 3.5a 中，如果在头脑中短路 C，那么激励 V_{in} 可以传播并产生响应 V_{out} 吗？当 r_C 和 C_1 形成一个变形短路时，则有一个零点，见式（3.8）。

在图 3.5b 中，如果 L 处于高频状态或开路，则电流被中断，激励 V_{in} 不会产生响应。现在将一个电阻与 L 并联，如电路图 3.5c 中的 R_2，你现在有了一个到 V_{out} 的路径，此时 L 开路：有一个包含 L 和 R_2 的零点，最后，在电路图 3.5d 中，当 C 短路时，将 V_{out2} 作为输出，在传递函数中不存在零点，因为在此状态下响应为 0V。现在将 V_{out1} 作为新的输出，尽管 C 被短路，但会有一个响应，显示了有一个包含 R_2 和 C 的零点。

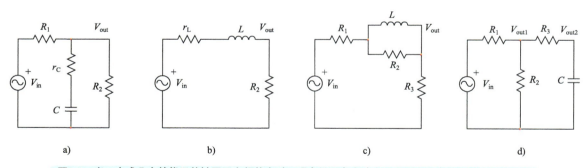

图3.5　当一个或几个储能元件被置于高频状态时，观察是否存在响应是识别出零点的一种方便的方法

一旦知道电路中有零点，如何确定它们的位置？来看一个经典的例子，在速度方面还是观察法略胜一筹。如图 3.6 所示，为了说明中间步骤，所有储能元件都被它们的等效阻抗取代，一旦掌握了这个方法，就不再这样做了。在这里，需要确定潜在可能的组合来阻止激励传播形成响应，换句话说，是否存在无限大阻抗网络可以阻止激励传播并得到零响应，或者当在零点频率处谐振时，是否有支路将信号短路到地？

0V 交流输出或置零输出并不是对地短路，这对学生来说往往是一个难以理解的点。如果查看图 3.6 的右边，会看到没有交流或小信号电流在负载 R_6 中流动，它自然意味着输出为零（其压降为零）。正如前面所强调的，可以将其类比为运算放大器中的虚地，如图 3.7 所示。

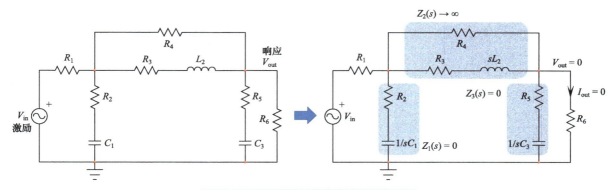

图3.6 在电路中找到阻断激励传播的子网络

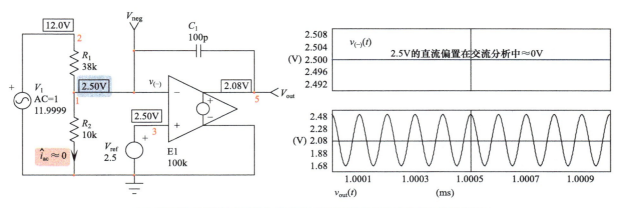

图3.7 下端电阻没有交流电流流过,因此被排除在$s>0$的小信号分析之外

如果对此电路施加 11.9999V 的直流偏置,运算放大器将产生预期的 2.08V 直流输出

$$V_{\text{out,dc}} = \left(2.5 - V_{\text{in,dc}}\frac{R_2}{R_1+R_2}\right)A_{\text{OL}} = \left(2.5 - 11.9999 \times \frac{10\text{k}}{10\text{k}+38\text{k}}\right) \times 100\text{k} = 2.083\text{V} \quad (3.11)$$

如果现在叠加一个峰值 100mV、频率 10kHz 正弦电压的交流激励源,输出会产生一个交流电压,其幅值由积分器时间常数 $\tau = R_1 C_1$ 设定。可以在图中右边观察到 2.5V 的峰值。如果现在测量 R_2 上的电压,其交流电压几乎是 0V。这是因为运放努力使得正和负端保持相等。参考电压 2.5V 在交流分析时为 0V(它不进行调制),所以在运算放大器的负端它是 0V,称之为虚地或是交流接地,没有交流电流流过 R_2。因此,当计算该电路的时间常数时,只有 R_1 是关键元件,而不是 R_2。R_1 和 R_2 设置直流工作点,但 R_2 在交流分析中由于虚地而消失。在图 1.17 中应用了相同的方法,但是我们将在通过几行代数表达式得到更多的细节。

现在回到图 3.6 的电路,从左边开始,会立即看到电阻和电容的串联组合,R_2 和 C_1,当这个网络阻抗变为零欧姆时,也即是

$$1 + sR_2C_1 = 0 \rightarrow s_{z_1} = -\frac{1}{R_2C_1} \quad (3.12)$$

然后有一个零点位于

$$\omega_{z_1} = \frac{1}{R_2C_1} \quad (3.13)$$

如果继续向右看,会看到一个电感和两个电阻形成一个并联阻抗。首先,L_2 是否被设置为高频状态,这意味着将它断开?激励信号还会通过网络并产生响应吗?会的,因为 R_3 仍然提供了一个路径:我们有一个包含 L_2 的零点。

我们需要确定图 3.8 中隔离网络的阻抗,并观察查幅值趋于无穷大的条件。实际上,将连接一个驱动网络的

电流源，并表示传递函数 $Z(s)$。在实际中，只需要确定分母 $D(s)$ 的极点，因为当它为零时，它自然会使阻抗无限大。通过关闭电流源，然后通过"查看"电感的两端，可以直接得到时间常数。

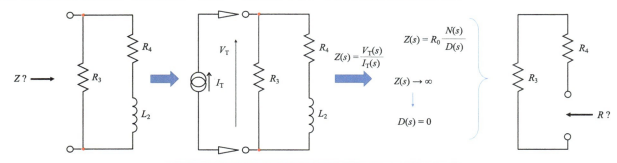

图3.8　我们可以隔离串联阻抗，并观察幅值趋于无穷大的条件

$$\tau_2 = \frac{L_2}{R_3 + R_4} \tag{3.14}$$

网络极点是时间常数的倒数，它等于

$$\omega_p = \frac{R_3 + R_4}{L_2} \tag{3.15}$$

当激励的频率被调谐到上述值时，串联阻抗 Z_2 在图 3.6 中变为无限大，并得到一个零输出。因此，阻抗极点是整个网络的零点，为

$$\omega_{z_2} = \frac{R_3 + R_4}{L_2} \tag{3.16}$$

最后，通过分析阻抗 Z_3，可以得到最后一个零点为

$$1 + sR_5C_3 = 0 \rightarrow s_{z_3} = -\frac{1}{R_5C_3} \tag{3.17}$$

第三个零点它位于

$$\omega_{z_3} = \frac{1}{R_5C_3} \tag{3.18}$$

就这样结束了！我们不写一行代数就确定了三个零点。关于 V_{out} 和 V_{in} 的传递函数已经部分被确定了，但它的分子已经被完全分解了：

$$H(s) = H_0 \frac{N(s)}{D(s)} = H_0 \frac{\left(1 + \dfrac{s}{\omega_{z_1}}\right)\left(1 + \dfrac{s}{\omega_{z_2}}\right)\left(1 + \dfrac{s}{\omega_{z_3}}\right)}{D(s)} \tag{3.19}$$

直流增益通过令 L_2 短路，并断开电容来确定。如果你的数学很好，应该会发现

$$H_0 = \frac{R_6}{R_6 + R_3 // R_4 + R_1} \tag{3.20}$$

为了确定分母，我们将在一系列求解的例子中看到它。那么，如何知道零点的位置正确呢？如前面所述，可以采用双重抵消注入或 NDI，如第 1 章的图 1.12 所示。该练习重复了三次，如图 3.9 所示。

如果在计算电阻值时注意符号，则直流工作点将提供正确的结果。在图 3.9a 中，电源 B_1 确认了包含 C_2 时间常数的电阻部分是 R_2，而图 3.9c 中，包含 C_3 时间常数的电阻部分是 R_5，在图 3.9b 中，浮地注入确认了 R_3 和 R_4 串联电阻为 20kΩ，这可以由 B_1 计算得到。请注意，第一个激励源 V_1 可以是任何值，我在这个例子中随意选

择为 2V。你可以选择另一个值，它不会改变由 B_1 计算的最终结果，激励幅值不影响零点位置，也不影响分子的因式分解。

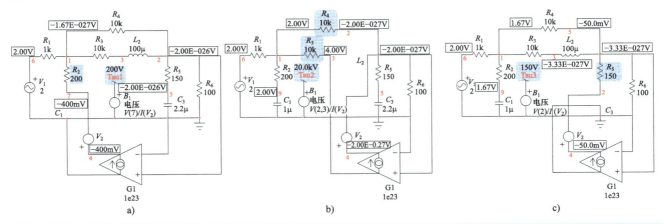

图3.9　SPICE是一个有用的工具，可以用来验证计算是否正确。在这里，通过一个跨导无限大的电压控制电流源，迫使第二个激励源的响应为零

3.2 双重抵消注入

观察是确定零点最快的方法，在无源电路网络中使用很方便。但有时，复杂的组合会使观察变得困难或根本不可能，这通常出现在有源和受控源的电路中。在这些情况下，只能使用基尔霍夫电流和电压定律（KCL 和 KVL）来分析电路网络。幸运的是，SPICE 直流分析总是能帮助确认结果。让我们从几个电路开始。

在图 3.10 中，可以看到虽然短路 C_5 以保持激励信号的传递，并产生响应 V_{out}，但不知围绕这个电容的相关电阻是如何组合起来断开激励信号的。必须求助于如图 3.10 中右侧所示的 NDI。考虑到 R_3 右端 0V 偏置，可以计算流过 R_3 的电流

$$i_1 = \frac{V_T}{R_3} \tag{3.21}$$

因为输出电流 I_{out} 为零，所以 i_1 电流也流过 R_1，因此 R_1 的电压被定义为

$$V_{R_1} = i_1 R_1 = \frac{V_T}{R_3} R_1 \tag{3.22}$$

R_2 的电压是 R_1 和 R_3 电压之和，但前面有一个负号

$$V_{R_2} = -\left(\frac{V_T}{R_3} R_1 + V_T\right) = -V_T\left(\frac{R_1}{R_3} + 1\right) \tag{3.23}$$

根据 KCL，电流 i_1 是由 i_2 和 I_T 构成的

$$i_1 = i_2 + I_T = \frac{V_{R_2}}{R_2} + I_T \tag{3.24}$$

在式（3.24）中代入式（3.23）和式（3.21），然后重新整理得到

$$\frac{V_T}{R_3} = -\frac{V_T\left(\frac{R_1}{R_3} + 1\right)}{R_2} + I_T \tag{3.25}$$

求解 V_T，得到了驱动电容 C_5 的电阻 R_n

$$\frac{V_T}{I_T} = R = \frac{R_2 R_3}{R_1 + R_2 + R_3} \tag{3.26}$$

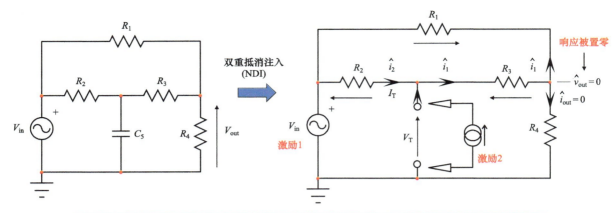

图3.10 在这个一阶电路中，当施加激励时，短路电容以维持响应：存在一个与此电容相关的零点

零点由式（3.27）确定

$$\omega_z = \frac{1}{RC_5} = \frac{R_1 + R_2 + R_3}{R_2 R_3 C_5}$$ （3.27）

现在可以使用 SPICE，并通过涉及图 3.11 中所示的电压控制电流源来检查这个电路的直流工作点。在运行仿真时可以得到电阻，与通过式（3.26）采用 Mathcad® 少量计算获得的结果完全一致，电阻值为 178.571Ω，此为驱动电容 C_5 的电阻值。如果该电容为 0.15μF，则根据式（3.27），零点位于

$$f_z = \frac{1}{2\pi \times 178.571 \times 0.15 \times 10^{-6}} \approx 5.9\text{kHz}$$ （3.28）

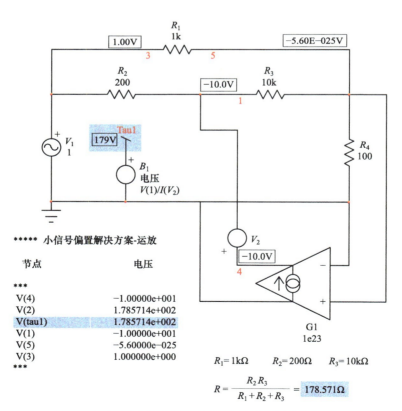

***** 小信号偏置解决方案-运放

节点	电压
***	
V(4)	−1.00000e+001
V(2)	1.785714e+002
V(tau1)	1.785714e+002
V(1)	−1.00000e+001
V(5)	−5.60000e−025
V(3)	1.000000e+000
***	

$R_1 = 1\text{k}\Omega$　　$R_2 = 200\Omega$　　$R_3 = 10\text{k}\Omega$

$$R = \frac{R_2 R_3}{R_1 + R_2 + R_3} = 178.571\Omega$$

图3.11 SPICE进行直流偏置点仿真，检查结果简单而快速

传递函数的其余部分很容易得到。对于 $s=0$，电容开路，并确定输入到输出的增益。观察图 3.10 中的电路，这是一个电阻分压器。

$$H_0 = \frac{R_4}{R_1 // (R_2 + R_3) + R_4} \tag{3.29}$$

一个快速 SPICE 仿真得到了如图 3.12 所示的预期结果，输入电压为 1V。直流插入损耗为 −20.09dB。现在我们利用 NDI 得到了零点，可以完成练习并观察极点的位置。通过短路图 3.13 中的输入源来做到这一点。

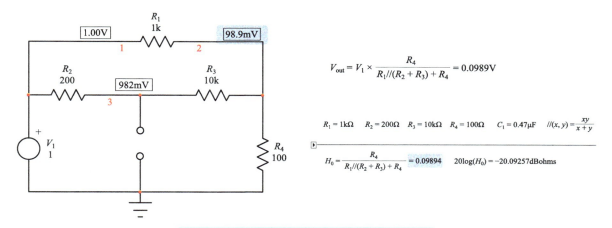

图3.12　SPICE直流偏置点证实了直流增益是正确的

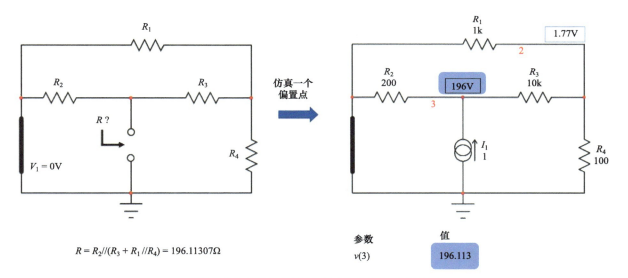

图3.13　通过观察C_1的连接端子，得到所需的电阻

乍一看的观察可能不明显，可能需要通过一个子电路。R_1 现在与 R_4 并联，而 R_2 现在跨接在电容的两端，即有

$$R = R_2 // (R_3 + R_1 // R_4) \tag{3.30}$$

按照图 3.13 的步骤，可以在想求电阻的节点两端施加一个 1A 直流源，并检查得到的直流工作点，这验证了我们的分析正确。我们现在将极点表示为

$$\omega_p = \frac{1}{\left[R_2 // (R_3 + R_1 // R_4)\right] C_1} \tag{3.31}$$

写出完整的传递函数 $H(s)$ ：

$$H(s) = H_0 \frac{1 + \dfrac{s}{\omega_z}}{1 + \dfrac{s}{\omega_p}} \tag{3.32}$$

直流增益、零点和极点分别如式（3.29）、式（3.27）和式（3.31）表示。

现在开始第二个 NDI 练习，如图 3.14，可以看到一个电感通过电阻分压器将输入激励传输到输出端。如果你把 L_1 设置在高频状态，即开路，意识到在这种情况下存在响应，意味着电感会带来一个零点。为了确定它的值，将输入激励代回，同时用测试发生器 I_T 使得输出为零来实现 NDI，即图 3.14 的右侧。因为输出电压为零，所以 R_2 的上端电压为零，流过它的电流在 R_3 上形成电压

$$i_1 = \frac{(I_T - i_1)R_3}{R_2} \tag{3.33}$$

这有

$$i_1 = \frac{I_T R_3}{R_2 + R_3} \tag{3.34}$$

测试电压 V_T 等于

$$V_T = i_1(R_1 + R_2) \tag{3.35}$$

由此得到了 i_1 新的定义为

$$i_1 = \frac{V_T}{R_1 + R_2} \tag{3.36}$$

式（3.34）和式（3.36）相等，有

$$\frac{V_T}{I_T} = R = \frac{R_3(R_1 + R_2)}{R_2 + R_3} \tag{3.37}$$

这即是想要求得的电阻 R，可以直接得到零点为

$$\omega_z = \frac{R}{L_1} = \frac{R_3(R_1 + R_2)}{(R_2 + R_3)L_1} \tag{3.38}$$

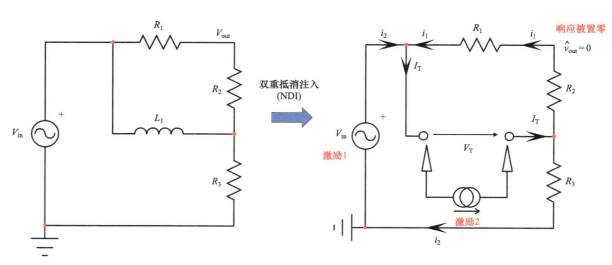

图3.14 在L_1的连接端子上安装测试发生器，利用NDI将得到想要的电阻

为了测试我们的计算是否正确，图 3.15 中的快速 SPICE 仿真将告诉我们结果。电压控制电流源在输出节点上保持 0V，使得输出置零。在这个过程中，一个模拟行为源计算电压 V_T，需要注意电流的极性（电流在 V_2 中是正的，而在其负端流出电源）。结果显示输出为零响应，电阻为 12.973kΩ，证实了式（3.37）中的数值计算结果。顺便说一下，电阻值是正的，这意味着有一个 LHPZ，也称为稳定零点。如果仿真返回一个负值，那么它表示在传递函数中可能有一个 RHP 零点。

现在我们有了零点，就可以继续确定极点了。将激励降低为零，如图 3.16 所示。在电感的连接端子之间会看到什么样的电阻？因为电源是置零的，所以 R_1 的左端接地，与 R_2 串联，然后一起与 R_3 并联：

$$R = R_3 // (R_1 + R_2) \tag{3.39}$$

极点是自然时间常数的倒数，因此

$$\omega_p = \frac{R}{L_1} = \frac{R_3 // (R_1 + R_2)}{L_1} \tag{3.40}$$

确定直流增益 H_0，短路电感，激励施加在 R_3 两端，同时 R_2 和 R_1 中的电流为 0A，因此

$$H_0 = 1 \tag{3.41}$$

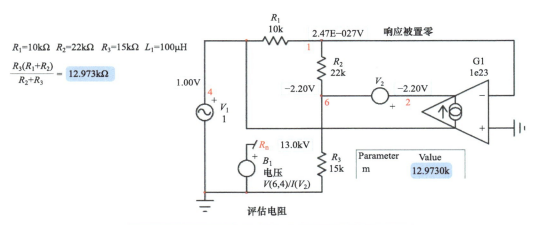

图3.15　一个简单的SPICE仿真立即告诉我们结果是否正确

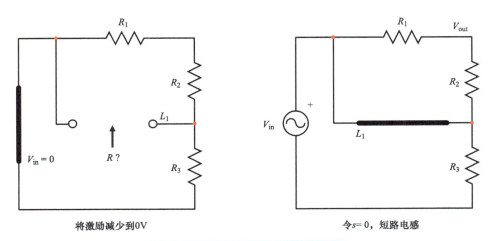

将激励减少到0V　　　　　　令s=0，短路电感

图3.16　极点和直流增益可以轻松得到

图 3.17 中的直流工作点结果显示了求解器和 SPICE 之间结果相同。因此，该网络的完整传递函数 H 为

$$H(s) = \frac{1 + \dfrac{s}{\omega_z}}{1 + \dfrac{s}{\omega_p}}$$（3.42）

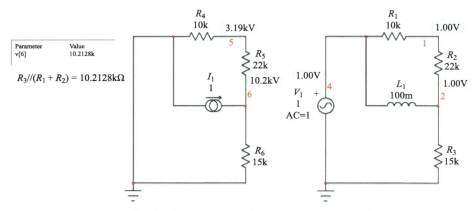

图3.17　通过快速的直流工作点仿真证实了我们的结果

其中，零点和极点分别如式（3.38）和式（3.40）表示。

对于第三个 NDI 示例，我们将观察如图 3.18 所示的双极晶体管有源电路。在这个例子中，为了确定该电路的传递函数，必须用它的等效小信号模型——混合 π 模型来代替晶体管，并重新绘制电路图。r_π 表示动态基发射极电阻，也可以标记为 h_{11}，应该用 h 参数表示法来代替（h_{21} 为增益）。通常情况下，我们认为隔直电容 C_L 在交流分析时被短路（我们假设它是一个大的电容），在这种情况下，电阻 R_2 和 R_1 只对直流偏置起作用。电源 V_{cc} 在交流分析中也为 0V，可以短路，如图 3.18 右侧的电路所示。为了进行 NDI，我们施加了两个激励信号，并确定激励 2 的值，以使在集电极电阻中观察到零响应。如图 3.19 的左侧所示。

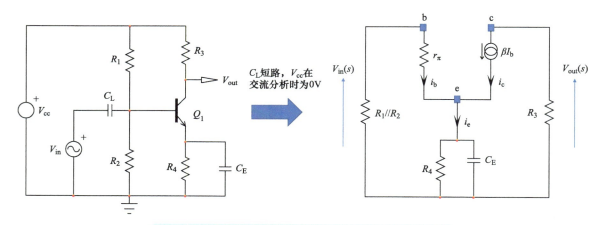

图3.18　晶体管电路具有零点和极点，右边是等效小信号电路

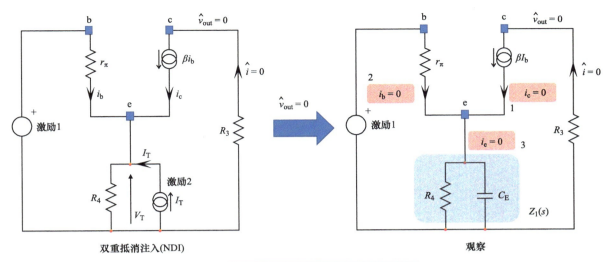

图3.19　如果集电极电流为零，则响应将消失

当激励 1 提供给定的偏置时，输出电流为零，确定注入电流 I_T 的值。在这种结构中，两端的电压 V_T 除以 I_T 会得到一个电阻值，它来驱动电容 C_E，从而得到分子的时间常数和零点位置。

然而，如果仔细看图，会意识到零输出意味着集电极电流为零，对吗？如果集电极电流为零，则基极电流也为零。在这种结构中，什么情况意味着基极电流为零？如果发射极在交流中是断开的，那么基极电流自然为零。如果网络阻抗接地，发射极的阻抗对于 $s=s_z$ 将趋于无穷大，则有一个零点：

$$Z_1(s) = R_4 // \frac{1}{sC_E} \to \infty \qquad (3.43)$$

如果解这个简单的方程，为这个表达式的根，分母为零时的 s 值，实际上是传递函数的零点

$$\frac{R_4}{1+sR_4C_E} \to \infty \qquad (3.44)$$

零点位于

$$\omega_z = \frac{1}{R_4C_E} \qquad (3.45)$$

这就是所谓的零响应传播，它可以规范化分析如下：
（1）集电极中的电流等于零；
（2）则基极电流必须为零；
（3）在以下情况下，基极电流可以为零
1）在基极上没有偏置；
2）发射极断开。
（4）什么交流情况下能断开发射极？即 $R_4 // C_E$ 成为无限大阻抗。

此方法可以非常方便和快速地确定传递函数中零点的构成。为了验证有效性，我们在 SPICE 中对双极性电路的直流工作点仿真，如图 3.20 所示。在图中，晶体管被一个由增益为 100 的电流控制电流源模型所取代。

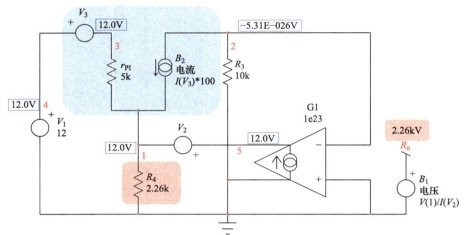

图3.20　电压控制的电流源使输出电流为零，并由电源B_1计算得到的电阻等于R_4

节点2处的输出电压为0V，在此情况下从电容两端看到的电阻为R_4。

现在，为了完成分析，我们来寻找极点。零激励意味着r_π现在已经接地，并确定从发射极上看到的电阻。电路如图3.21所示，可以看到测试电流源I_T跨在R_4的两端。为了简化分析，一个简单的步骤是暂时移除R_4，计算中间结果。最终的结果是中间值与R_4并联，从基极电流i_b开始：

$$i_b = -\frac{V_T}{r_\pi} \tag{3.46}$$

集电极电流是基极电流乘以增益

$$i_c = -\frac{V_T}{r_\pi}\beta \tag{3.47}$$

最后，I_T是基极电流和集电极电流的总和，但方向相反：

$$I_T = -(i_b + i_c) = -\left[-\frac{V_T}{r_\pi}(1+\beta)\right] = \frac{V_T}{r_\pi}(1+\beta) \tag{3.48}$$

从发射极中看到的电阻或发射极输出电阻为

$$\frac{V_T}{I_T} = \frac{r_\pi}{\beta+1} \tag{3.49}$$

因此，用于确定极点的最终电阻R为

$$R = \left(\frac{r_\pi}{\beta+1}\right)//R_4 \tag{3.50}$$

这会得到一个极点，它位于

$$\omega_p = \frac{1}{RC_E} = \frac{1}{\left[\left(\frac{r_\pi}{\beta+1}\right)//R_4\right]C_E} \tag{3.51}$$

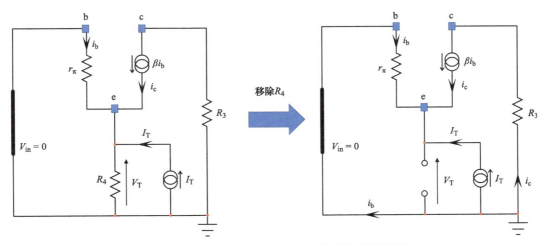

图3.21　激励现在是0V，必须确定由发射极提供的电阻

同样，图 3.22 的简单 SPICE 仿真会告诉我们这是正确的表达式。

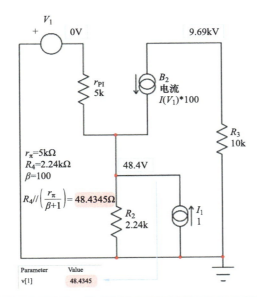

图3.22　驱动发射极电容的电阻：发射极输出阻抗与R_4并联

为了结束这个练习，我们现在必须通过断开电容来计算直流增益，并确定在这个结构中的输出电压。电路如图 3.23 所示，可以用几行代数求解。

基极电流为

$$i_{\rm b} = \frac{V_{\rm in} - V_{\rm e}}{r_\pi} \qquad\qquad (3.52)$$

发射极电压等于基极电流与集电极电流之和乘以 R_4

$$V_{\rm e} = R_4 i_{\rm e} = R_4 (i_{\rm b} + i_{\rm c}) = R_4 (i_{\rm b} + \beta i_{\rm b}) = i_{\rm b} R_4 (\beta + 1) \qquad\qquad (3.53)$$

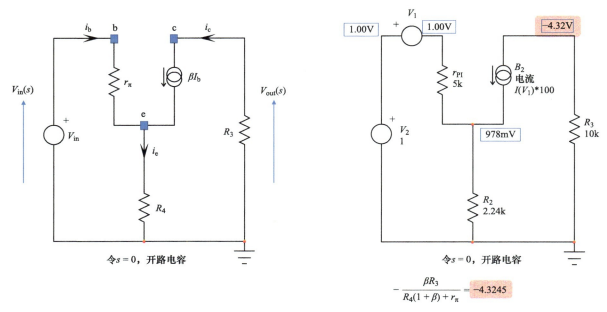

图3.23 断开电容并计算V_{out}/V_{in}，得到直流增益

从上述两个公式中，可以确定基极电流i_b等于

$$i_b = \frac{V_{in}}{R_4(\beta+1)+r_\pi}$$

（3.54）

考虑R_3中流过的集电极电流，很容易求得输出电压为

$$V_{out} = -i_c R_3 = -\beta i_b R_3$$

（3.55）

联立式（3.54）与式（3.55），两式相除，可得增益为

$$H_0 = \frac{V_{out}}{V_{in}} = -\frac{\beta R_3}{R_4(\beta+1)+r_\pi}$$

（3.56）

如果增益很大，且r_π较小，这个表达式可以化简为

$$H_0 \approx -\frac{R_3}{R_4}$$

（3.57）

很快，我们已经确定了这个双极性电路的完整传递函数，它被定义为

$$H(s) = H_0 \frac{1+\dfrac{s}{\omega_z}}{1+\dfrac{s}{\omega_p}}$$

（3.58）

增益、极点和零点分别如式（3.57）、式（3.51）和式（3.45）所示。

对于高阶分子表达式，NDI原理保持相似，且类似于我们所看到的分母。两者之间唯一的区别是，为了确定分子的时间常数，激励又被代回到了电路中，考虑输出为零得到R。对于一个二阶多项式，用下标N来指代分子，其表达式如下，包括最后一项的冗余：

$$N(s) = 1 + a_1 s + a_2 s^2 = 1 + (\tau_{1N}+\tau_{2N})s + (\tau_{1N}\tau_{2N}^1)s^2 = 1 + (\tau_{1N}+\tau_{2N})s + (\tau_{2N}\tau_{1N}^2)s^2$$

（3.59）

图3.24的电路将作为一个例子来确定二阶分子。然而，在深入分析并试图确定零点之前，我们能确定这个电路的特点吗？像往常一样，将电容置于高频状态，观察激励源是否能传播并产生可观察到的响应。如果依次将C_1和C_2置于高频状态下，激励总能传播通过吗？

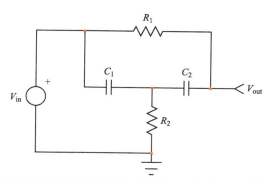

图3.24 电路中包含两个电容，这是一个二阶网络，它有两个零点

可以在大脑中做这样的练习，或者画一系列子电路来仔细观察。这就是我在图 3.25 中所做的，可以看到有两个零点，因为在所有三种组合中都存在着一个高频增益。

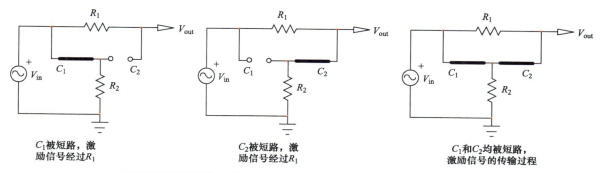

C_1被短路，激励信号经过R_1

C_2被短路，激励信号经过R_1

C_1和C_2均被短路，激励信号的传输过程

图3.25 将储能元件设置在其高频状态下，可以确认是否存在相关的零点

按照图 2.14 相同的原理，应用 NDI 三次：两次组合 τ_{1N} 和 τ_{2N} 得到系数 α_1，以及第三次得到系数 α_2。这些步骤如图 3.26 所示。

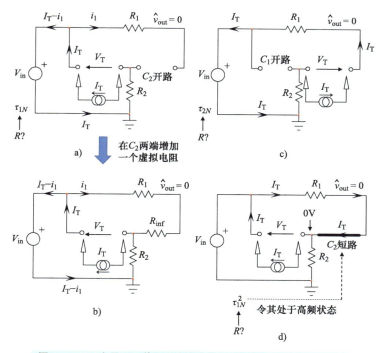

图3.26 NDI应用于三种不同的结构中，在此期间输出被设置为零

在图 3.26a 中，输出电压 v_{out} 为零，R_1 的右侧被固定在 0V。然而，由于 V_{in} 存在，电流 i_1 流入 R_1 中。因为 C_2 是断开的，这种电流无处可去，我们有一个不确定状态。解决方案就是在 C_2 两端放置一个无限大的虚拟电阻 R_{inf}，为该电流提供一个路径。这即是电路图 3.26b 中所示的。

从这个图中，可以得到电流源两端的电压 V_T 表达式为

$$V_T = V_{in} + R_2(I_T - i_1) = R_1 i_1 + R_2(I_T - i_1) \tag{3.60}$$

两个表达式中的电流 i_1 相等

$$i_1 R_{inf} = R_2(I_T - i_1) \tag{3.61}$$

因此电流被定义为

$$i_1 = \frac{R_2 I_T}{R_{inf} + R_2} ^{\ominus} \tag{3.62}$$

将式（3.62）代入式（3.60）有

$$V_T = i_1(R_1 - R_2) + R_2 I_T = \frac{R_2 I_T}{R_{inf} + R_2}(R_1 - R_2) + R_2 I_T ^{\ominus} \tag{3.63}$$

在这个表达式中，当 R_{inf} 接近无穷大时，有

$$\frac{V_T}{I_T} = R_2 \tag{3.64}$$

从而得到我们想要的时间常数为

$$\tau_{1N} = R_2 C_1 \tag{3.65}$$

这是一个特殊的 NDI 例子，其中一些工程判断是必要的。原因是输入电源 V_{in} 直接供给电路，以及它在 R_1 中施加的电流。作为一个辅助练习，增加一个小的源电阻 R_s，R_1 左端现在为 0V，没有电流流过，立即得到式（3.65）。

在图 3.26c 中，电流 I_T 流经 R_1 和 R_2，然而，电流发生器右侧接地，$\hat{v}_{out} = 0$，V_T 即为横跨 R_2 的电压，由 C_2 两端所提供的电阻也是 R_2，因此

$$\tau_{2N} = R_2 C_2 \tag{3.66}$$

在图 3.26d 中，C_2 被设置在其高频状态（即被短路），同时确定 C_1 的两端的电阻。考虑到输出为零，R_2 两端的电压也是 0V，电路中唯一剩下的电阻是 R_1 吗？时间常数为

$$\tau_{1N}^2 = R_1 C_1 \tag{3.67}$$

我们可以通过 SPICE 电路仿真来验证，利用图 3.27 的跨导放大器来实现，直流偏置点分析后在节点 R_{1N}、R_{2N} 和 R_{21} 得到的值证实了我们的计算正确。利用 SPICE 仿真来验证计算是一个很好的办法，直流工作点运行速度快，结果可以很快呈现出来。注意 1GΩ 电阻的存在，它确保所有节点都有电流流到地，否则可能会出现收敛问题。

数值结果表明，这些值很好，分子被定义为

$$N(s) = 1 + (\tau_{1N} + \tau_{2N})s + (\tau_{1N}\tau_{2N}^1)s^2 = 1 + R_2(C_1 + C_2)s + (R_1 R_2 C_1 C_2)s^2 \tag{3.68}$$

⊖⊖ 原书公式（3.62）和（3.63）中的分母应为 $R_{inf}+R_2$，原书有误。——译者注

这个二阶表达式可以被分解成一个标准化的多项式形式，如

$$N(s) = 1 + \frac{s}{\omega_{0N}Q_N} + \left(\frac{s}{\omega_{0N}}\right)^2 \tag{3.69}$$

其中

$$Q_N = \frac{\sqrt{a_2}}{a_1} = \frac{\sqrt{R_1 R_2 C_1 C_2}}{R_2(C_1 + C_2)} \tag{3.70}$$

和

$$\omega_{0N} = \frac{1}{\sqrt{a_2}} = \frac{1}{\sqrt{R_1 R_2 C_1 C_2}} \tag{3.71}$$

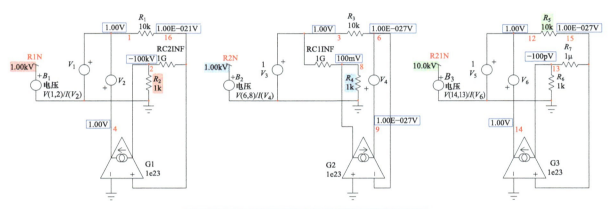

图3.27 图3.26中的SPICE仿真证实了我们的分析

现在我们有了零点，可以通过将激励设置为零来继续进行分析以得到极点，如图 3.28 所示。

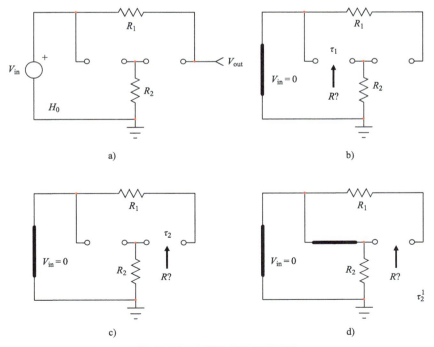

图3.28 确定分母系数需要四步

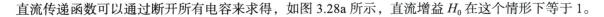

直流传递函数可以通过断开所有电容来求得，如图 3.28a 所示，直流增益 H_0 在这个情形下等于 1。

$$H_0 = 1 \qquad (3.72)$$

第一个时间常数 τ_1 通过研究 C_1 两端得到，当激励源被设置为 0V 时，如图 3.28b 所示。在这个结构中的电阻为 R_2，因为 R_1 有一端被开路，时间常数为

$$\tau_1 = R_2 C_1 \qquad (3.73)$$

在图 3.28c 中，可以确定第二个时间常数 τ_2，它是 R_1 和 R_2 串联

$$\tau_2 = (R_1 + R_2)C_2 \qquad (3.74)$$

图 3.28d 显示了如何计算系数 b_2 的最后一部分，R_2 短路但 R_1 保持不变。因此，时间常数是

$$\tau_2^1 = R_1 C_2 \qquad (3.75)$$

下面的表达式组合了分母所有的项

$$D(s) = 1 + s(\tau_1 + \tau_2) + s^2 \tau_1 \tau_2^1 = 1 + s\left[R_2 C_1 + (R_1 + R_2)C_2\right] + s^2 R_1 R_2 C_1 C_2 \qquad (3.76)$$

用归一化形式重新排列，显示有一个品质因数 Q 和一个谐振角频率 ω_0

$$D(s) = 1 + \frac{s}{\omega_0 Q} + \left(\frac{s}{\omega_0}\right)^2 \qquad (3.77)$$

其中

$$Q = \frac{\sqrt{b_2}}{b_1} = \frac{\sqrt{R_1 R_2 C_1 C_2}}{R_2 C_1 + (R_1 + R_2)C_2} \qquad (3.78)$$

和

$$\omega_0 = \frac{1}{\sqrt{b_2}} = \frac{1}{\sqrt{R_1 R_2 C_1 C_2}} \qquad (3.79)$$

现在可以把分子和分母组合起来，得到完整的传递函数，除了需要确定式（3.64）外，不需要写一行代数

$$H(s) = \frac{1 + R_2(C_1 + C_2)s + (R_1 R_2 C_1 C_2)s^2}{1 + s\left[R_2 C_1 + (R_1 + R_2)C_2\right] + s^2 R_1 R_2 C_1 C_2} \qquad (3.80)$$

有没有一种更好、更紧凑、低熵的格式重新排列这个表达式？是的，如果以因子 $R_2(C_1 + C_2)s$ 分解分子和以因子 $s[R_2 C_1 + (R_1 + R_2)C_2]$ 分解分母，那么，经过一点点变换，应该能发现

$$H(s) = H_{\text{notch}} \frac{1 + Q_N \left(\dfrac{s}{\omega_{0N}} + \dfrac{\omega_{0N}}{s}\right)}{1 + Q\left(\dfrac{s}{\omega_0} + \dfrac{\omega_0}{s}\right)} \qquad (3.81)$$

其中

$$H_{notch} = \frac{R_2(C_1 + C_2)}{R_2 C_1 + (R_1 + R_2)C_2} \qquad (3.82)$$

Q_N、ω_{0N}、Q 和 ω_0 分别由式（3.70）、式（3.71）、式（3.78）和式（3.79）确定。这是这个表达式最紧凑的形式，首项表示在谐振点上的衰减。当然，这是这里的终极目标，如果没有已故的 Middlebrook 博士宝贵的 D-OA（以设计导向的分析），就不可能从式（3.80）获得任何有价值的内容。

为了检验所有这些传递函数并确认推导是正确的，我们需要一个参考传递函数。为此目的，重新绘制电路并应用叠加定律，但这次是由两个电源 V_{in} 驱动，将它们交替设置为 0V。图 3.29a 为对输入电源使用叠加定律的变换图。

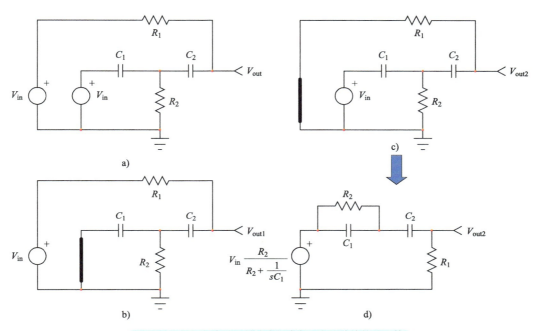

图3.29　叠加定律可以帮助我们确定一个原始的传递函数

在图 3.29b 中，C_1 左端被接地，输出电压通过观察电阻分压器为

$$V_{out1} = V_{in} \frac{\frac{1}{sC_2} + \frac{1}{sC_1}/\!/R_2}{\frac{1}{sC_2} + \frac{1}{sC_1}/\!/R_2 + R_1} \qquad (3.83)$$

将 R_1 左端接地，会使得第二个发生器变为 0V，我们可以重新排列图 3.29d 得到图 3.29c，对 R_2 和 C_1 使用戴维南等效电路，第二个输出电压被定义为

$$V_{out2} = V_{in} \frac{R_2}{R_2 + \frac{1}{sC_1}} \cdot \frac{R_1}{\frac{1}{sC_1}/\!/R_2 + \frac{1}{sC_2} + R_1} \qquad (3.84)$$

组合这两个表达式就得到了传递函数

$$H(s) = \frac{\frac{1}{sC_2} + \frac{1}{sC_1}/\!/R_2}{\frac{1}{sC_2} + \frac{1}{sC_1}/\!/R_2 + R_1} + \frac{R_2}{R_2 + \frac{1}{sC_1}} \cdot \frac{R_1}{\frac{1}{sC_1}/\!/R_2 + \frac{1}{sC_2} + R_1} \qquad (3.85)$$

很明显，这个表达式中的确看不出有用的东西，如果试图去计算的话，很可能会导致代数瘫痪而且极为复杂！我们都准备好了，可以不怕所有的计算，并对曲线进行比较。Mathcad® 计算如图 3.30 所示，包含了各种表达式。在这个图中，元件 R_1 和 R_2，C_1 和 C_2 分别通过 n 和 k 相互关联。式（3.85）即为 $H_{ref}(s)$ 表达式。

这些传递函数的交流响应收集在图 3.31 中，所有曲线都完美重合。进行完整性检查，对二者的结果进行相减并观察其差异。重要的是确认结果的合理性，如果偏差显著则表明出现了错误，实际结果表明，二者的误差极小，从而证明了方法是正确的。

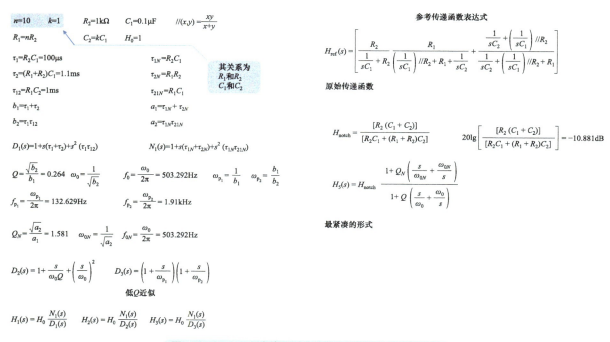

图3.30　Mathcad®表格可以检验我们推导出的所有表达式

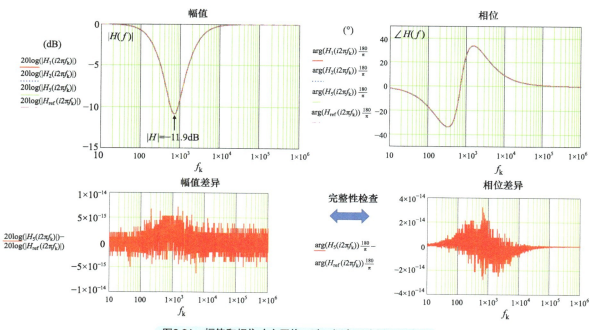

图3.31　幅值和相位响应严格一致，证实了分析是正确的

最后，在图 3.32 中，我收集了一些可能的组合，这也适用于分子项，利用 NDI 来确定高达四阶电路网络的分子项。

一阶至四阶网络的分子表达式

一阶　　　$N(s) = 1 + \tau_{1N}s$

二阶　　　$N(s) = 1 + (\tau_{1N} + \tau_{2N})\,s + (\tau_{1N}\tau_{2N}^1)\,s^2 = 1 + (\tau_{1N} + \tau_{2N})\,s + (\tau_{2N}\tau_{1N}^2)\,s^2$

三阶　　　$N(s) = 1 + (\tau_{1N} + \tau_{2N} + \tau_{3N})\,s + (\tau_{1N}\tau_{2N}^1 + \tau_{1N}\tau_{3N}^1 + \tau_{2N}\tau_{3N}^2)\,s^2 + (\tau_{1N}\tau_{2N}^1\tau_{3N}^{12})\,s^3$

四阶　　　$N(s) = 1 + (\tau_{1N} + \tau_{2N} + \tau_{3N} + \tau_{4N})\,s + (\tau_{1N}\tau_{2N}^1 + \tau_{1N}\tau_{3N}^1 + \tau_{1N}\tau_{4N}^1 + \tau_{2N}\tau_{3N}^2 + \tau_{2N}\tau_{4N}^2 + \tau_{3N}\tau_{4N}^3)\,s^2$

　　　　　$+ (\tau_{1N}\tau_{2N}^1\tau_{3N}^{12} + \tau_{1N}\tau_{2N}^1\tau_{4N}^{12} + \tau_{1N}\tau_{3N}^1\tau_{4N}^{13} + \tau_{2N}\tau_{3N}^2\tau_{4N}^{23})\,s^3$

　　　　　$+ (\tau_{1N}\tau_{2N}^1\tau_{3N}^{12}\tau_{4N}^{123})\,s^4$

具有下标 N 的时间常数，是在激励代回时，输出为零的情况下确定的。

图3.32　利用这些表达式，可以确定四阶网络的分子

3.3　本章小结

通过这一章，学习到了以下知识点：

1. 在拉普拉斯频域，当激励源以零点频率调谐时，传递函数的幅值减小到零，响应消失。

2. 当响应为零时，负载中电流为 0A，其两端的电压为 0V。

3. 为了确定零点的位置，我们假设电路网络内的一些元件，当在零点频率调谐时，会阻断激励的传播并使响应为零。

4. 这些元件在零点频率处，可以形成无限大的串联阻抗，或成为一个变形的短路，将一个支路短路到地。通过找到阻抗变得无限大或变成一个短路支路，就可以确定零点的位置。

5. 观察可以很好地找到零点，但通常需要求助于双重抵消注入或 NDI，其中激励被代回。

参考文献

1. A. Ajimiri, *Generalized Time- and Transfer-Constant Circuit Analysis*, IEEE Transactions on Circuits and Systems, Vol. 57, NO. 6, June 2010 (https://chic.caltech.edu/wp-content/uploads/2014/02/Final-Paper.pdf)

第4章

广义传递函数

第 4 章介绍广义传递函数，它通过重复使用已经找到分母的时间常数，而无须采用 NDI。

4.1 广义传递函数

双重抵消注入（NDI）的方法，对于新手来说有点难以理解。然而，当观察不起作用时，它仍然是在复杂电路组合网络中确定零点最快和最有效的方法。另一种选择是借助于在文献 [1] 和 [2] 中提出的方法，这种方法重复使用已经为分母找到的时间常数，这样不需要通过 NDI。所得到的传递函数严格地等价于将通过观察或 NDI 得到的结果。然而，当将更多的系数组合在一起时，有时需要额外方式来简化系数项。可以选择任何方法：直接应用 NDI 或使用如下所述的广义传递函数。

不需要重新推导公式，方法是在 s 接近无穷大时，研究一阶电路的增益：将 C 或 L 设置在高频状态（短路和开路），并确定该情况下的增益或衰减。我们在第 3 章的图 3.4 中已经开始这样做，但没有得到一个增益值。图 4.1 给出了所采用的符号的图形说明，因为确定了一个增益。

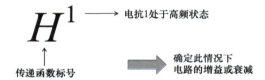

图4.1 高频增益由储能元件来表示，它们在增益符号中位于幂指数项

在这个图中，给出了传递函数 H 的符号，其储能元件被标记为 1，C_1 或 L_1，在分析电路时，它们分别被短路或开路所代替。当激励被代回时，只需确定这个情况下的传递函数。这个增益可以为零，等于 1，或者根据安排取一个更复杂的值。用 SPICE 仿真来验证结果也很容易。

同时重复使用为分母确定的时间常数，定义广义传递函数为

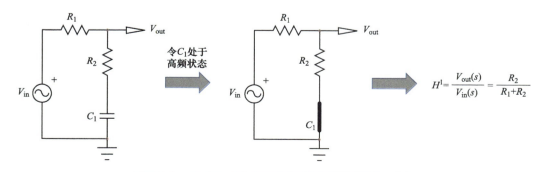

图4.2 这个电路中，可以通过短路电容来确定高频增益

$$H(s) = \frac{H_0 + H^1 \tau_1 s}{1 + s\tau_1} \tag{4.1}$$

如果直流电增益 H_0 不为零，那么可以改写成为如下的低熵形式

$$H(s) = H_0 \frac{1 + \dfrac{H^1}{H_0}\tau_1 s}{1 + s\tau_1} = H_0 \frac{1 + \dfrac{s}{\omega_z}}{1 + \dfrac{s}{\omega_p}} \tag{4.2}$$

并将零点定义为

$$\omega_z = \frac{H_0}{H^1 \tau_1} \tag{4.3}$$

因为 H_0 和 H^1 具有相同的单位，该表达式是齐次的。

极点是通过计算自然时间常数的倒数得到的

$$\omega_p = \frac{1}{\tau_1} \tag{4.4}$$

将这个表达式立即应用于图 4.2 的电路中。不需要画一个中间子电路，可以看到直流增益 H_0 是 1（C_1 开路），将输入源设置为 0V 短路后，包含 C_1 的极点简单计算如下：

$$\omega_p = \frac{1}{\tau_1} = \frac{1}{C_1(R_1 + R_2)} \tag{4.5}$$

现在，对于零点，将激励代回并短路电容来确定 H^1，这样有

$$H^1 = \frac{R_2}{R_1 + R_2} \tag{4.6}$$

那么，完整的传递函数是

$$H(s) = H_0 \frac{1 + \dfrac{H^1}{H_0}\tau_1 s}{1 + s\tau_1} = 1 \cdot \frac{1 + \dfrac{\dfrac{R_2}{R_1 + R_2}}{1}C_1(R_1 + R_2)s}{1 + C_1(R_1 + R_2)s} = \frac{1 + sR_2C_1}{1 + s(R_2 + R_1)C_1} \tag{4.7}$$

当然，当一切很熟练的时候，也可以立即观察电路，看到由 R_2 和 C_1 带来的变形短路，直接得到零点的位置。这是对式（4.1）一个简单的示例说明应用。

让我们来看看另一个直流增益为 0 的快速例子，这是图 4.3 中所示的经典 CR 电路。如果令 s 为零，那么就可以得到 $H_0=0$。现在将电源置为零，确定时间常数，得到了和式（4.5）相同的极点位置：

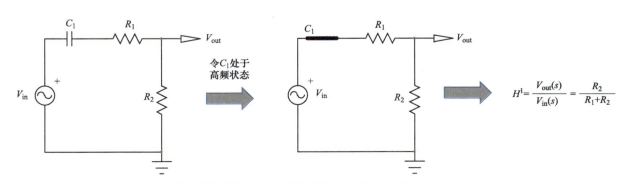

图4.3 在这个电路的原点有一个零点，隔断了电源注入的直流分量

$$\omega_{\mathrm{p}} = \frac{1}{\tau_1} = \frac{1}{C_1(R_1 + R_2)} \tag{4.8}$$

当把电容设置为高频状态时，传递函数 H^1 和式（4.6）相同，从而有

$$H^1 = \frac{R_2}{R_1 + R_2} \tag{4.9}$$

电路的最终传递函数是

$$H(s) = \frac{H_0 + H^1 \tau_1 s}{1 + s\tau_1} = \frac{0 + \dfrac{R_2}{R_1 + R_2} C_1(R_1 + R_2)s}{1 + C_1(R_1 + R_2)s} = \frac{sR_2 C_1}{1 + s(R_2 + R_1)C_1} \tag{4.10}$$

它在原点处得到一个期望的零点，这个传递函数可以通过分解分子和分母来重写如下：

$$H(s) = \frac{sR_2 C_1}{s(R_2 + R_1)C_1} \frac{1}{1 + \dfrac{1}{s(R_1 + R_2)C_1}} = H_\infty \frac{1}{1 + \dfrac{\omega_{\mathrm{p}}}{s}} \tag{4.11}$$

在这个公式中，H^1 被 H_∞ 取代，这样符合规范化表达式。

在这个简单的一阶电路的例子之后，来看看如何将广义传递函数方法应用到一个二阶系统。在观察电路之前，首先写出在文献 [1] 中给出的广义传递函数表达式为

$$H(s) = \frac{H_0 + s(H^1 \tau_1 + H^2 \tau_2) + s^2 H^{12} \tau_1 \tau_2^1}{1 + s(\tau_1 + \tau_2) + s^2 \tau_1 \tau_2^1} \tag{4.12}$$

在这个表达式中，可以看到以前使用的符号，比如 H^1 或 H^2，表示将储能元件 1 或 2 置于其高频状态下所获得的增益。现在，因为我们有两个储能元件，在确定 H^1 时，例如令一个储能元件处于高频状态，则第二个储能元件总是保持直流状态。然后，对于高阶项，比如 H^{12}，两个储能元件均置于高频状态。图 4.4 说明了这个简单的原理。

该公式对应的电路如图 4.5 所示，它是一个具有两个电容的理想运算放大器。首先是将 s 设置为零，然后断开所有的电容。在这种情况下，因为没有信号可以到达运算放大器的反相引脚，增益 H_0 等于零。

令一个电抗处于高频状态：

令两个电抗处于高频状态：

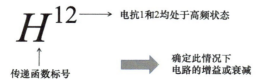

图4.4　每个储能元件都交替地处于其高频状态

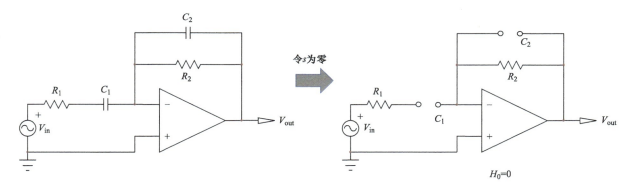

图4.5　电路中有两个储能元件（电容），直流状态下两者都是开路时，增益为零

　　下一步将确定包含 C_1 和 C_2 的两个时间常数，将输入源关断至 0V（短路）后。该电路显示在图 4.6 的左侧，对于 C_1，当 C_2 开路时，由于虚地且运算放大器的增益很大，反相（−）引脚几乎为 0V。因此，在这个情况下，从 C_1 看到的电阻是 R_1，得到第一个时间常数为

$$\tau_1 = R_1 C_1 \tag{4.13}$$

　　在第二种情况下，C_1 开路时，没有电流进入反相（−）引脚。因此，如果安装了一个测试电流源 I_T 跨接在 R_2 的两端，所有的电流都在 R_2 中流动，即可得到另一个时间常数为

$$\tau_2 = R_2 C_2 \tag{4.14}$$

　　在图 4.6 的右侧，通过短路 C_1，从 C_2 的两端观察电阻来确定 τ_2^1。同样，由于虚地，R_1 中没有电流流过，该电容两端所看到的唯一电阻是 R_2，时间常数为

$$\tau_2^1 = R_2 C_2 \tag{4.15}$$

　　这就是结果，通过观察就确定了分母，并没有写一行代数。组合这些时间常数得到分母为

$$D(s) = 1 + s(\tau_1 + \tau_2) + s\tau_1\tau_2^1 = 1 + s(R_1 C_1 + R_2 C_2) + s^2 R_1 C_1 R_2 C_2 \tag{4.16}$$

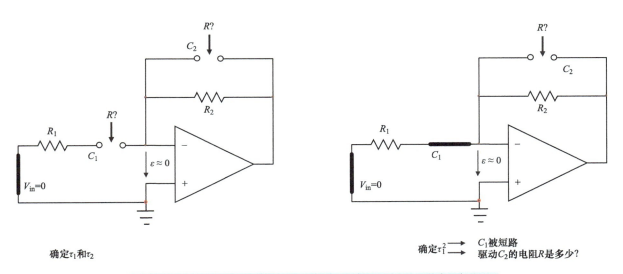

图4.6　理想的运算放大器带来了一个虚地，+ / −两个引脚输入的电压都是0V

为了验证我们的分析是否正确，可以用一个电压控制的电压源（E 电源）快速仿真一个理想的运算放大器，如图 4.7 所示。原理图很简单：用一个输入为零的输入电源，并在电容的两端安装一个 1A 的测试发生源，然后测量电流源两端的电压，这即是所希望求得的电阻。需要注意的是，在测量浮动电压时，要确保极性正确，V_T 和 I_T 参考方向相同。在图 4.7a、b 和 c 中，可以看到测量值等于观察到的电阻值。

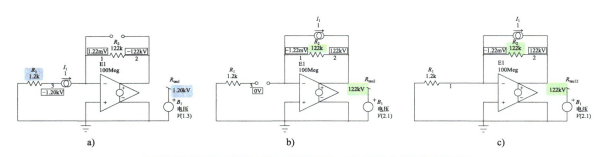

图4.7　SPICE可以快速地通过直流偏置点仿真来检查计算是否正确

一些读者可能不喜欢虚地的概念，所以我特意运行了一个直流分析仿真，考虑有限增益（A_{OL}）的运算放大器，如图 4.8 所示，可以看到测试发生器的一部分电流是流入 R_2 中，而其余的则流入运算放大器。可以写出

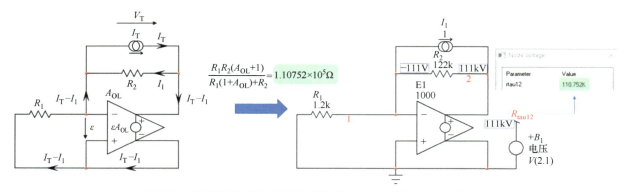

图4.8　如果考虑非理想的运算放大器，从 C_1 的两端看到的电阻是什么？

$$\varepsilon = R_1(I_T - I_1) \tag{4.17}$$

整个电流源上的电压 V_T 是运算放大器输出电压减去反相（－）引脚处的电压：

$$V_T = \varepsilon A_{OL} - (-\varepsilon) = \varepsilon(1 + A_{OL}) \tag{4.18}$$

流入 R_2 的电流 I_1 为

$$I_1 = \frac{V_T}{R_2} \tag{4.19}$$

联立这些公式得到

$$V_T = R_1\left(I_T - \frac{V_T}{R_2}\right)(1 + A_{OL}) \tag{4.20}$$

求解 V_T 并重新排列有

$$R = \frac{V_T}{I_T} = \frac{R_1 R_2(1 + A_{OL})}{R_1(1 + A_{OL}) + R_2} \tag{4.21}$$

如果开环增益 A_{OL} 非常大，那么结果化简为 $R=R_2$。为了验证这一结果，将开环增益设置为 60dB 或 1000，得到的电阻为 110.752kΩ，通过偏置点仿真进行确认。

时间常数已经确定，分母如式（4.16），根据式（4.12），还需要确定三个高频增益：H^1、H^2 和 H^{12}。电路如图 4.9 所示，无须费力即可得到 V_{in} 和 V_{out} 的增益关系，从这些电路中有

$$H^1 = -\frac{R_2}{R_1} \tag{4.22}$$

$$H^2 = 0 \tag{4.23}$$

$$H^{12} = 0 \tag{4.24}$$

分子现在可以根据式（4.12），结合求得的高频增益和分母得到的时间常数来确定。

$$H(s) = H_0 + s(H^1\tau_1 + H^2\tau_2) + s^2 H^{12}\tau_1\tau_2^1 = 0 + s\left(-\frac{R_2}{R_1}C_1R_1 + 0\cdot\tau_2\right) + s^2 0\cdot\tau_1\tau_2^1 = -sR_2C_1 \tag{4.25}$$

完整的传递函数为

$$H(s) = -\frac{sR_2C_1}{1 + s(R_1C_1 + R_2C_2) + s^2 R_1C_1R_2C_2} \tag{4.26}$$

这个表达式是正确的，但不能直观地看出它的意义。可以通过因式分解分子中 R_2C_1 和分母中的（$R_1C_1 + R_2C_2$）：

$$H(s) = -\frac{sR_2C_1}{s(R_1C_1 + R_2C_2)}\frac{1}{1 + \dfrac{1}{s(R_1C_1 + R_2C_2)} + s^2\dfrac{R_1C_1R_2C_2}{s(R_1C_1 + R_2C_2)}} = -\frac{R_2C_1}{R_1C_1 + R_2C_2}\frac{1}{1 + \dfrac{1}{s(R_1C_1 + R_2C_2)} + s\dfrac{R_1C_1R_2C_2}{R_1C_1 + R_2C_2}} \tag{4.27}$$

这个表达式是一个带通滤波器，参见文献 [1]，其中频带增益由首项决定。归一化多项式遵循以下形式

$$H(s) = -H_0\frac{1}{1 + Q\left(\dfrac{\omega_0}{s} + \dfrac{s}{\omega_0}\right)} \tag{4.28}$$

其各项分别为

$$H_0 = \frac{R_2C_1}{R_1C_1 + R_2C_2} \tag{4.29}$$

$$Q = \frac{\sqrt{R_1C_1C_2R_2}}{R_1C_1 + R_2C_2} \tag{4.30}$$

$$\omega_0 = \frac{1}{\sqrt{R_1C_1R_2C_2}} \tag{4.31}$$

现在可以为元件分配任意值，并检查 Mathcad® 中的所有表达式，如图 4.10 所示。我们还推导出了一个常规的暴力求解表达式，幸运的是在这个例子中它很简单。比较两个传递函数的响应：式（4.28）的低熵表达式和暴力求解表达式，并观察其差异。这个过程揭示了如何依次化简，并重新排列公式以得到最终结果，每个步骤都与原始表达式进行仔细对比测试，以突出显示过程中的任何错误。如图 4.11 所示，最终结果和参考传递函数之间的幅值和相位响应相同。

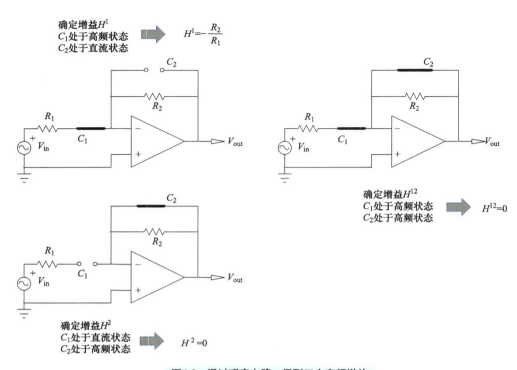

$$H^1=-\frac{R_2}{R_1}$$

确定增益H^1
C_1处于高频状态
C_2处于直流状态

确定增益H^{12}
C_1处于高频状态
C_2处于高频状态

$$H^{12}=0$$

确定增益H^2
C_1处于直流状态
C_2处于高频状态

$$H^2=0$$

图4.9 通过观察电路，得到三个高频增益

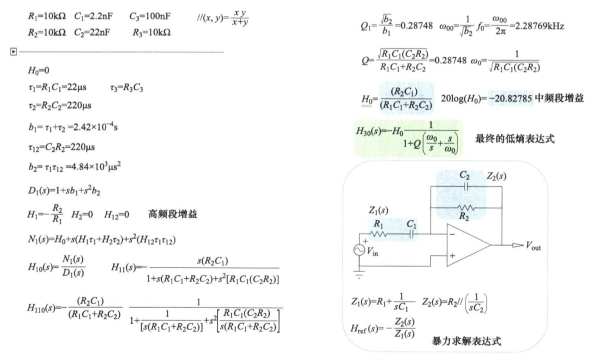

$R_1=10\text{k}\Omega$ $C_1=2.2\text{nF}$ $C_3=100\text{nF}$ $//(x,y)=\dfrac{x\,y}{x+y}$

$R_2=10\text{k}\Omega$ $C_2=22\text{nF}$ $R_3=10\text{k}\Omega$

$H_0=0$

$\tau_1=R_1C_1=22\mu\text{s}$ $\tau_3=R_3C_3$

$\tau_2=R_2C_2=220\mu\text{s}$

$b_1=\tau_1+\tau_2=2.42\times10^{-4}\text{s}$

$\tau_{12}=C_2R_2=220\mu\text{s}$

$b_2=\tau_1\tau_{12}=4.84\times10^3\mu\text{s}^2$

$D_1(s)=1+sb_1+s^2b_2$

$H_1=-\dfrac{R_2}{R_1}$ $H_2=0$ $H_{12}=0$ 高频段增益

$N_1(s)=H_0+s(H_1\tau_1+H_2\tau_2)+s^2(H_{12}\tau_1\tau_{12})$

$H_{10}(s)=\dfrac{N_1(s)}{D_1(s)}$ $H_{11}(s)=-\dfrac{s(R_2C_1)}{1+s(R_1C_1+R_2C_2)+s^2[R_1C_1(C_2R_2)]}$

$H_{110}(s)=-\dfrac{(R_2C_1)}{(R_1C_1+R_2C_2)}\dfrac{1}{1+\dfrac{1}{[s(R_1C_1+R_2C_2)]}+s^2\left[\dfrac{R_1C_1(C_2R_2)}{s(R_1C_1+R_2C_2)}\right]}$

$Q_1=\dfrac{\sqrt{b_2}}{b_1}=0.28748$ $\omega_{00}=\dfrac{1}{\sqrt{b_2}}$ $f_0=\dfrac{\omega_{00}}{2\pi}=2.28769\text{kHz}$

$Q=\dfrac{\sqrt{R_1C_1(C_2R_2)}}{R_1C_1+R_2C_2}=0.28748$ $\omega_0=\dfrac{1}{\sqrt{R_1C_1(C_2R_2)}}$

$H_0=\dfrac{(R_2C_1)}{(R_1C_1+R_2C_2)}$ $20\log(H_0)=-20.82785$ 中频段增益

$H_{30}(s)=-H_0\dfrac{1}{1+Q\left(\dfrac{\omega_0}{s}+\dfrac{s}{\omega_0}\right)}$ 最终的低熵表达式

$Z_1(s)=R_1+\dfrac{1}{sC_1}$ $Z_2(s)=R_2//\left(\dfrac{1}{sC_2}\right)$

$H_{\text{ref}}(s)=-\dfrac{Z_2(s)}{Z_1(s)}$ 暴力求解表达式

图4.10 一个简单的Mathcad表格确认了计算是正确的

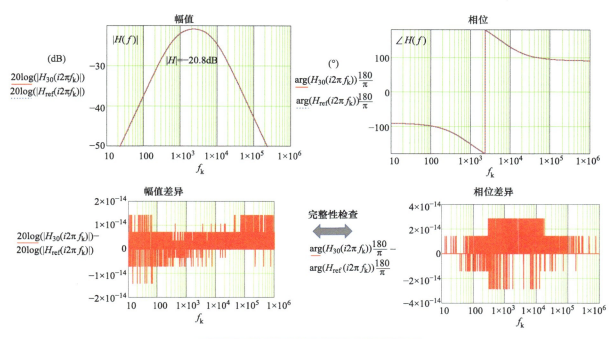

图4.11 幅值响应证实了这是一个带通滤波器

最后，将用一个三阶网络例子来结束关于广义传递函数的内容，描述这种类型的结构的表达式由以下表达式给出，参见文献 [1]：

$$H(s) = \frac{H_0 + s(\tau_1 H^1 + \tau_2 H^2 + \tau_3 H^3) + s^2(\tau_1 \tau_2^1 H^{12} + \tau_1 \tau_3^1 H^{13} + \tau_2 \tau_3^2 H^{23}) + s^3 \tau_1 \tau_2^1 \tau_3^{12} H^{123}}{1 + s(\tau_1 + \tau_2 + \tau_3) + s^2(\tau_1 \tau_2^1 + \tau_1 \tau_3^1 + \tau_2 \tau_3^2) + s^3 \tau_1 \tau_2^1 \tau_3^{12}}$$ （4.32）

为了完成这个练习，先看图 4.12 中所示的电路，它包含三个储能元件，分母是三阶的，但是会有多少个零点呢？如果我们在大脑中令每一个储能元件处于高频状态，就会立即看到，只有当 C_1 短路和 L_2 开路时，才有激励到达输出：有一对包含这些元件的零点。因为这两个元件充当隔直作用，所以零点将被放置在原点。当确定高频增益时，这个观察结果将变得更加清晰。现在从 $s=0$ 时的直流增益 H_0 开始，如图 4.13 所示，考虑到开路电容 C_1，电感 L_2 将节点对地短路。

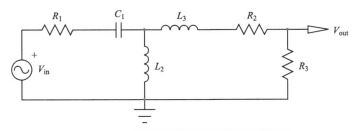

图4.12 三阶滤波器包含一个电容和两个电感

$$H_0 = 0$$ （4.33）

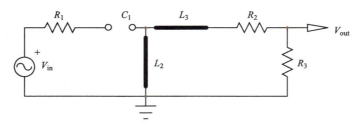

图4.13 L_2短路到地，C_1开路，直流增益显然为零

现在要通过关闭激励来确定这个电路的时间常数：用导线代替 V_{in}，并检查所有连接端子的储能元件，以确定驱动它们的电阻 R。这里没有什么是无法克服的，仍然可以通过观察得到结果，前提是要仔细区分不同的状态。这也是在图 4.14 中所做的，得到了以下分母。

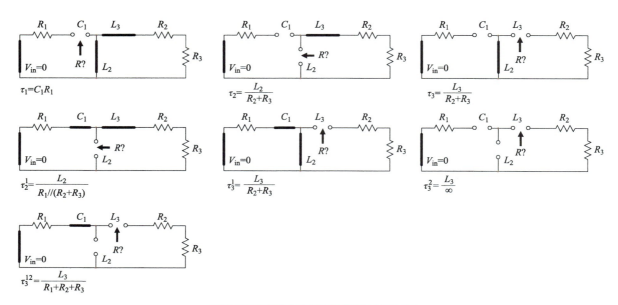

图4.14 时间常数可以通过观察快速确定

$$
\begin{aligned}
D(s) &= 1 + s(\tau_1 + \tau_2 + \tau_3) + s^2(\tau_1\tau_2^1 + \tau_1\tau_3^1 + \tau_2\tau_3^2) + s^3\tau_1\tau_2^1\tau_3^{12} \\
&= 1 + s\left(R_1C_1 + \frac{L_2}{R_2+R_3} + \frac{L_3}{R_2+R_3}\right) + s^2\left(R_1C_1\frac{L_2}{R_1//(R_2+R_3)} + R_1C_1\frac{L_3}{R_2+R_3} + \frac{L_2}{R_2+R_3}\cdot 0\right) + \\
&\quad s^3R_1C_1\frac{L_2}{R_1//(R_2+R_3)}\frac{L_3}{R_1+R_2+R_3} \\
&= 1 + s\left(R_1C_1 + \frac{L_2+L_3}{R_2+R_3}\right) + s^2\left(R_1C_1\frac{L_2}{R_1//(R_2+R_3)} + R_1C_1\frac{L_3}{R_2+R_3}\right) + \\
&\quad s^3R_1C_1\frac{L_2}{R_1//(R_2+R_3)}\frac{L_3}{R_1+R_2+R_3}
\end{aligned}
$$

（4.34）

现在得到了分母，可以确定高频增益 H，其中一些元件被设置在高频状态，而其余的元件保持在直流状态。整个过程如图 4.15 所示，并遵循图 4.4 中给出的指导。考虑到不同的电路网络组合，似乎只有一个组合能提供增益，这即是当 C_1 短路，并将 L_2 设置为其高频状态，对应的增益 H^{12} 为

$$
H^{12} = \frac{R_3}{R_1 + R_2 + R_3}
$$

（4.35）

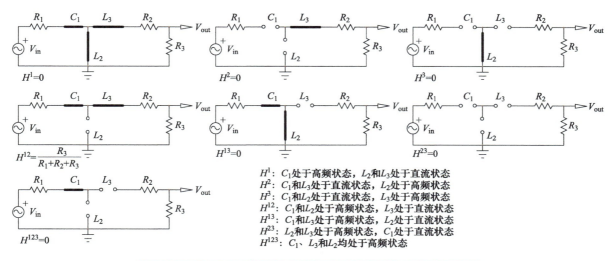

H^1：C_1处于高频状态，L_2和L_3处于直流状态
H^2：C_1和L_3处于直流状态，L_2处于高频状态
H^3：C_1和L_2处于直流状态，L_3处于高频状态
H^{12}：C_1和L_2处于高频状态，L_3处于直流状态
H^{13}：C_1和L_3处于高频状态，L_2处于直流状态
H^{23}：L_2和L_3处于高频状态，C_1处于直流状态
H^{123}：C_1、L_3和L_2均处于高频状态

图4.15　除了C_1和L_2都处于高频状态外，其他状态下的高频增益都为零

考虑到所有其他增益等于零，分子为

$$N(s) = H_0 + s(\tau_1 H^1 + \tau_2 H^2 + \tau_3 H^3) + s^2(\tau_1\tau_2^1 H^{12} + \tau_1\tau_3^1 H^{13} + \tau_2\tau_3^2 H^{23}) + s^3\tau_1\tau_2^1\tau_3^{12} H^{123}$$
$$= s^2\tau_1\tau_2^1 H^{12} = s^2 R_1 C_1 \frac{L_2}{R_1 /\!/ (R_2 + R_3)} \frac{R_3}{R_1 + R_2 + R_3} \tag{4.36}$$

如果研究并化简这个表达式，应该能得到

$$N(s) = s^2 \frac{C_1 L_2 R_3}{R_2 + R_3} \tag{4.37}$$

它证实了最初的猜测，即在原点处有两个零点，分子表达式包含 C_1 和 L_2。该滤波器的完整传递函数是通过式（4.34）和式（4.37）组合得到的，表示为

$$H(s) = \frac{s^2 \dfrac{C_1 L_2 R_3}{R_2 + R_3}}{1 + s\left(R_1 C_1 + \dfrac{L_2 + L_3}{R_2 + R_3}\right) + s^2\left(R_1 C_1 \dfrac{L_2}{R_1 /\!/ (R_2 + R_3)} + R_1 C_1 \dfrac{L_3}{R_2 + R_3}\right) + s^3 R_1 C_1 \dfrac{L_2}{R_1 /\!/ (R_2 + R_3)} \dfrac{L_3}{R_1 + R_2 + R_3}} \tag{4.38}$$

现在可以看看分母中的各种时间常数，看看 $D(s)$ 是否可以被分解为一个主导极点，然后是一个二阶网络，但这已经超出了本书的范围。但是，可以做的是考虑因式分解分子和 $D(s)$ 中项 s^2，以形成首项。这个值将是在带通频率处的增益。如果现在将 R_2 减小到 $0\text{k}\Omega$，可以在文献 [2] 中的第 6 个例子中找到其表达式。

所有这些表达式都在一张 Mathcad 计算表中总结好了，并用来检查该方法的有效性。像往常一样，传递函数的幅值和相位，与通过戴维南等效得到的暴力求解表达式进行了对比。

要得到后者，只需确定空载电压 V_{th} 和跨在 L_2 上的输出电阻 R_{th}。然后考虑一个包含其他元件的阻抗分压器，如图 4.16 所示。

毫无疑问，将这个表达式展开需要一些精力，甚至需要更多精力才能以正确的方式重新排列它。相反，正如在前面一行中看到的，这个三阶的传递函数用 FACTs 方法的话，则相当简单，且式（4.38）的结果已经被分解了。图 4.17 汇集了所有的表达式，并给出了所有必要的细节，包括首项的因式分解。

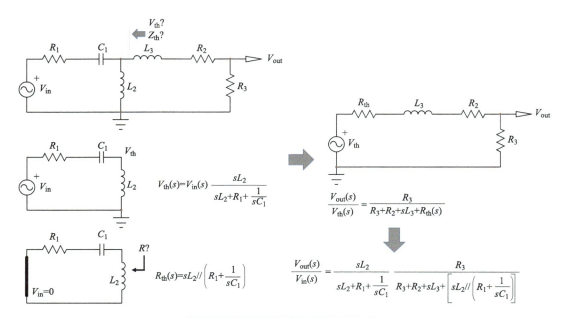

图4.16 采用戴维南定理确定的表达式

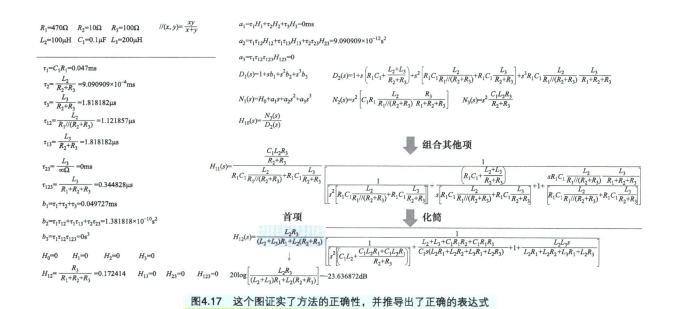

图4.17 这个图证实了方法的正确性，并推导出了正确的表达式

最后，交流响应如图 4.18 所示，确认结果是正确的。

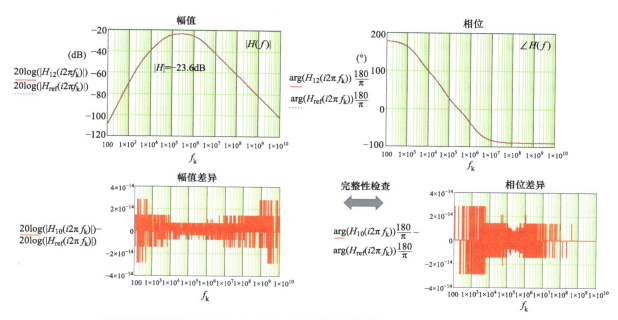

图4.18　所有的曲线重合，证明了因子分解表达式和暴力求解表达式的响应是相同的

与 NDI 相比，广义传递函数提供了一种强大的方法。我曾在 NDI 太复杂或不太明显的情况下应用。图 4.19 显示了如何构建四阶电路网络的分子。当然，当 H_0 不等于零时，它必须被分解并作为首项放置。

一阶　　　$N(s) = H_0 + H^1\tau_1 s$　和　$D(s) = 1 + s\tau_1$

二阶　　　$N(s) = H_0 + (\tau_1 H^1 + \tau_2 H^2)s + (\tau_1\tau_2^1 H^{12})s^2 = H_0 + (\tau_1 H^1 + \tau_2 H^2)s + (\tau_2\tau_1^2 H^{21})s^2$

三阶　　　$N(s) = H_0 + s(\tau_1 H^1 + \tau_2 H^2 + \tau_3 H^3) + s^2(\tau_1\tau_2^1 H^{12} + \tau_1\tau_3^1 H^{13} + \tau_2\tau_3^2 H^{23}) + s^3(\tau_1\tau_2^1\tau_3^{12} H^{123})$

四阶　　　$N(s) = H_0 + s(\tau_1 H^1 + \tau_2 H^2 + \tau_3 H^3 + \tau_4 H^4)$

　　　　　$+ s^2(\tau_1\tau_2^1 H^{12} + \tau_1\tau_3^1 H^{13} + \tau_1\tau_4^1 H^{14} + \tau_2\tau_3^2 H^{23} + \tau_2\tau_4^2 H^{24} + \tau_3\tau_4^3 H^{34})$

　　　　　$+ s^3(\tau_1\tau_2^1\tau_3^{12} H^{123} + \tau_1\tau_2^1\tau_4^{12} H^{124} + \tau_1\tau_3^1\tau_4^{13} H^{134} + \tau_2\tau_3^2\tau_4^{23} H^{234})$

　　　　　$+ s^4(\tau_1\tau_2^1\tau_3^{12}\tau_4^{123} H^{1234})$

图4-19　一阶到四阶的广义传递函数

最后一个例子结束了我们对快速分析电路技术的介绍，下一章将详细介绍更多已解决的例子。

4.2　本章小结

通过这一章，学习到了以下知识点：

1. 可以重复使用已经为分母确定的时间常数来表示分子。

2. 如果要继续采用这种方法，需要确定储能元件设置为高频状态时（电容短路和电感开路）的电路网络增益。

3. 然后将该高频增益与自然时间常数相结合，形成广义传递函数表达式。

4. 广义传递函数确实有助于确定零点位置而不需要使用 NDI，但最终结果可能需要进一步简化，这是该方法的弊端。

5. 该广义表达式可以很容易地推广到 n 阶电路网络。

参考文献

1. C. Basso, *Linear Circuit Transfer Functions – An Introduction to Fast Analytical Techniques*, Wiley, 2016.

2. A. Ajimiri, *Generalized Time- and Transfer-Constant Circuit Analysis*, IEEE Transactions on Circuits and Systems, Vol. 57, NO. 6, June 2010 (https://chic.caltech.edu/wp-content/uploads/2014/02/Final-Paper.pdf)

第5章

一阶电路的传递函数

在前一章中我们打下了坚实的基础，学会了如何在含有储能元件的有源和无源线性电路中识别出时间常数并确定传递函数。在新的一章中，为了保持阅读的连贯性，我将给出许多例子，但不再详细介绍每个步骤。相反，示例将展示一个简单的过程，包括所有的迭代和子电路，读者可以对推导过程进行自行研究。如有必要，将在图下方的文中提供其他描述。这里的目的不是对一阶电路进行详尽的研究，因为它们有无穷多种变化，而是让你熟悉该技术，以便解决你的特定问题。

请注意，FACTs 并非总是确定传递函数最快、最方便的方法。出于这个原因，我添加了一些额外的图表，其中，重新排列暴力表达式在某些简单电路中会比 FACTs 更快。然而，我还是有意将这种方法应用于这些基本电路网络，这样就可以一步一步地掌握技巧，然后在更复杂的例子中取得优势。请记住，获得表达式是一回事，但以正确的、低熵的形式排列，为面向设计的目的（D-OA）重新排列表达式才是 FACTs 的最终目标。与往常一样，工程经验判断对于评估哪种方法能以最直接的方式产生响应非常重要。

5.1 一组三个表达式

在求解一阶例子时，可以在图 5.1 所示的三个低熵表达式之间进行选择。

$$H(s) = H_0 \frac{1 + s\tau_N}{1 + s\tau_D} = H_0 \frac{1 + \dfrac{s}{\omega_z}}{1 + \dfrac{s}{\omega_p}}$$

H_0 代表传递函数 H 的直流增益，即 $s=0$ 时的增益。对于阻抗 Z，可以利用 R_0，对于导纳 Y，可以利用 Y_0，等等。

τ_N 代表零点的时间常数
τ_D 代表极点的时间常数

时间常数通过零、极点的位置关联在一起：

$$\omega_z = \frac{1}{\tau_N} \qquad \omega_p = \frac{1}{\tau_D}$$

$$H(s) = H_\infty \frac{1 + \dfrac{1}{s\tau_N}}{1 + \dfrac{1}{s\tau_D}} = H_\infty \frac{1 + \dfrac{\omega_z}{s}}{1 + \dfrac{\omega_p}{s}}$$

在没有直流值的情况下，例如，由于有原点和极点，可以利用这个表达式，其中 H_∞ 是通过 $s \to \infty$ 得到的。在这个方法中，时间常数保持不变，使用倒置极点和零点的表达式。一些电路可以有直流增益，也可以有高频增益。在这种情况下，两个表达式是一样的，取决于想表征的特性。

$$H(s) = \frac{H_0 + sH^1\tau_D}{1 + s\tau_D}$$

一些例子表明，当采用NDI法仍然很难确定时间常数时，广义传递函数是更有效的，它对时间常数 τ_D 中已得到的分母项进行因式分解。而高频增益 H^1 可以通过将储能元件置于高频状态来确定。当 H_0 不为零时，它可以被分解作为首项：

$$H(s) = H_0 \frac{1 + s\dfrac{H^1}{H_0}\tau_D}{1 + s\tau_D} = H_0 \frac{1 + s\tau_N}{1 + s\tau_D} = H_0 \frac{1 + \dfrac{s}{\omega_z}}{1 + \dfrac{s}{\omega_p}}$$

$$\omega_z = \frac{1}{\tau_N} = \frac{H_0}{H^1\tau_D} \qquad \omega_p = \frac{1}{\tau_D}$$

图5.1 这三个表达式都描述了一阶传递函数

图 5.1 最左侧的表达式描述了一个低通滤波器，存在直流增益 H_0。在这种情况下，可以确定 $s = 0$ 的增益，并组合时间常数来构建传递函数。在直流增益为零的例子中，例如在电容与激励源串联的电路中，H_0 将不存在。在这种情况下，当 s 接近无穷大时，确定参考增益并使用中间表达式更简单。后者实现了用倒置极点和零点，以不同的方式分解时间常数。如果你还记得的话，在第 1 章，式（1.61）中研究过这个表达式，在确定阻抗时，以及在本例中需要再次使用。

最后，当双重抵消注入（NDI）对零点的确定变得很复杂或不明显时，右侧广义传递函数可能是最快的方法。在这种情况下，如果存在直流增益，则与其他表达式一样，将其作为首项，最终，可能需要重新处理零点表达式，因为这种方法组合 NDI 中不存在的项，使分析复杂化。然而，由 NDI、观察或广义传递函数方法确定的所有零点，都是严格相同的。

一旦开始掌握这项技能，就会适时地选择最简单和最快的公式。这就是我在例子中所做的，作为学习过程的一部分，可以尝试练习不同的公式。

5.2 含一个储能元件的电路

图 5.2 所示是最简单的 RC 电路。我在第一个传递函数中使用了经典的阻抗分压器表达式，然后对输出和输入表达式分别进行阻抗并联以及求和。可以看到，在可能的情况下，如何利用首项重新排列表达式的。请注意，输入阻抗表达式中存在倒置零点，这有助于获得最紧凑的低熵表达式。

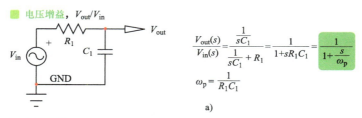

图5.2 利用这个简单RC滤波器，开始分析三个相关的传递函数

现在对图 5.3 中的电路采用 FACTs，从电路图 a 开始，找到直流增益，然后继续计算图 c 中的时间常数。然后，通过将 C_1 设置在高频状态来检查零点的存在。响应在图 d 中消失，输入激励源代回到电路中：没有零点。通过将激励源设置为 0V 来找到极点，并以正确的形式编写出的第一个传递函数。可以看到，这是一个低通滤波器，当 s 接近无穷大时，增益为零。

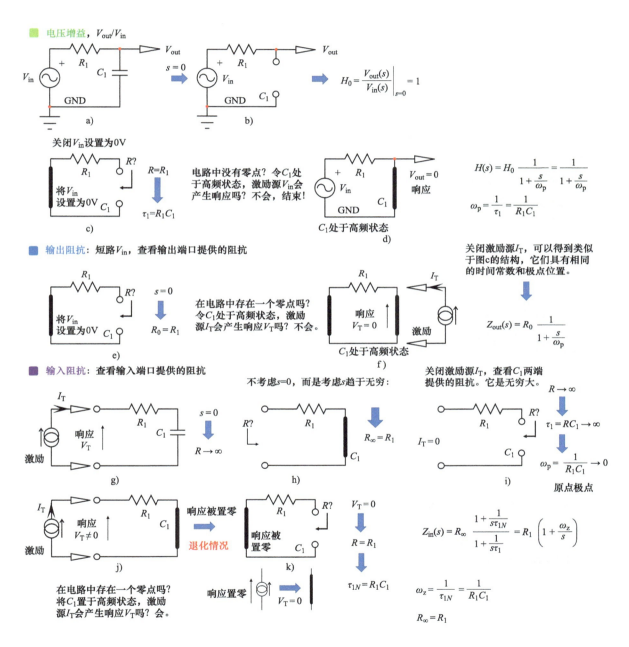

图5.3 将FACTs应用于简单的RC滤波器，通过观察得到结果

然后通过短路输入端口来观察输出阻抗。在这种情况下，当 $s = 0$ 时提供的直流输出电阻仅为 R_1。通过观察存在一个零点，但这一次，激励是施加在输出端口的测试发生器 I_T，响应是两端上产生的电压 V_T。当 C_1 变成短路时，没有响应，电压 V_T 为 0V：电路中没有零点。通过关闭 I_T 来确定极点，电路结构返回到图 c，因此可以重复使用以前的分母。输出阻抗，其中首项为 R_0，单位为欧姆。

对于输入阻抗，激励 I_T 现在施加在输入端口。在直流分析中，由于输出电容开路，电阻为无穷大。然后，我们求助于图 5.1 中给出的公式，发现当 C_1 短路（s 接近无穷大）时的输入电阻仅为 R_1。当响应 V_T 被置零时获得零点，这意味着电流发生器两端电压为 0V，这是一种退化情况，发生器可以用图 k 中的导线代替。在这种情况中，时间常数是立即可得。极点与其他两个表达式不同，因为关闭发生器会使 R_1 的左侧端子浮空。当激励关闭时，会看到一个无限大的电阻（0A 电流源即为开路），得到一个 0Hz 的极点，这是原点处的极点。传递函数直接以紧凑的形式给出。

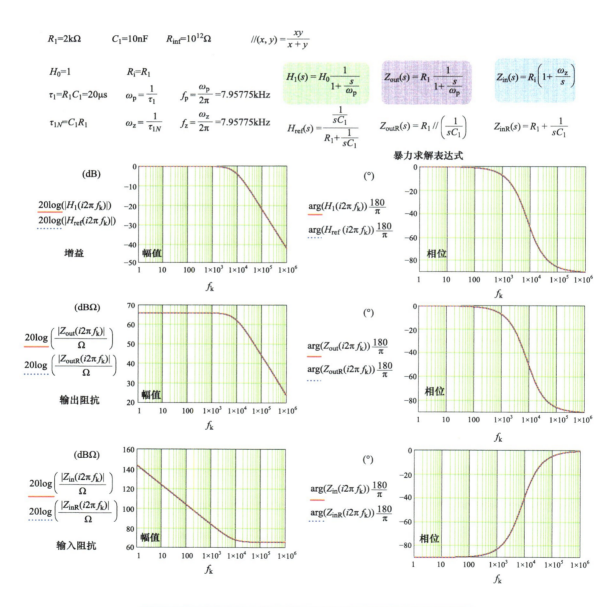

图5.4 用一个数学求解器可以很容易地绘制出这三个传递函数的响应

图 5.4 绘制了这第一批三个传递函数的频率响应，所有结果汇总在一起，这些图表绘制了 FACTs 和暴力求解表达式的结果，它们的幅值和相位完全相同。

在第二个例子中，交换电阻和电容的位置，这是一个 *CR* 微分器，如图 5.5 所示。首先应用经典方法，但你已经在第一个传递函数中看到了倒置极点如何帮助以真正紧凑的方式分解表达式。在这个电路中，输出和输入阻抗类似于我们在第一个例子中处理的 *RC* 电路。

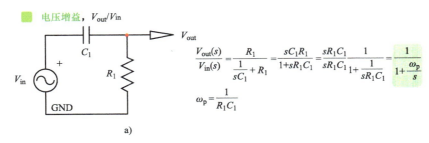

图5.5　电容被放置在最前面，隔断直流，等效于一个原点零点

FACTs 与以前的分析类似，参考图 5.6，从串联电容开路的直流分析开始。串联电容将直流增益设置为零，现在可以使用图 5.1 中的广义传递函数表达式。这里，考虑到高频增益为 1，可以快速地获得该表达式，一旦因子分解后，我们有一个倒置极点，说明了从直流开始幅值增加，并在极点介入时变为零。这是原点零点阻断直流分量。对于输出阻抗，在输出端子之间安装一个电流发生器。快速观察显示并没有零点，而是有一个与最初在电路 a 中发现的相同的极点。对于输入阻抗，考虑到直流电压下无穷大，观察到 *s* 接近无穷大的电路。这种情况下的阻抗为 R_1，其余的阻抗很容易通过倒置极点得到。所有频率响应如图 5.7 所示。

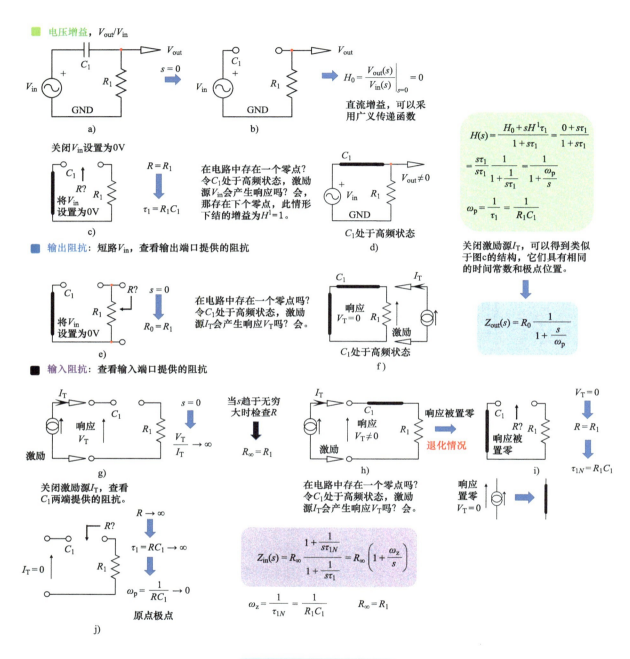

図5.6 电容现在与输入源串联

$R_1 = 2\text{k}\Omega$　　$C_1 = 10\text{nF}$　　$R_\text{inf} = 10^{12}\Omega$　　$//(x, y) = \dfrac{xy}{x + y}$

$H_0 = 1$　　$\tau_1 = R_1 C_1 = 20\mu\text{s}$　　$\omega_\text{p} = \dfrac{1}{\tau_1}$　　$f_\text{p} = \dfrac{\omega_\text{p}}{2\pi} = 7.95775\text{kHz}$

$R_0 = R_1$　　$\tau_{1N} = R_1 C_1$　　$\omega_\text{z} = \dfrac{1}{\tau_{1N}}$　　$f_\text{z} = \dfrac{\omega_\text{z}}{2\pi} = 7.95775\text{kHz}$

$R_\text{i} = R_1$

$$H_1(s) = H_0 \dfrac{1}{1 + \dfrac{\omega_\text{p}}{s}}$$

$$Z_\text{out}(s) = R_0 \dfrac{1}{1 + \dfrac{s}{\omega_\text{p}}}$$

$$Z_\text{in}(s) = R_\text{i} \left(1 + \dfrac{\omega_\text{p}}{s}\right)$$

$$H_\text{ref}(s) = \dfrac{R_1}{R_1 + \dfrac{1}{sC_1}}$$

$$Z_\text{outR}(s) = R_1 // \left(\dfrac{1}{sC_1}\right)$$

$$Z_\text{inR}(s) = R_1 + \dfrac{1}{sC_1}$$

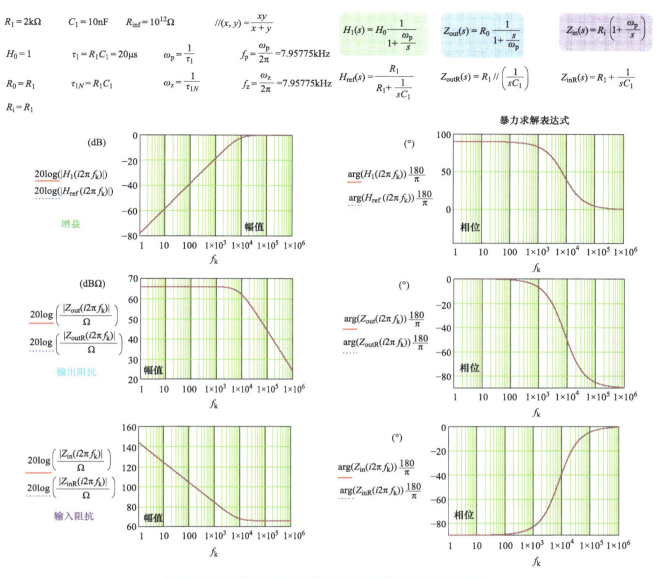

图5.7　这个新的传递函数有一个原点处的零点，它由串联电容决定

既然已经了解了这些原理的作用，可以通过添加负载电阻来开始分析一些复杂的电路，如图 5.8 所示。在第一种方法中，电容和电阻 R_2 的并联组合使情况不那么明显，但 Thévenin 有助于以快速的方式确定表达式。请注意，现在可能容易出现错误，图 5.9 中详细说明的 FACTs 在这方面开始有意义。

从直流增益 H_0 开始，移除电容 C_1，得到一个电阻分压器。将输入源降低到 0V 并查看 C_1 的两端，可以立即找到时间常数。如果 C_1 被设置在其高频状态，则响应消失，电路不存在零点。在图 5.9 的电路 d 之后组合传递函数，当 C_1 开路时，首次在直流中研究输出阻抗的相同路径。Z_out 中没有零，将激励 I_T 设置为 0A 会将电路结构返回到图 5.9 的电路 c 中的结构：时间常数和极点已经确定。对于输入阻抗，电流发生器位于输入端，并在 $s = 0$ 时，R_1 和 R_2 的串联。通过简单的电路绘制可以看到存在一个零点（我们先忽略掉这些中间电路），它的位置是通过令响应为零来得到的，这类似于用导线代替电流源：零点很容易得到，对应着 R_1 和 R_2 并联。最后，将激励 I_T 减小到 0A，并确定时间常数。就是这样，我们通过一系列的子电路得到了三个传递函数。现在，我们可以绘制表达式的交流响应，并将其与图 5.8 中确定的暴力求解方法进行比较。结果如图 5.10 所示，一切正常。

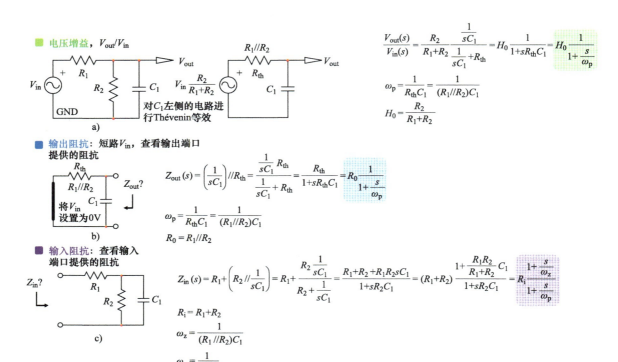

图5.8 增加电阻会使电路网络复杂化，但Thévenin仍然是确定这些传递函数的方便工具

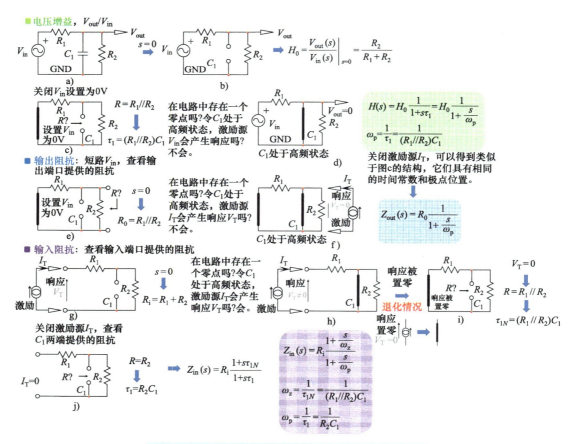

图5.9 由于不需要展开表达式，FACTs比暴力求解更有效

$R_1 = 2\text{k}\Omega$　$R_2 = 5\text{k}\Omega$　$C_1 = 10\text{nF}$　$R_{\text{inf}} = 10^{12}\Omega$　　$//(x, y) = \dfrac{xy}{x + y}$

$H_0 = \dfrac{R_2}{R_2 + R_1}$　$\tau_{1a} = (R_1 // R_2)C_1 = 14.28571\mu\text{s}$　$\omega_{\text{pa}} = \dfrac{1}{\tau_{1a}}$　$f_{\text{p}} = \dfrac{\omega_{\text{pa}}}{2\pi} = 11.14085\text{kHz}$

$R_0 = R_1 // R_2$　$\tau_{1N} = (R_1 // R_2)C_1$　　$\omega_z = \dfrac{1}{\tau_{1N}}$　$f_z = \dfrac{\omega_z}{2\pi} = 11.14085\text{kHz}$

$R_i = R_1 + R_2$　$\tau_{1b} = R_2 C_1$　　$\omega_{\text{pb}} = \dfrac{1}{\tau_{1b}}$　$f_{\text{pb}} = \dfrac{\omega_{\text{pb}}}{2\pi} = 3.1831\text{kHz}$

$H_1(s) = H_0 \dfrac{1}{1 + \dfrac{s}{\omega_{\text{pa}}}}$　$Z_{\text{out}}(s) = R_0 \dfrac{1}{1 + \dfrac{s}{\omega_{\text{pa}}}}$　$Z_{\text{in}}(s) = R_1 \dfrac{1 + \dfrac{s}{\omega_z}}{1 + \dfrac{s}{\omega_{\text{pb}}}}$

暴力求解表达式

$H_{\text{ref}}(s) = \dfrac{R_2 // \left(\dfrac{1}{sC_1}\right)}{R_1 + R_2 // \left(\dfrac{1}{sC_1}\right)}$　$Z_{\text{outR}}(s) = R_1 // \left(\dfrac{1}{sC_1}\right) // R_2$　$Z_{\text{inR}}(s) = R_1 + R_2 // \left(\dfrac{1}{sC_1}\right)$

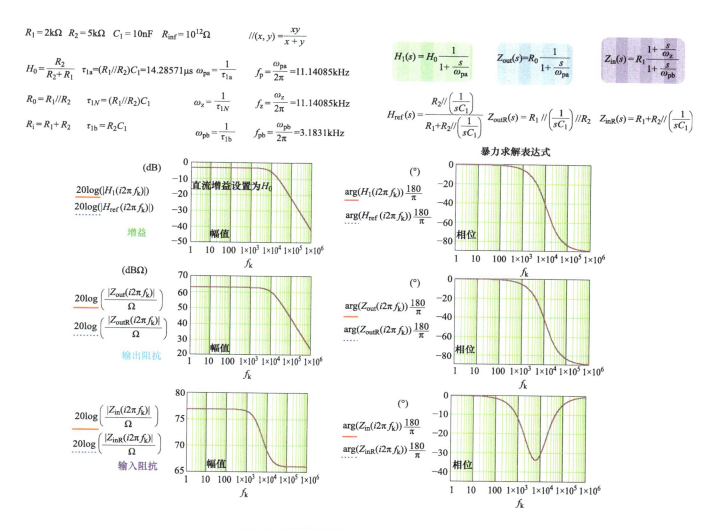

图5.10　这些图有助于确认我们的结果是否正确

作为下一个例子，现在将电阻 R_1 与图 5.6 中电容 C_1 并联，并继续分析图 5.11 的三个传递函数。这次我们直接采用 FACTs，给 C_1 并联一个电阻会给传递函数带来一个零点。考虑到 C_1 与 R_1 并联，可以通过观察快速确定其位置，它在零点频率下提供无限大的阻抗。电阻 R_1 在直流分析中还提供一条路径，该路径与 R_2 一起形成电阻分压器，在 $s = 0$ 时设定衰减值。输出阻抗没有零点，且容易推导。

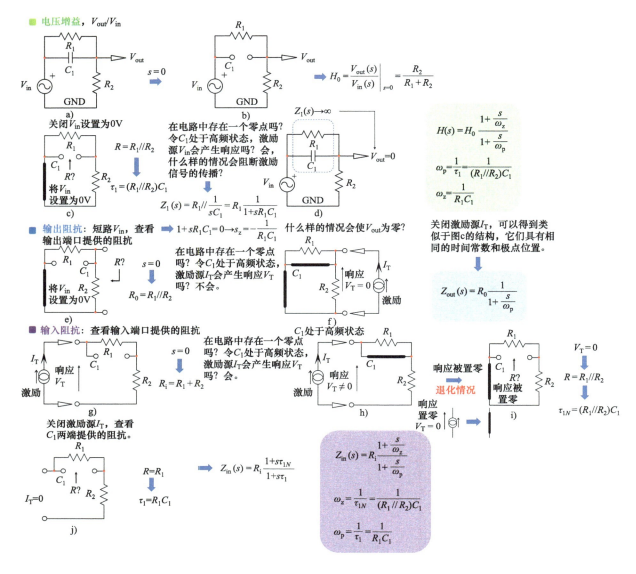

图5.11 电阻R_1和C_1并联：你看到零点了吗？

输入阻抗包含零点和极点，也仅通过观察快速获得。请注意，在图 5.11i 中应用了一个方便的 NDI，但也可以确定$R_2 + R_1 // \dfrac{1}{sC_1} = 0$的条件。图 5.12 比较了使用 FACTs 和暴力求解表达式获得的响应，它们完全相同。

$$R_1 = 2\text{k}\Omega \quad R_2 = 5\text{k}\Omega \quad C_1 = 10\text{nF} \quad R_{\text{inf}} = 10^{12}\Omega \quad //(x, y) = \frac{xy}{x+y}$$

$$H_0 = \frac{R_2}{R_2 + R_1} \quad \tau_{1a} = (R_1 // R_2)C_1 = 14.28571\mu\text{s} \quad \omega_{\text{pa}} = \frac{1}{\tau_{1a}} \quad f_{\text{p}} = \frac{\omega_{\text{pa}}}{2\pi} = 11.14085\text{kHz} \quad H_1(s) = H_0 \frac{1 + \dfrac{s}{\omega_{\text{za}}}}{1 + \dfrac{s}{\omega_{\text{pa}}}} \quad Z_{\text{out}}(s) = R_0 \frac{1}{1 + \dfrac{s}{\omega_{\text{pa}}}} \quad Z_{\text{in}}(s) = R_i \frac{1 + \dfrac{s}{\omega_{\text{zb}}}}{1 + \dfrac{s}{\omega_{\text{pb}}}}$$

$$R_0 = R_1 // R_2 \quad \tau_{1Na} = R_1 C_1 \quad \omega_{\text{za}} = \frac{1}{\tau_{1Na}} \quad f_{\text{z}} = \frac{\omega_{\text{za}}}{2\pi} = 7.95775\text{kHz}$$

$$R_i = R_1 + R_2 \quad \tau_{1b} = R_1 C_1 \quad \omega_{\text{pb}} = \frac{1}{\tau_{1b}} \quad f_{\text{pb}} = \frac{\omega_{\text{pb}}}{2\pi} = 7.95775\text{kHz} \quad H_{\text{ref}}(s) = \frac{R_2}{R_2 + R_1 // \left(\dfrac{1}{sC_1}\right)} \quad Z_{\text{outR}}(s) = R_1 // \left(\dfrac{1}{sC_1}\right) // R_2 \quad Z_{\text{inR}}(s) = R_2 + R_1 // \left(\dfrac{1}{sC_1}\right)$$

$$\tau_{1Nb} = (R_1 // R_2)C_1 \quad \omega_{\text{zb}} = \frac{1}{\tau_{1Nb}} \quad f_{\text{zb}} = \frac{\omega_{\text{zb}}}{2\pi} = 11.14085\text{kHz}$$

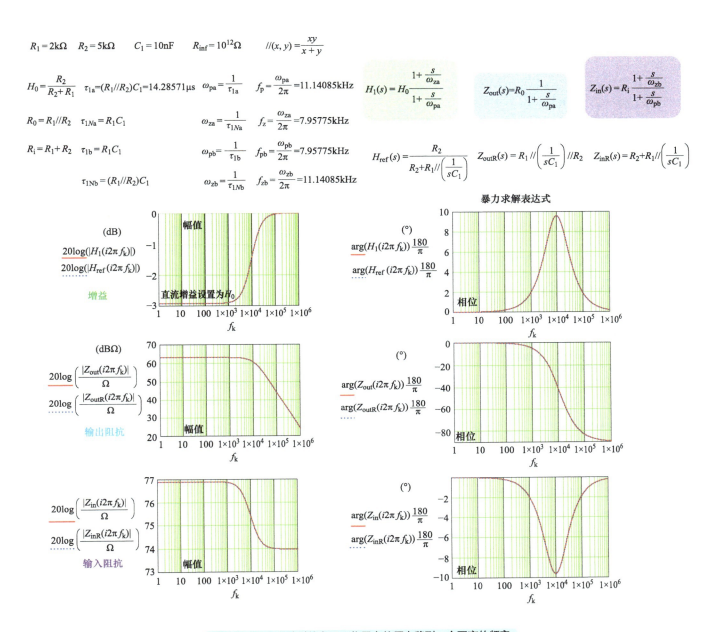

图5.12　与电容并联的电阻，将零点从原点移到一个更高的频率

如图 5.13 所示，现在插入一个与现在接地的电容 C_1 串联的电阻。R_3 可以看作电容的等效串联电阻或 ESR。分析方法是一样的，通过添加电阻 R_3，我们在电压增益传递函数 $H(s)$ 中包含了一个零点，正如现在应该看到的那样，无需求解方程。该零点在电路 d 中通过识别可能的阻抗组合来找到，该阻抗组合在零点频率调谐时将使响应为零。这是 R_3 和 C_1 的串联组合，其为一个变形的短路。通过找到这个阻抗的根，就得到了零点。输出阻抗具有与电压增益传递函数相同的极点和零点。对于输入阻抗，当激励电流源 I_{T} 减少到 0A 时，R_1 消失在电路中，它简化了极点的确定。对于这些输入阻抗练习中的零点，正如注意到的，由于电路 h 中的零响应练习中的短路激励源，我们仍然回到了电路 c 中的电阻确定，这与确定 R 的电路相同。它可以在确定复杂电路中的多个传递函数时节省时间。我们已经对照图 5.13 中的暴力求解表达式检查了我们的结果，结果都是正确的。图 5.14 给出 Mathcad 图证实了图 5.13 中的推导是正确的。

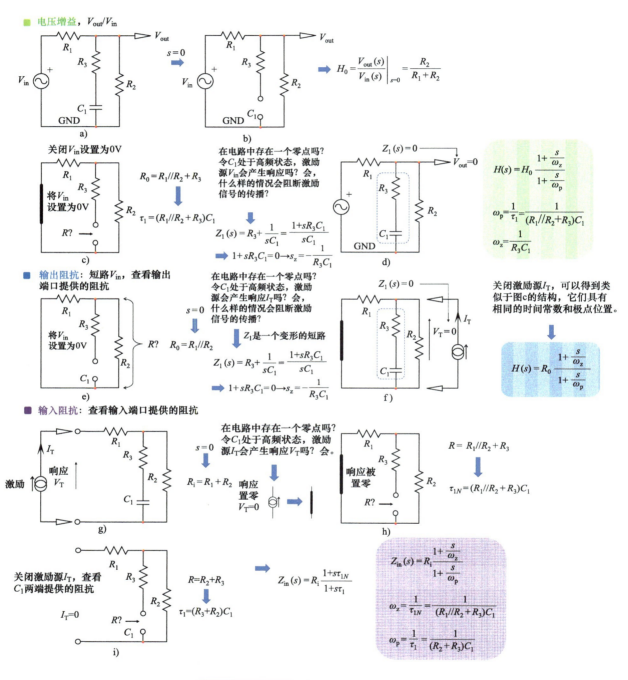

图5.13 电阻与电容串联，这是另一种电路形式

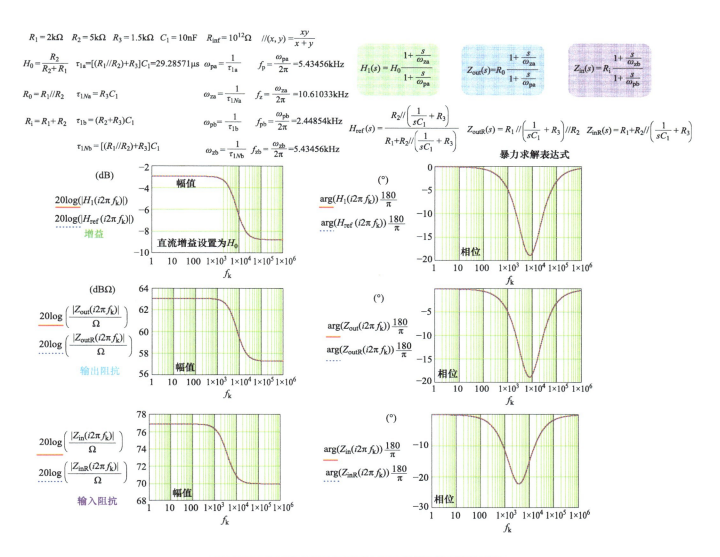

图5.14　Mathcad图证实了我们在图5.13中的推导是正确的

　　现在，在电容 C_1 两端添加另一个电阻 R_4，使图 5.15 中的电路稍微复杂一些。首先开路电容以确定直流增益 H_0。可以看到电阻并联的形式会得到更紧凑的表达式。不要去展开这个表达式，因为这样会使观察失效而无法进行。例如，可以看到，在无负载情况下，R_2 的阻值非常大，那它和 R_3+R_4 并联时其影响可以忽略，H_0 立即得到简化。如果表达式完全展开，那么这种类型的观察将更难进行。时间常数可以通过检查获得，并且电路 d 中的快速中间电路绘制有助于找到驱动电容的电阻。输出阻抗的传递函数并不复杂，可以快速求得。在确定输入阻抗的电路中，输入激励电流源被短路，电路与图 5.15c 相同，这是因为短路电流源，即发生器两端电压为零时的退化情况，这即回到了 V_{in} 为零时的电路。然后，在电路 i 中进行 NDI，并得出最终传递函数，该传递函数包含一个零点和一个极点。将低熵表达式与图 5.16 中的暴力求解表达式（完整表达式）进行对比测试，并确认它们都是正确的。

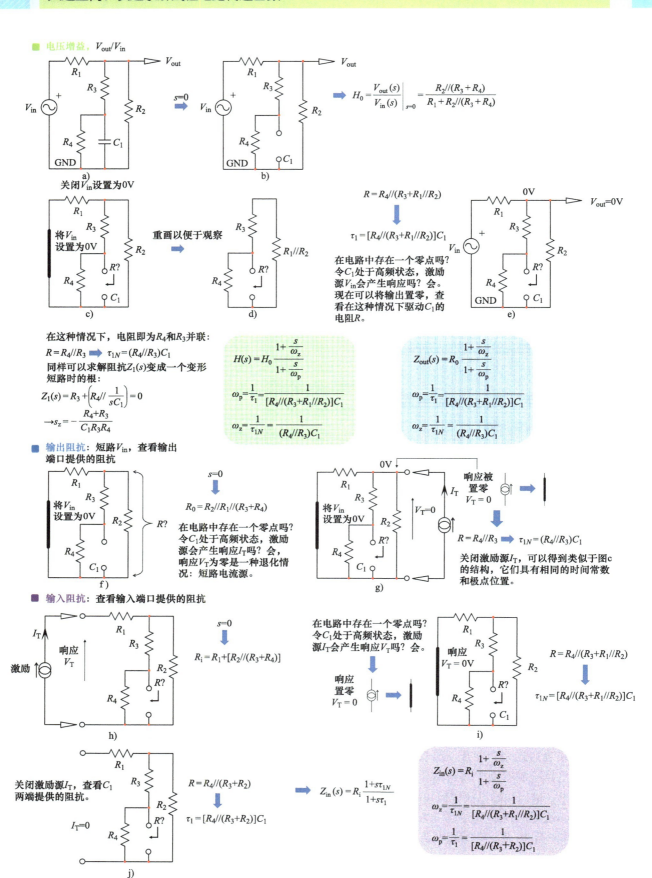

图5.15　电阻R_4使电路更加复杂一些，但对于FACTs来说，没有什么是无法克服的

$$R_1 = 2\text{k}\Omega \quad R_2 = 5\text{k}\Omega \quad R_3 = 1.5\text{k}\Omega \quad R_4 = 10\text{k}\Omega \quad C_1 = 10\text{nF} \quad R_{\text{inf}} = 10^{12}\Omega \qquad //(x, y) = \frac{xy}{x+y}$$

$$H_0 = \frac{R_2//(R_3+R_4)}{R_2//(R_3+R_4)+R_1} = 0.63536 \qquad \tau_{1a} = [R_4//(R_3+R_1//R_2)]C_1 = 22.65193\mu\text{s} \qquad \omega_{\text{pa}} = \frac{1}{\tau_{1a}} \qquad f_p = \frac{\omega_{\text{pa}}}{2\pi} = 7.02611\text{kHz}$$

$$R_0 = R_1//R_2//(R_3+R_4) = 1.27072\text{k}\Omega \qquad \tau_{1Na} = (R_4//R_3)C_1 = 13.04348\mu\text{s} \qquad \omega_{\text{za}} = \frac{1}{\tau_{1Na}} \qquad f_z = \frac{\omega_{\text{za}}}{2\pi} = 12.20188\text{kHz}$$

$$R_i = R_1+[R_2//(R_3+R_4)] = 5.48485\text{k}\Omega \qquad \tau_{1b} = [R_4//(R_3+R_2)]\,C_1 = 39.39394\mu\text{s} \qquad \omega_{\text{pb}} = \frac{1}{\tau_{1b}} \qquad f_{\text{pb}} = \frac{\omega_{\text{pb}}}{2\pi} = 4.04009\text{kHz}$$

$$\tau_{1Nb} = [R_4//(R_3+R_1//R_2)]\,C_1 = 22.65193\mu\text{s} \qquad \omega_{\text{zb}} = \frac{1}{\tau_{1Nb}} \qquad f_{\text{zb}} = \frac{\omega_{\text{zb}}}{2\pi} = 7.02611\text{kHz}$$

$$H_1(s) = H_0 \frac{1+\dfrac{s}{\omega_{\text{za}}}}{1+\dfrac{s}{\omega_{\text{pa}}}} \qquad Z_{\text{out}}(s) = R_0 \frac{1+\dfrac{s}{\omega_{\text{za}}}}{1+\dfrac{s}{\omega_{\text{pa}}}} \qquad Z_{\text{in}}(s) = R_i \frac{1+\dfrac{s}{\omega_{\text{zb}}}}{1+\dfrac{s}{\omega_{\text{pb}}}}$$

$$H_{\text{ref}}(s) = \frac{R_2//\left[\left(\dfrac{1}{sC_1}\right)//R_4+R_3\right]}{R_1+R_2//\left[\left(\dfrac{1}{sC_1}\right)//R_4+R_3\right]} \qquad Z_{\text{outR}}(s) = R_1//\left[\left(\dfrac{1}{sC_1}\right)//R_4+R_3\right]//R_2 \qquad Z_{\text{inR}}(s) = R_1+R_2//\left[\left(\dfrac{1}{sC_1}\right)//R_4+R_3\right]$$

暴力求解表达式

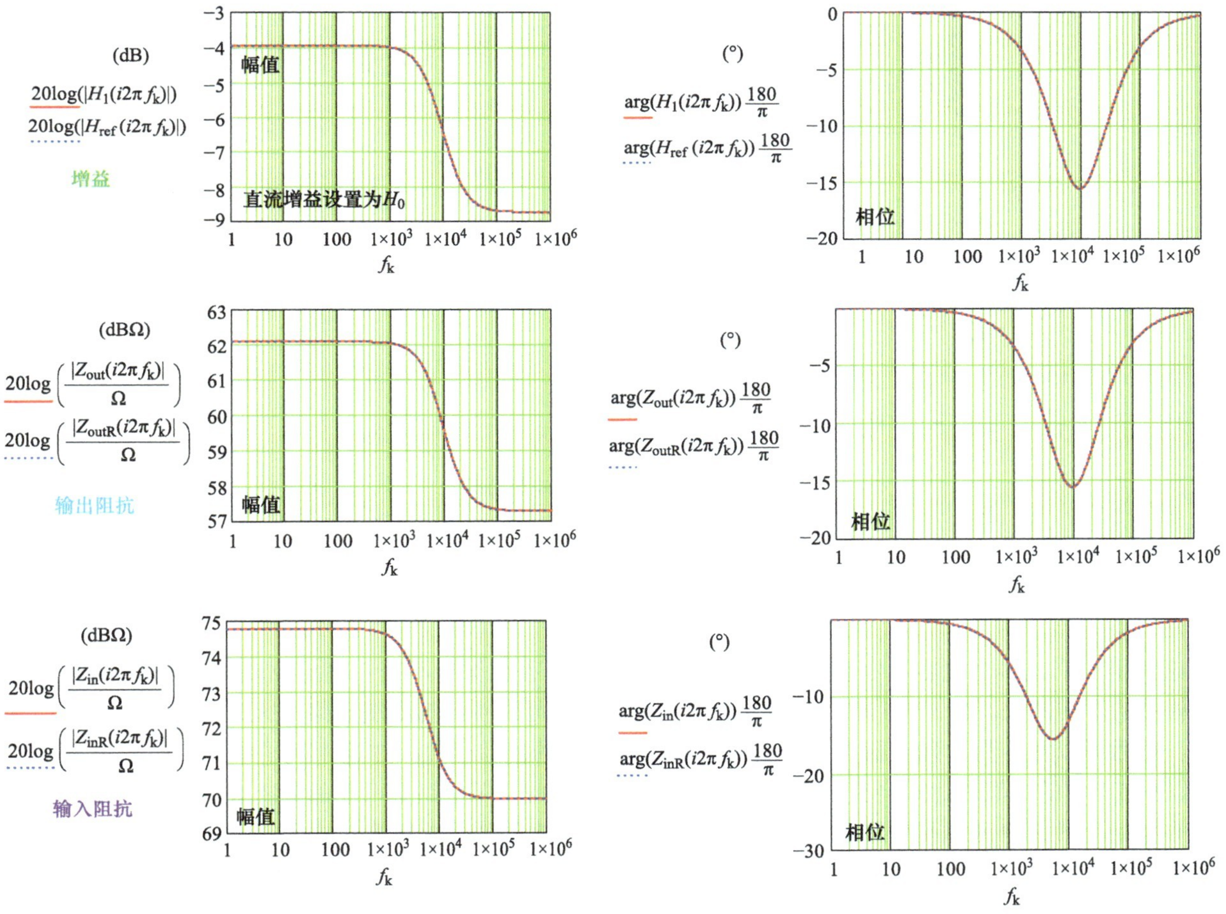

图5.16　Mathcad图证实了我们的推导是正确的

我们现在对基于电容的电路的讨论告一段落，用 L_1 代替 C_1，如图 5.17 所示为最简单的 RL 电路。我们回到经典的方法，即采用 FACTs。通过观察，可以看到当采用直流激励时，L_1 是短路，并且在原点处有一个零点。这在电路 a 和传递函数中的倒置极点中很快得到了证实。输出阻抗在原点处也具有零点的特性，并且也可以用倒置极点来表示，其中首项表示 s 接近无穷大时的近似值。输入阻抗是两个分量的和，并且很容易用一个零点重新排列。

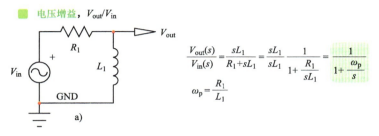

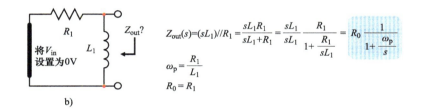

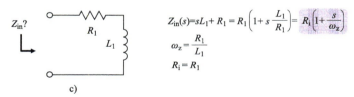

图5.17　电感现在加入电阻负载

无论使用一个或多个电容和电感，图 5.18 中的 FACTs 过程都保持不变：确定驱动每个储能元件的电阻 R，以找到相关的时间常数。当 $s = 0$ 时，电感设置在直流状态，可以看到输出端短路，这意味着零点位于电路 b 中的原点。然后可以很容易地确定极点，并得出含有倒置极点的传递函数。在这个例子中，我们使用了广义传递函数，但图 5.1 中的中间表达式会直接将我们带到那里。这是此简单电路最可能的紧凑表达式。输出阻抗也包含原点处的零点。图 5.19 通过比较重新排列的表达式与图 5.17 中的暴力求解表达式之间的幅值和相位，证实了我们的方法是正确的。

电压增益，V_{out}/V_{in}

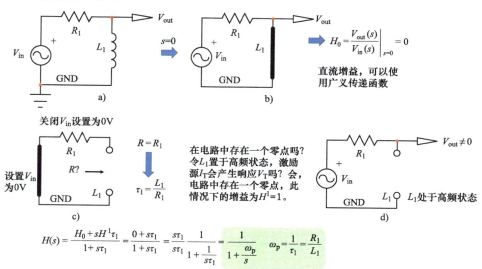

$$H_0 = \frac{V_{out}(s)}{V_{in}(s)}\Bigg|_{s=0} = 0$$

直流增益，可以使用广义传递函数

关闭V_{in}设置为0V

$R = R_1$

$$\tau_1 = \frac{L_1}{R_1}$$

在电路中存在一个零点吗？令L_1置于高频状态，激励源I_T会产生响应V_T吗？会，电路中存在一个零点，此情况下的增益为$H^1=1$。

L_1处于高频状态

$$H(s) = \frac{H_0 + sH^1\tau_1}{1+s\tau_1} = \frac{0+s\tau_1}{1+s\tau_1} = \frac{s\tau_1}{s\tau_1}\frac{1}{1+\frac{1}{s\tau_1}} = \frac{1}{1+\frac{\omega_p}{s}} \qquad \omega_p = \frac{1}{\tau_1} = \frac{R_1}{L_1}$$

输出阻抗：短路V_{in}，查看输出端口提供的阻抗

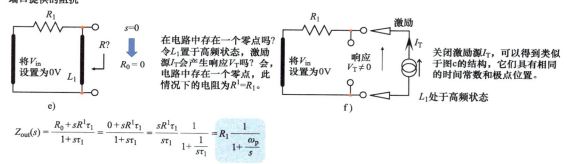

在电路中存在一个零点吗？令L_1置于高频状态，激励源I_T会产生响应V_T吗？会，电路中存在一个零点，此情况下的电阻为$R^1=R_1$。

关闭激励源I_T，可以得到类似于图c的结构，它们具有相同的时间常数和极点位置。

L_1处于高频状态

$$Z_{out}(s) = \frac{R_0 + sR^1\tau_1}{1+s\tau_1} = \frac{0+sR^1\tau_1}{1+s\tau_1} = \frac{sR^1\tau_1}{s\tau_1}\frac{1}{1+\frac{1}{s\tau_1}} = R_1\frac{1}{1+\frac{\omega_p}{s}}$$

输入阻抗：查看输入端口提供的阻抗

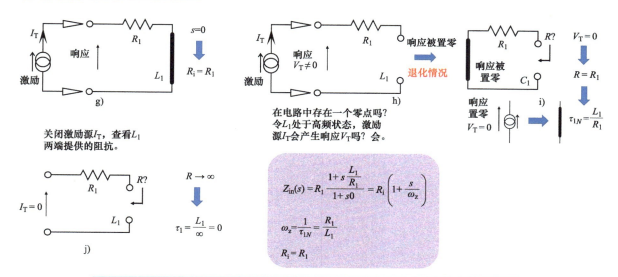

关闭激励源I_T，查看L_1两端提供的阻抗。

在电路中存在一个零点吗？令L_1处于高频状态，激励源I_T会产生响应V_T吗？会。

退化情况

$$\tau_{1N} = \frac{L_1}{R_1}$$

$R \to \infty$

$$\tau_1 = \frac{L_1}{\infty} = 0$$

$$Z_{in}(s) = R_1\frac{1+s\frac{L_1}{R_1}}{1+s0} = R_i\left(1+\frac{s}{\omega_z}\right)$$

$$\omega_z = \frac{1}{\tau_{1N}} = \frac{R_1}{L_1}$$

$$R_i = R_1$$

图5.18　FACTs提供了一种简单的方法来快速获得这些传递函数，而无须进行复杂的计算

$$R_1 = 1\text{k}\Omega \qquad L_1 = 50\text{mH} \qquad R_{\text{inf}} = 10^{12}\Omega \qquad //(x, y) = \frac{xy}{x+y}$$

$$H_0 = 0 \qquad\qquad R_0 = R_1 \qquad R_i = R_1$$

$$\tau_1 = \frac{L_1}{R_1} = 50\mu\text{s} \qquad \omega_{\text{p}} = \frac{1}{\tau_1} \qquad f_{\text{p}} = \frac{\omega_{\text{p}}}{2\pi} = 3.1831\text{kHz}$$

$$\tau_{1N} = \frac{L_1}{R_1} \qquad\qquad \omega_{\text{z}} = \frac{1}{\tau_{1N}} \qquad f_{\text{z}} = \frac{\omega_{\text{z}}}{2\pi} = 3.1831\text{kHz}$$

$$H_1(s) = \frac{1}{1 + \dfrac{\omega_{\text{p}}}{s}} \qquad Z_{\text{out}}(s) = R_0\, \frac{1}{1 + \dfrac{\omega_{\text{p}}}{s}} \qquad Z_{\text{in}}(s) = R_i\left(1 + \frac{s}{\omega_{\text{z}}}\right)$$

$$H_{\text{ref}}(s) = \frac{sL_1}{R_1 + sL_1} \qquad Z_{\text{outR}}(s) = R_1 // (sL_1) \qquad Z_{\text{inR}}(s) = R_1 + sL_1$$

暴力求解表达式

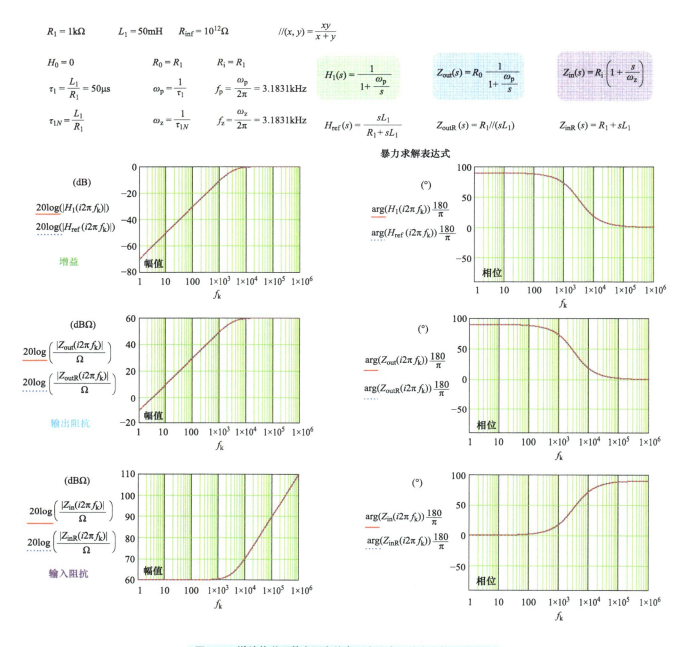

图5.19　增益传递函数在原点处有一个零点，输出阻抗也是如此

现在可以将电感与电阻串联以形成 *LR* 滤波器。在这里，我们也将使用经典的方法，使用阻抗分压器来确定传递函数。如图 5.20 所示。计算很简单，阻抗分压器也能很好的使用。考虑到电感的位置，传递函数现在有一个经典极点。输出和输入阻抗与图 5.17 中已经发现的阻抗相同，因为 *R* 和 *L* 只是交换了它们的位置，但并联和串联结构相同。

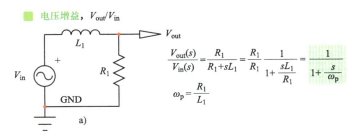

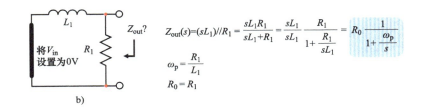

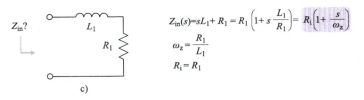

图5.20　由于该电路中只有两个元件，可以很快确定传递函数

对这种简单 *LR* 电路应用 FACTs 的过程如图 5.21 所示。在直流分析中，电感短路，并且增益 H_0 是 1。通过将电源设置为 0V 很容易找到极点。考虑到电感短路，输出阻抗为 0Ω（直流）。一旦正确排列，表达式会显示出一个极点，该极点使阻抗在高频下达到 R_1 设定的近似值。输入阻抗并不难获得，它的直流阻抗等于 R_1，然后随着频率的增加而向无穷大增加。图 5.22 证实了我们的表达式是正确的。

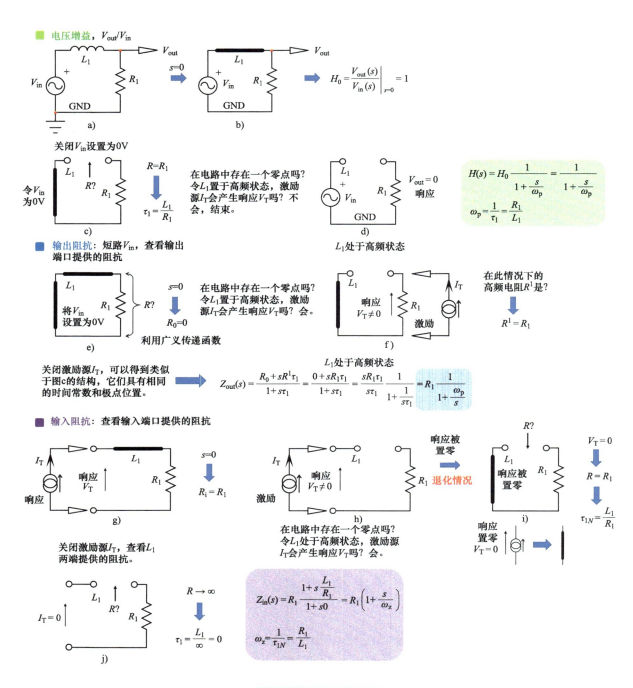

图5.21 电感与电源串联

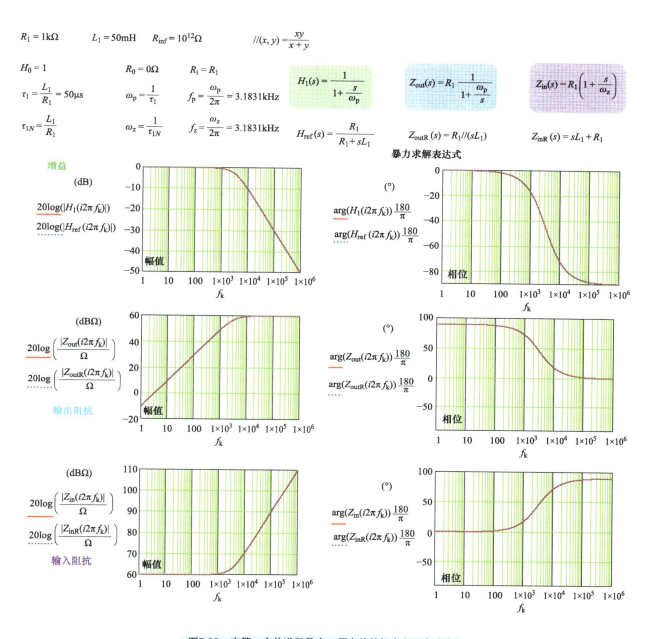

$R_1 = 1\text{k}\Omega$　　　$L_1 = 50\text{mH}$　　$R_{\text{inf}} = 10^{12}\Omega$　　　　$//(x, y) = \dfrac{xy}{x + y}$

$H_0 = 1$　　　　　$R_0 = 0\Omega$　　　$R_i = R_1$

$\tau_1 = \dfrac{L_1}{R_1} = 50\mu\text{s}$　　$\omega_p = \dfrac{1}{\tau_1}$　　$f_p = \dfrac{\omega_p}{2\pi} = 3.1831\text{kHz}$　　$H_1(s) = \dfrac{1}{1 + \dfrac{s}{\omega_p}}$　　$Z_{\text{out}}(s) = R_1 \dfrac{1}{1 + \dfrac{\omega_p}{s}}$　　$Z_{\text{in}}(s) = R_1\left(1 + \dfrac{s}{\omega_z}\right)$

$\tau_{1N} = \dfrac{L_1}{R_1}$　　　$\omega_z = \dfrac{1}{\tau_{1N}}$　　$f_z = \dfrac{\omega_z}{2\pi} = 3.1831\text{kHz}$　　$H_{\text{ref}}(s) = \dfrac{R_1}{R_1 + sL_1}$　　$Z_{\text{outR}}(s) = R_1//(sL_1)$　　$Z_{\text{inR}}(s) = sL_1 + R_1$

暴力求解表达式

图5.22 在第一个传递函数中，原点处的极点和零点消失

电阻现在和电感并联形成图 5.23 中的分压器，传递函数很容易得到，图 5.24 证实了我们的发现。同样，也可以使用广义传递函数表达式或图 5.1 的中间的表达式，以最简单的为准。

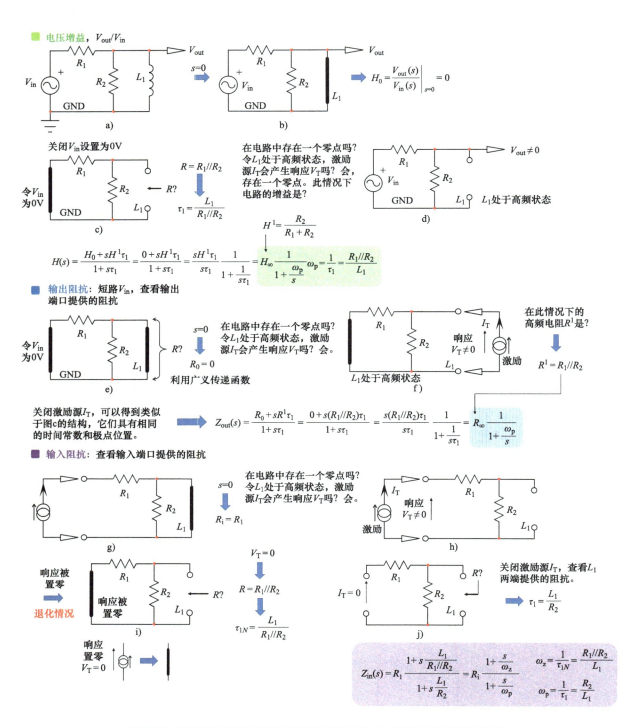

图5.23 尽管增加了电阻R_2，但考虑到直流分析中L_1短路，原点处零点仍然存在

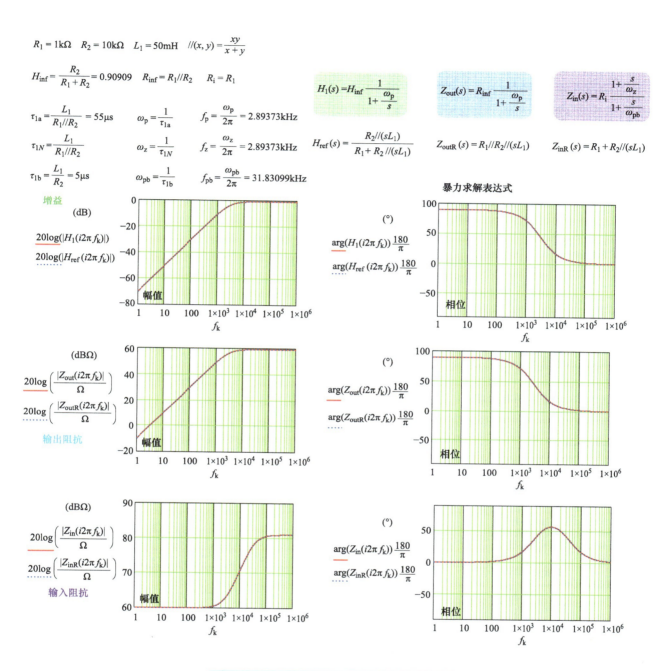

$R_1 = 1\text{k}\Omega \quad R_2 = 10\text{k}\Omega \quad L_1 = 50\text{mH} \quad //(x, y) = \dfrac{xy}{x+y}$

$H_{\text{inf}} = \dfrac{R_2}{R_1 + R_2} = 0.90909 \quad R_{\text{inf}} = R_1 // R_2 \quad R_i = R_1$

$\tau_{1a} = \dfrac{L_1}{R_1 // R_2} = 55\mu\text{s} \qquad \omega_p = \dfrac{1}{\tau_{1a}} \qquad f_p = \dfrac{\omega_p}{2\pi} = 2.89373\text{kHz}$

$\tau_{1N} = \dfrac{L_1}{R_1 // R_2} \qquad \omega_z = \dfrac{1}{\tau_{1N}} \qquad f_z = \dfrac{\omega_z}{2\pi} = 2.89373\text{kHz}$

$\tau_{1b} = \dfrac{L_1}{R_2} = 5\mu\text{s} \qquad \omega_{pb} = \dfrac{1}{\tau_{1b}} \qquad f_{pb} = \dfrac{\omega_{pb}}{2\pi} = 31.83099\text{kHz}$

$H_1(s) = H_{\text{inf}} \dfrac{1}{1 + \dfrac{\omega_p}{s}}$

$Z_{\text{out}}(s) = R_{\text{inf}} \dfrac{1}{1 + \dfrac{\omega_p}{s}}$

$Z_{\text{in}}(s) = R_i \dfrac{1 + \dfrac{s}{\omega_z}}{1 + \dfrac{s}{\omega_{pb}}}$

$H_{\text{ref}}(s) = \dfrac{R_2 //(sL_1)}{R_1 + R_2 //(sL_1)}$

$Z_{\text{outR}}(s) = R_1 // R_2 //(sL_1)$

$Z_{\text{inR}}(s) = R_1 + R_2 //(sL_1)$

暴力求解表达式

图5.24　暴力求解表达式和FACTs表达式响应相同

现在添加一个与电感并联的电阻，并应用 FACTs，如图 5.25 所示。电压传递函数很容易找到，现在两个并联的电阻决定了极点。有一个零点，通过观察很快就能识别出来。然后将传递函数与 $s = 0$ 时获得的首项（为 1）进行组合。我们还可以轻松地变换这个表达式，其中有一个首项描述当 s 趋近于无穷大时的增益。通过适当的因子分解和使用倒置零点和极点，可以获得表达式。这两个表达式相同，但用于不同的设计目的，这取决于你感兴趣的是什么，低频增益还是高频增益。利用广义传递函数和倒极点可以快速获得输出阻抗。再一次得到了一个非常紧凑的表达式。最后，输入阻抗求解不会太麻烦，也可以重新排列表达式以突出显示不同的特性。图 5.26 证实了我们所有的表达式都是正确的。

■ 电压增益，V_{out}/V_{in}

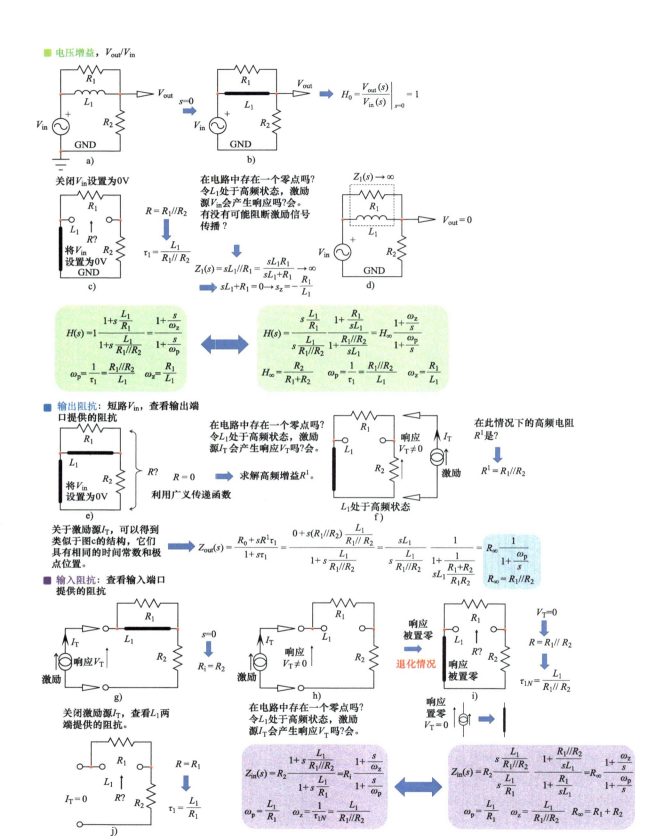

图5.25　与电感并联的电阻增加了电路复杂性

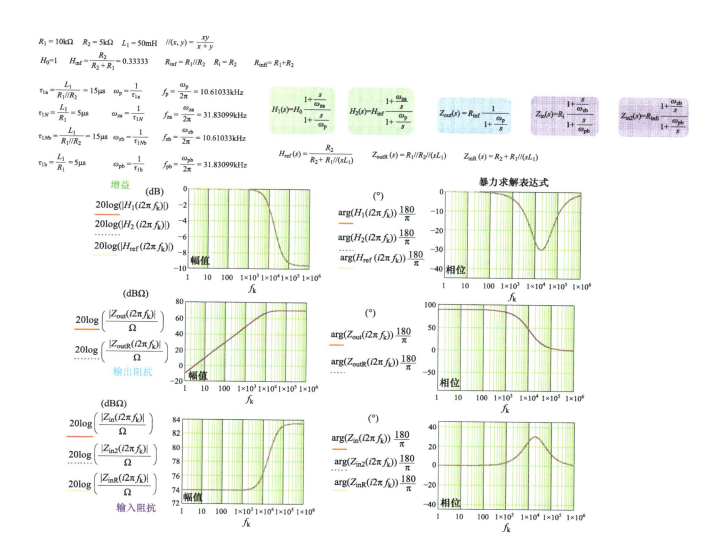

$R_1 = 10\text{k}\Omega$　　$R_2 = 5\text{k}\Omega$　　$L_1 = 50\text{mH}$　　$/\!/(x, y) = \dfrac{xy}{x+y}$

$H_0 = 1$　　$H_{\text{inf}} = \dfrac{R_2}{R_2 + R_1} = 0.33333$　　$R_{\text{inf}} = R_1/\!/R_2$　　$R_i = R_2$　　$R_{\text{infi}} = R_1 + R_2$

$\tau_{1a} = \dfrac{L_1}{R_1/\!/R_2} = 15\mu\text{s}$　　$\omega_p = \dfrac{1}{\tau_{1a}}$　　$f_p = \dfrac{\omega_p}{2\pi} = 10.61033\text{kHz}$

$\tau_{1N} = \dfrac{L_1}{R_1} = 5\mu\text{s}$　　$\omega_{za} = \dfrac{1}{\tau_{1N}}$　　$f_{za} = \dfrac{\omega_{za}}{2\pi} = 31.83099\text{kHz}$

$\tau_{1Nb} = \dfrac{L_1}{R_1/\!/R_2} = 15\mu\text{s}$　　$\omega_{zb} = \dfrac{1}{\tau_{1Nb}}$　　$f_{zb} = \dfrac{\omega_{zb}}{2\pi} = 10.61033\text{kHz}$

$\tau_{1b} = \dfrac{L_1}{R_1} = 5\mu\text{s}$　　$\omega_{pb} = \dfrac{1}{\tau_{1b}}$　　$f_{pb} = \dfrac{\omega_{pb}}{2\pi} = 31.83099\text{kHz}$

$H_1(s) = H_0 \dfrac{1 + \frac{s}{\omega_{za}}}{1 + \frac{s}{\omega_p}}$　　$H_2(s) = H_{\text{inf}} \dfrac{1 + \frac{\omega_{za}}{s}}{1 + \frac{\omega_p}{s}}$　　$Z_{\text{out}}(s) = R_{\text{inf}} \dfrac{1}{1 + \frac{\omega_p}{s}}$　　$Z_{\text{in}}(s) = R_i \dfrac{1 + \frac{s}{\omega_{zb}}}{1 + \frac{s}{\omega_{pb}}}$　　$Z_{\text{in2}}(s) = R_{\text{infi}} \dfrac{1 + \frac{\omega_{zb}}{s}}{1 + \frac{\omega_{pb}}{s}}$

$H_{\text{ref}}(s) = \dfrac{R_2}{R_2 + R_1/\!/(sL_1)}$　　$Z_{\text{outR}}(s) = R_1/\!/R_2/\!/(sL_1)$　　$Z_{\text{inR}}(s) = R_2 + R_1/\!/(sL_1)$

图5.26　用暴力求解表达式或FACTs表达式获得的所有传递函数，包括重新排列后的表达式，在幅值和相位上都相同

现在再复杂一点，令 R_3 和电感串联，类似于等效串联电阻（ESR），如图 5.27 所示，将该技术应用于该电路，通过几个简单电路揭示了三个传递函数。一些最终表达式可以重新排列，以因子化表示首项，其代表所研究传递函数的直流近似值或高频值。也可以直接使用图 5.1 中的中间表达式。倒置极点和零点非常方便，并会得到最紧凑的表达式。我们在图 5.28 中测试了所有这些表达式。

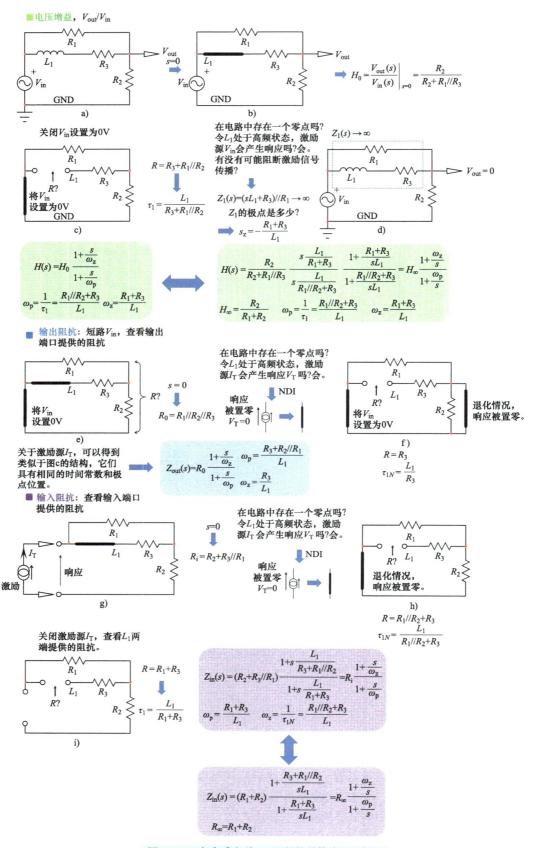

图5.27 R_3 与电感串联，可以模拟其等效串联电阻

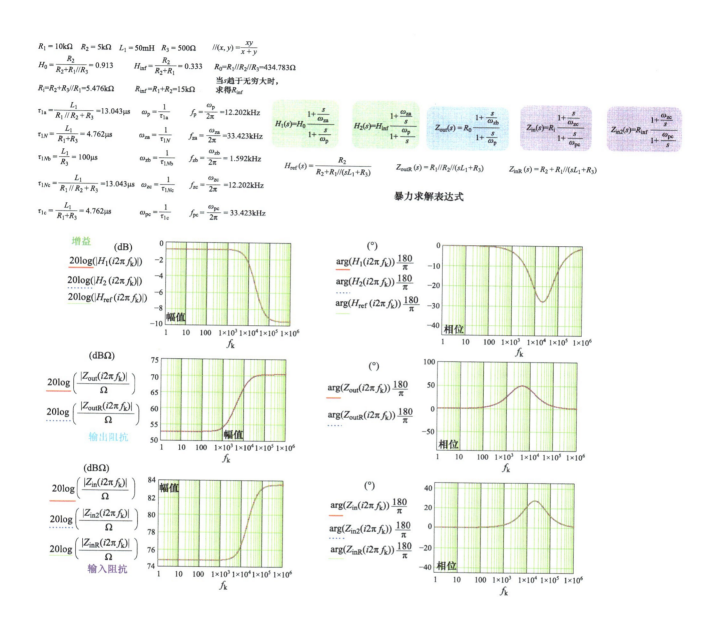

图5.28 对所有的传递函数进行了测试，得到了完全相同的结果

如果在 L_1 和 R_3 的节点之间再增加一个电阻接地会怎样？如图 5.29 所示。电阻 R_4 显然使电路复杂化，但对 FACTs 来说这不是问题。我们使用叠加定律来推导出增益传递函数，但其他传递函数也没有问题。对于输入阻抗，这一次，没有使用基尔霍夫电压和电流定律（KCL 和 KVL），而是使用 SIMetrix 仿真，这是一个 SPICE 仿真引擎，其数据被导入 Mathcad®，然后粘贴在幅值和相位图中。如图 5.30 所示，它们完美重合。

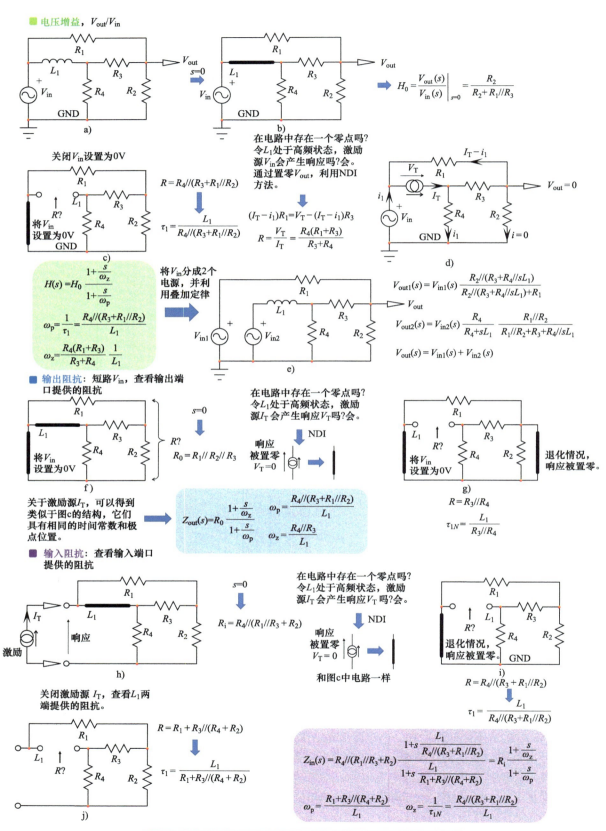

图5.29 电阻R_4的加入似乎使分析变得更困难了，但这是真的吗？

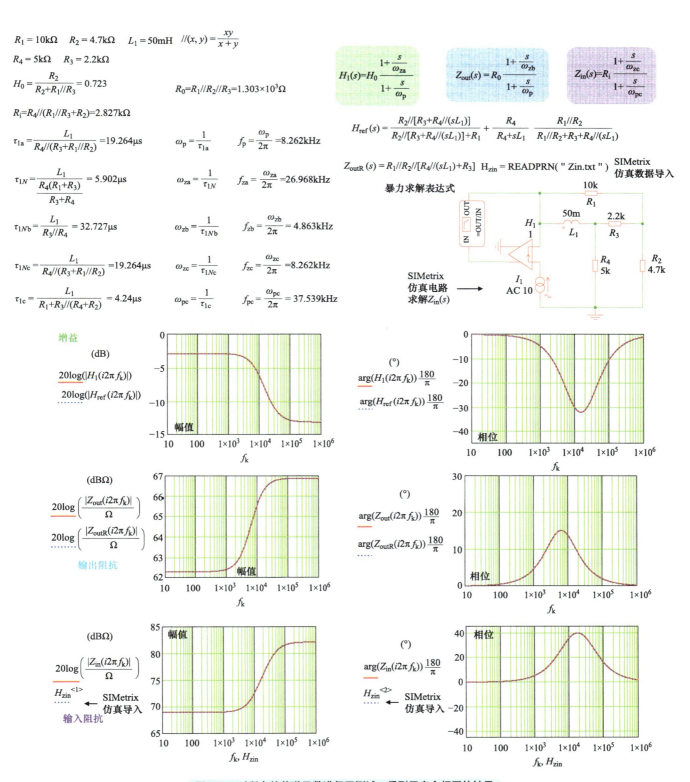

$R_1 = 10\text{k}\Omega \quad R_2 = 4.7\text{k}\Omega \quad L_1 = 50\text{mH} \quad //(x,y) = \dfrac{xy}{x+y}$

$R_4 = 5\text{k}\Omega \quad R_3 = 2.2\text{k}\Omega$

$H_0 = \dfrac{R_2}{R_2 + R_1//R_3} = 0.723$

$R_0 = R_1//R_2//R_3 = 1.303 \times 10^3\,\Omega$

$R_i = R_4//(R_1//R_3 + R_2) = 2.827\text{k}\Omega$

$$H_1(s) = H_0 \dfrac{1 + \dfrac{s}{\omega_{za}}}{1 + \dfrac{s}{\omega_p}}$$

$$Z_{out}(s) = R_0 \dfrac{1 + \dfrac{s}{\omega_{zb}}}{1 + \dfrac{s}{\omega_p}}$$

$$Z_{in}(s) = R_i \dfrac{1 + \dfrac{s}{\omega_{zc}}}{1 + \dfrac{s}{\omega_{pc}}}$$

$\tau_{1a} = \dfrac{L_1}{R_4//(R_3 + R_1//R_2)} = 19.264\mu\text{s}$
　$\omega_p = \dfrac{1}{\tau_{1a}}$　$f_p = \dfrac{\omega_p}{2\pi} = 8.262\text{kHz}$

$H_{ref}(s) = \dfrac{R_2//[R_3 + R_4//(sL_1)]}{R_2//[R_3 + R_4//(sL_1)] + R_1} + \dfrac{R_4}{R_4 + sL_1}\dfrac{R_1//R_2}{R_1//R_2 + R_3 + R_4//(sL_1)}$

$\tau_{1N} = \dfrac{L_1}{\dfrac{R_4(R_1 + R_3)}{R_3 + R_4}} = 5.902\mu\text{s}$
　$\omega_{za} = \dfrac{1}{\tau_{1N}}$　$f_{za} = \dfrac{\omega_{za}}{2\pi} = 26.968\text{kHz}$

$Z_{outR}(s) = R_1//R_2//[R_4//(sL_1) + R_3] \quad H_{zin} = \text{READPRN(" Zin.txt ")}$　SIMetrix
仿真数据导入

$\tau_{1Nb} = \dfrac{L_1}{R_3//R_4} = 32.727\mu\text{s}$
　$\omega_{zb} = \dfrac{1}{\tau_{1Nb}}$　$f_{zb} = \dfrac{\omega_{zb}}{2\pi} = 4.863\text{kHz}$

暴力求解表达式

$\tau_{1Nc} = \dfrac{L_1}{R_4//(R_3 + R_1//R_2)} = 19.264\mu\text{s}$
　$\omega_{zc} = \dfrac{1}{\tau_{1Nc}}$　$f_{zc} = \dfrac{\omega_{zc}}{2\pi} = 8.262\text{kHz}$

$\tau_{1c} = \dfrac{L_1}{R_1 + R_3//(R_4 + R_2)} = 4.24\mu\text{s}$
　$\omega_{pc} = \dfrac{1}{\tau_{1c}}$　$f_{pc} = \dfrac{\omega_{pc}}{2\pi} = 37.539\text{kHz}$

SIMetrix
仿真电路
求解 $Z_{in}(s)$

增益

(dB)

$20\log(|H_1(i2\pi f_k)|)$

$20\log(|H_{ref}(i2\pi f_k)|)$

$\arg(H_1(i2\pi f_k))\dfrac{180}{\pi}$

$\arg(H_{ref}(i2\pi f_k))\dfrac{180}{\pi}$

(dBΩ)

$20\log\left(\dfrac{|Z_{out}(i2\pi f_k)|}{\Omega}\right)$

$20\log\left(\dfrac{|Z_{outR}(i2\pi f_k)|}{\Omega}\right)$

输出阻抗

$\arg(Z_{out}(i2\pi f_k))\dfrac{180}{\pi}$

$\arg(Z_{outR}(i2\pi f_k))\dfrac{180}{\pi}$

(dBΩ)

$20\log\left(\dfrac{|Z_{in}(i2\pi f_k)|}{\Omega}\right)$

$H_{zin}^{<1>}$　← SIMetrix 仿真导入

输入阻抗

$\arg(Z_{in}(i2\pi f_k))\dfrac{180}{\pi}$

$H_{zin}^{<2>}$　← SIMetrix 仿真导入

图5.30　对所有的传递函数进行了测试，得到了完全相同的结果

　　电感现在被电容代替，如图 5.31 所示。有趣的是，驱动储能元件（L 或 C）的电阻保持不变，这样可以重复使用我们之前计算的大部分结果。通过图 5.32 可以看出对所有的传递函数进行测试，得到了完全相同的效果。

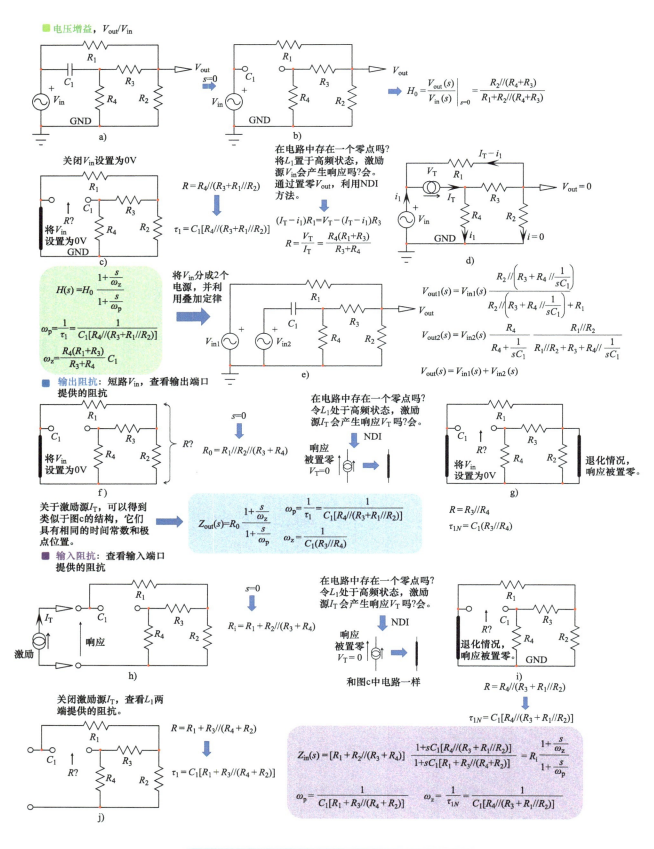

图5.31　电容代替电感，可以重复使用以前例子的许多结果

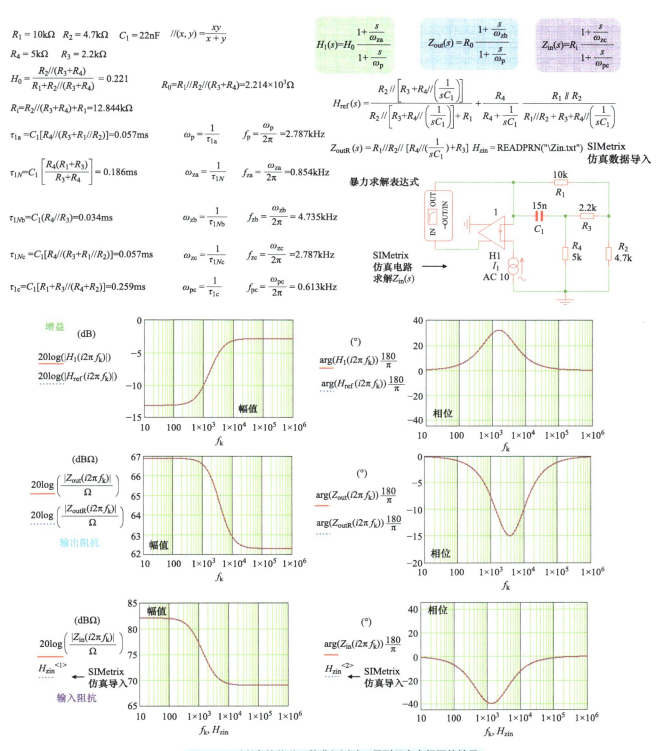

$R_1 = 10\text{k}\Omega$　$R_2 = 4.7\text{k}\Omega$　$C_1 = 22\text{nF}$　$//(x, y) = \dfrac{xy}{x+y}$

$R_4 = 5\text{k}\Omega$　$R_3 = 2.2\text{k}\Omega$

$H_0 = \dfrac{R_2//(R_3+R_4)}{R_1+R_2//(R_3+R_4)} = 0.221$

$R_0 = R_1//R_2//(R_3+R_4) = 2.214 \times 10^3 \Omega$

$R_i = R_2//(R_3+R_4)+R_1 = 12.844\text{k}\Omega$

$H_1(s) = H_0 \dfrac{1+\dfrac{s}{\omega_{za}}}{1+\dfrac{s}{\omega_p}}$　　$Z_{out}(s) = R_0 \dfrac{1+\dfrac{s}{\omega_{zb}}}{1+\dfrac{s}{\omega_p}}$　　$Z_{in}(s) = R_i \dfrac{1+\dfrac{s}{\omega_{zc}}}{1+\dfrac{s}{\omega_{pc}}}$

$H_{\text{ref}}(s) = \dfrac{R_2//\left[R_3+R_4//\left(\dfrac{1}{sC_1}\right)\right]}{R_2//\left[R_3+R_4//\left(\dfrac{1}{sC_1}\right)\right]+R_1} + \dfrac{R_4}{R_4+\dfrac{1}{sC_1}} \dfrac{R_1//R_2}{R_1//R_2+R_3+R_4//\left(\dfrac{1}{sC_1}\right)}$

$\tau_{1a} = C_1[R_4//(R_3+R_1//R_2)] = 0.057\text{ms}$　$\omega_p = \dfrac{1}{\tau_{1a}}$　$f_p = \dfrac{\omega_p}{2\pi} = 2.787\text{kHz}$

$Z_{outR}(s) = R_1//R_2//\left[R_4//\left(\dfrac{1}{sC_1}\right)+R_3\right]$　$H_{zin} = \text{READPRN("\Zin.txt")}$ SIMetrix 仿真数据导入

$\tau_{1N} = C_1\left[\dfrac{R_4(R_1+R_3)}{R_3+R_4}\right] = 0.186\text{ms}$　$\omega_{za} = \dfrac{1}{\tau_{1N}}$　$f_{za} = \dfrac{\omega_{za}}{2\pi} = 0.854\text{kHz}$

$\tau_{1Nb} = C_1(R_4//R_3) = 0.034\text{ms}$　$\omega_{zb} = \dfrac{1}{\tau_{1Nb}}$　$f_{zb} = \dfrac{\omega_{zb}}{2\pi} = 4.735\text{kHz}$

$\tau_{1Nc} = C_1[R_4//(R_3+R_1//R_2)] = 0.057\text{ms}$　$\omega_{zc} = \dfrac{1}{\tau_{1Nc}}$　$f_{zc} = \dfrac{\omega_{zc}}{2\pi} = 2.787\text{kHz}$

$\tau_{1c} = C_1[R_1+R_3//(R_4+R_2)] = 0.259\text{ms}$　$\omega_{pc} = \dfrac{1}{\tau_{1c}}$　$f_{pc} = \dfrac{\omega_{pc}}{2\pi} = 0.613\text{kHz}$

暴力求解表达式

SIMetrix 仿真电路 求解 $Z_{in}(s)$

增益 (dB)
$20\log(|H_1(i2\pi f_k)|)$
$20\log(|H_{\text{ref}}(i2\pi f_k)|)$　幅值

$\arg(H_1(i2\pi f_k))\dfrac{180}{\pi}$
$\arg(H_{\text{ref}}(i2\pi f_k))\dfrac{180}{\pi}$　相位

(dBΩ)
$20\log\left(\dfrac{|Z_{out}(i2\pi f_k)|}{\Omega}\right)$
$20\log\left(\dfrac{|Z_{outR}(i2\pi f_k)|}{\Omega}\right)$　输出阻抗　幅值

$\arg(Z_{out}(i2\pi f_k))\dfrac{180}{\pi}$
$\arg(Z_{outR}(i2\pi f_k))\dfrac{180}{\pi}$　相位

(dBΩ)
$20\log\left(\dfrac{|Z_{in}(i2\pi f_k)|}{\Omega}\right)$
$H_{zin}^{<1>}$　← SIMetrix 仿真导入　输入阻抗　幅值

$\arg(Z_{in}(i2\pi f_k))\dfrac{180}{\pi}$
$H_{zin}^{<2>}$　← SIMetrix 仿真导入　相位

图5.32　对所有的传递函数进行测试，得到了完全相同的结果

现在将探索一些包含有源元件（如运算放大器）的电路。第一个电路如图 5.33 所示。这是一个低通滤波器，其后跟着一个放大器。FACTs 可以在不写一行代数的情况下最快地找到答案，结果如图 5.34 所示。在 V_2 中增加的 1V 直流偏置是为了在 E1 的输出上显示直流增益。它在这个线性电路中工作，并确认 H_0 突出显示的值。

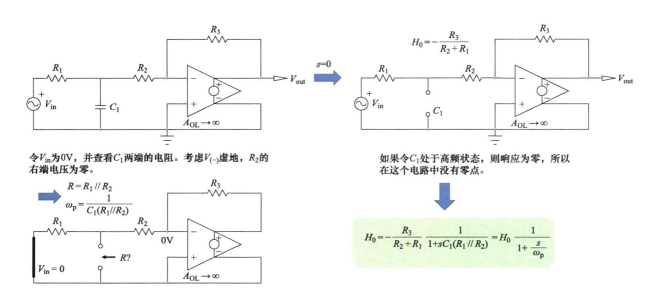

令V_{in}为0V，并查看C_1两端的电阻。考虑$V_{(-)}$虚地，R_2的右端电压为零。

如果令C_1处于高频状态，则响应为零，所以在这个电路中没有零点。

$$H_0 = -\frac{R_3}{R_2+R_1}\frac{1}{1+sC_1(R_1//R_2)} = H_0\frac{1}{1+\dfrac{s}{\omega_p}}$$

图5.33 电路中插入了一个运算放大器

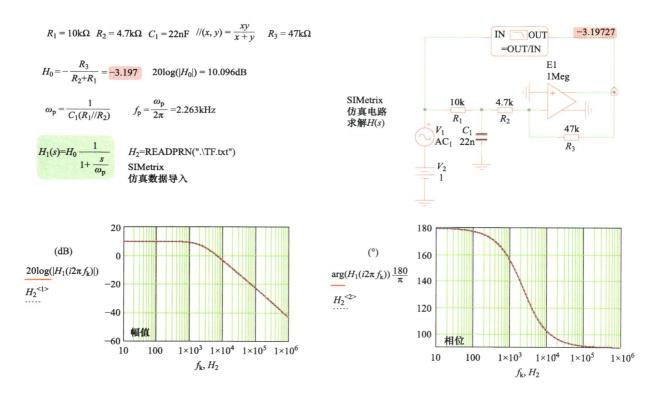

$R_1 = 10\text{k}\Omega \quad R_2 = 4.7\text{k}\Omega \quad C_1 = 22\text{nF} \quad //(x,y) = \dfrac{xy}{x+y} \quad R_3 = 47\text{k}\Omega$

$H_0 = -\dfrac{R_3}{R_2+R_1} = -3.197 \quad 20\log(|H_0|) = 10.096\text{dB}$

$\omega_p = \dfrac{1}{C_1(R_1//R_2)} \qquad f_p = \dfrac{\omega_p}{2\pi} = 2.263\text{kHz}$

$H_1(s) = H_0\dfrac{1}{1+\dfrac{s}{\omega_p}}$

$H_2 = \text{READPRN}(".\backslash\text{TF.txt}")$

SIMetrix
仿真数据导入

图5.34 SIMetrix仿真和Mathcad计算的曲线吻合很好

现在将 ESR 添加到电容中，如图 5.35 所示。现在立即看到这个额外电阻带来的零点，因为它创造了使输出为零的条件，极点也受到附加元件的影响，这不会使练习变得更复杂，其结果如图 5.36 所示。

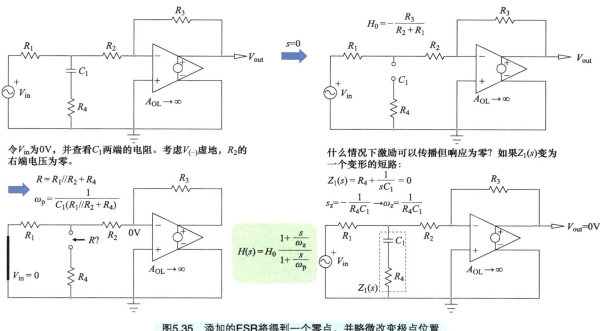

图5.35 添加的ESR将得到一个零点，并略微改变极点位置

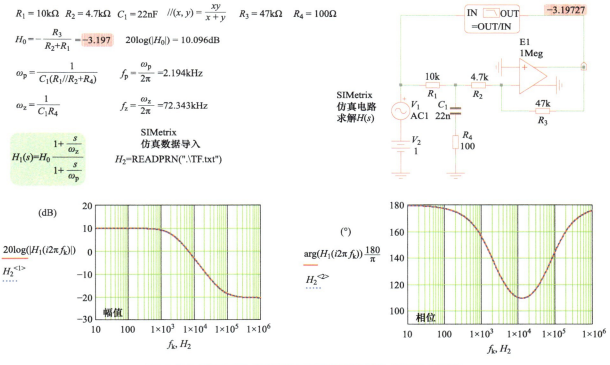

图5.36 电阻R_4给传递函数增加了一个零点，并改变了极点位置

电容跨接在输入电阻 R_1 上（见图 5.37），它会改变传递函数。在交流分析中，虚地不包括 R_2，C_1 会得到一个零点。图 5.38 中所示的频率响应表示在理论中它是固定为 +1 的斜率，但实际上无法实现。考虑到电路中包含一个或多个极点的自然响应，实际上运算放大器的幅值将随着频率升高而自然地降低。

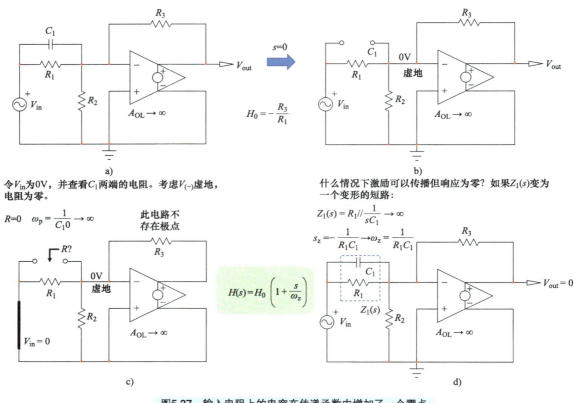

令V_{in}为0V，并查看C_1两端的电阻。考虑$V_{(-)}$虚地，电阻为零。

什么情况下激励可以传播但响应为零？如果$Z_1(s)$变为一个变形的短路：

$$R=0 \quad \omega_p = \frac{1}{C_1 0} \to \infty$$

此电路不存在极点

$$Z_1(s) = R_1 // \frac{1}{sC_1} \to \infty$$

$$s_z = -\frac{1}{R_1 C_1} \to \omega_z = \frac{1}{R_1 C_1}$$

$$H(s) = H_0 \left(1 + \frac{s}{\omega_z}\right)$$

图5.37 输入电阻上的电容在传递函数中增加了一个零点

$$R_1 = 10k\Omega \quad R_2 = 4.7k\Omega \quad C_1 = 22nF \quad //(x,y) = \frac{xy}{x+y} \quad R_3 = 47k\Omega$$

$$H_0 = -\frac{R_3}{R_1} = -4.7 \qquad 20\log(|H_0|) = 13.442dB$$

$$\omega_p = \frac{1}{C_1 10^{-6}\,\Omega} \qquad f_p = \frac{\omega_p}{2\pi} = 7.234 \times 10^9 kHz$$

$$\omega_z = \frac{1}{C_1 R_1} \qquad f_z = \frac{\omega_z}{2\pi} = 723.432Hz$$

$$H_1(s) = H_0\left(1 + \frac{s}{\omega_z}\right) \qquad H_2 = \text{READPRN}(".\backslash TF.txt")$$

SIMetrix 仿真数据导入

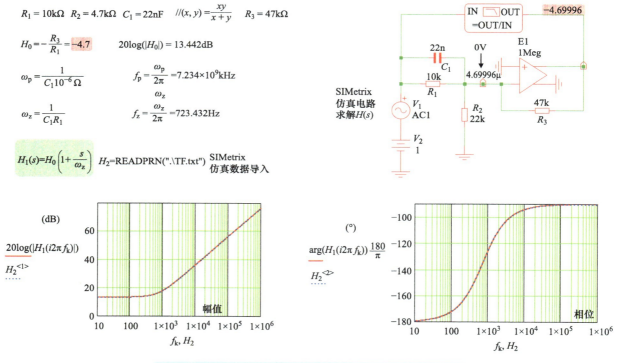

图5.38 考虑到运算放大器带来的虚地，该电路中只有一个零点

我们继续使用运算放大器，现在插入一个电阻与电容C_1串联，如图5.39所示。当电源被置零时，电阻R_4设定了一个时间常数，给电路带来一个极点。通过观察可以很快找到零点，其中R_4与R_1串联。这使得零点位置自然低于极点，并提供了一种将它们分离以调整相位响应的方法。正如你所看到的，相位在零点和极点之间的

频段被提升，如图 5.40 所示。

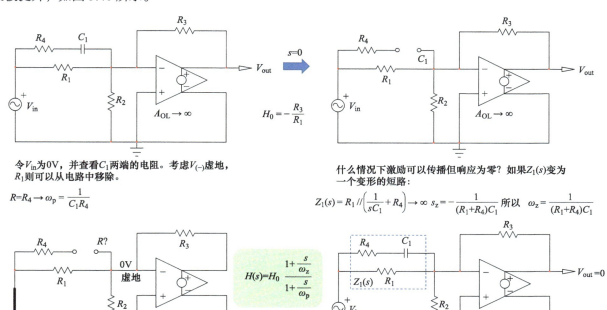

令 V_{in} 为 0V，并查看 C_1 两端的电阻。考虑 $V_{(-)}$ 虚地，R_1 则可以从电路中移除。

$$R = R_4 \rightarrow \omega_p = \frac{1}{C_1 R_4}$$

什么情况下激励可以传播但响应为零？如果 $Z_1(s)$ 变为一个变形的短路：

$$Z_1(s) = R_1 // \left(\frac{1}{sC_1} + R_4 \right) \rightarrow \infty \quad s_z = -\frac{1}{(R_1+R_4)C_1} \quad \text{所以} \quad \omega_z = \frac{1}{(R_1+R_4)C_1}$$

$$H(s) = H_0 \frac{1 + \dfrac{s}{\omega_z}}{1 + \dfrac{s}{\omega_p}}$$

图5.39　电阻与电容串联

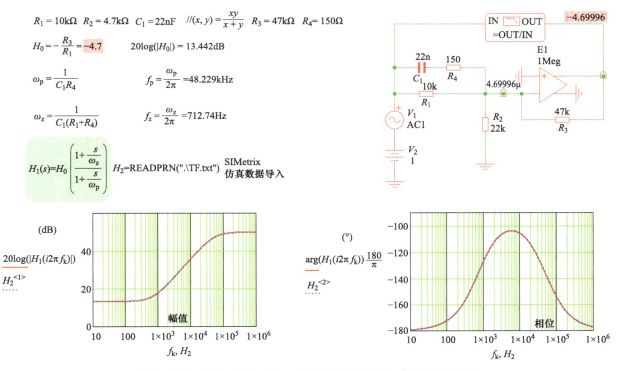

$R_1 = 10\text{k}\Omega \quad R_2 = 4.7\text{k}\Omega \quad C_1 = 22\text{nF} \quad //(x, y) = \dfrac{xy}{x+y} \quad R_3 = 47\text{k}\Omega \quad R_4 = 150\Omega$

$H_0 = -\dfrac{R_3}{R_1} = -4.7 \qquad 20\log(|H_0|) = 13.442\text{dB}$

$\omega_p = \dfrac{1}{C_1 R_4} \qquad f_p = \dfrac{\omega_p}{2\pi} = 48.229\text{kHz}$

$\omega_z = \dfrac{1}{C_1(R_1+R_4)} \qquad f_z = \dfrac{\omega_z}{2\pi} = 712.74\text{Hz}$

$H_1(s) = H_0 \left(\dfrac{1 + \dfrac{s}{\omega_z}}{1 + \dfrac{s}{\omega_p}} \right) \quad H_2 = \text{READPRN}(".\backslash\text{TF.txt}")$ 　SIMetrix 仿真数据导入

图5.40　响应现在包含一个极点，在高频时幅值响应曲线变得平坦了

一个简单的低通滤波器如图 5.41 所示。反馈电阻 R_2 在交流和直流情况下都起作用，在 $s = 0$ 时，R_1 设置增益，极点取决于 R_2，当 R_2 向无穷大增加时（R_2 从电路中移除）得到了一个经典积分器，其极点被设置在原点。图 5.42 证实了结果是正确的。

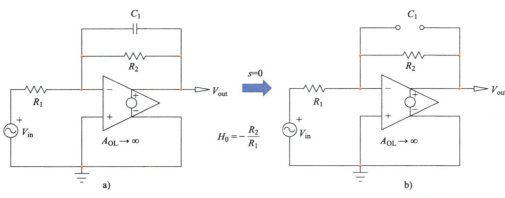

令V_{in}为0V，并查看C_1两端的电阻。考虑$V_{(-)}$虚地，R_1则可以从电路中移除。

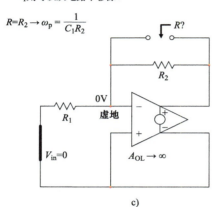

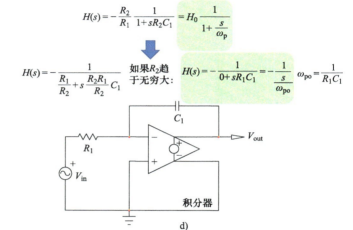

c)

d)

图5.41　一个简单的低通滤波器

$R_1 = 10\text{k}\Omega$ 　 $R_2 = 47\text{k}\Omega$ 　 $C_1 = 22\text{nF}$ 　 $//(x, y) = \dfrac{xy}{x + y}$

$H_0 = -\dfrac{R_2}{R_1} = -4.7$ 　　 $20\log(|H_0|) = 13.442\text{dB}$

$\omega_p = \dfrac{1}{C_1 R_2}$ 　　　 $f_p = \dfrac{\omega_p}{2\pi} = 0.154\text{kHz}$

$H_1(s) = H_0\left(\dfrac{1}{1 + \dfrac{s}{\omega_p}}\right)$ 　 $H_2 = \text{READPRN}(".\backslash\text{TF.txt})$ SIMetrix仿真数据导入

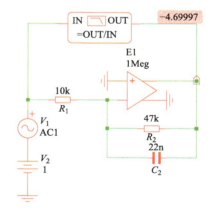

$20\log(|H_1(i2\pi f_k)|)$

$H_2^{<1>}$ · · · · ·

幅值

f_k, H_2

$\arg(H_1(i2\pi f_k))\dfrac{180}{\pi}$

$H_2^{<2>}$ · · · · ·

相位

f_k, H_2

图5.42　在此结构中，极点由R_2设置

还可以检查运算放大器开环增益 A_{OL} 对该积分器传递函数的影响。这就是我在图5.43 中提出的建议。在该电路中，由 R_1 和 R_2 构成的电阻分压器将设置调节后的电压，可以用作在非反相引脚处参考电压的补偿器。当 A_{OL} 是无限大时，下端电阻起作用，并设置 $s=0$ 时的直流增益如图5.44 所示。

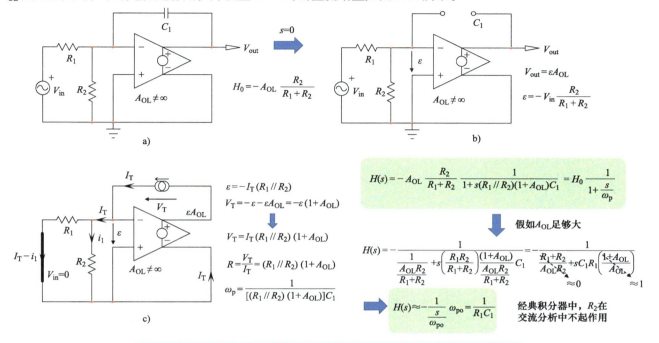

图5.43 理想运算放大器通常被认为开环增益无限大，看看它对传递函数的影响

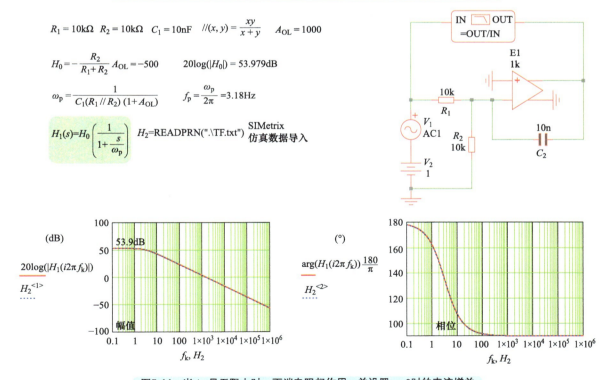

图5.44 当 A_{OL} 是无限大时，下端电阻起作用，并设置 $s=0$ 时的直流增益

在直流分析中，当 $s=0$ 时，运算放大器输出取决于开环增益 A_{OL}，但也取决于分压比。因为没有虚地，运算放大器开环工作，但需要考虑 R_2。最终的传递函数相当复杂，当 A_{OL} 接近无穷大时，可以简化为一个的完美积分器。

现在用 C_1 和 R_3 串联的反馈网络稍微重新排列图 5.45 中的元件。

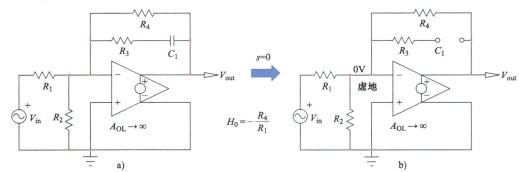

令 V_{in} 为 0V，并查看 C_1 两端的电阻。考虑 $V_{(-)}$ 虚地，R_2 则可以从电路中移除。

什么情况下激励可以传播但响应为零？如果 $Z_1(s)$ 变为一个变形的短路：

$$Z_1(s) = \frac{1}{sC_1} + R_3 = 0 \qquad s_z = -\frac{1}{R_3 C_1} \quad \text{所以} \quad \omega_z = \frac{1}{R_3 C_1}$$

$R = R_3 + R_4$

$$\rightarrow \omega_p = \frac{1}{C_1(R_3 + R_4)}$$

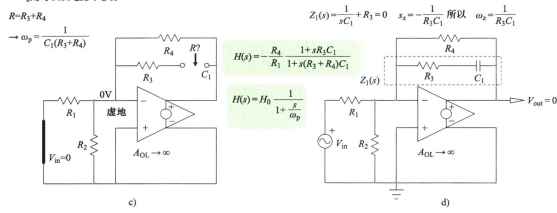

$$H(s) = -\frac{R_4}{R_1} \frac{1 + sR_3 C_1}{1 + s(R_3 + R_4)C_1}$$

$$H(s) = H_0 \frac{1}{1 + \dfrac{s}{\omega_p}}$$

图5.45　反馈网络由电阻与电容串联

$R_1 = 10\text{k}\Omega \quad R_2 = 10\text{k}\Omega \quad C_1 = 10\text{nF} \quad //(x, y) = \dfrac{xy}{x+y} \quad R_3 = 15\text{k}\Omega \quad R_4 = 470\text{k}\Omega$

$H_0 = -\dfrac{R_4}{R_1} = -47$ 　　　　　　　$20\log(|H_0|) = 33.442\text{dB}$

$\omega_p = \dfrac{1}{C_1(R_3 + R_4)}$ 　　　　$f_p = \dfrac{\omega_p}{2\pi} = 32.815\text{Hz}$

$\omega_z = \dfrac{1}{C_1 R_3}$ 　　　　　　$f_z = \dfrac{\omega_z}{2\pi} = 1.061 \times 10^3\text{Hz}$

$H_1(s) = H_0 \dfrac{\left(1 + \dfrac{s}{\omega_z}\right)}{1 + \dfrac{s}{\omega_p}}$ 　　$H_2 = \text{READPRN(".\backslash TF.txt")}$ SIMetrix 仿真数据导入

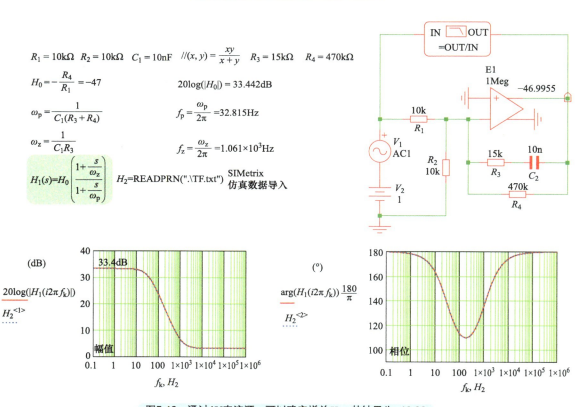

图5.46　通过1V直流源，可以确定增益 H_0，其结果为 −46.99

由于在直流分析中 R_4 虚地，所以下端电阻 R_2 被排除在传递函数之外。零点很容易通过观察识别出来（见图 5.46 ）。

现在将电阻放置在不同的位置，即使这种电路没有什么具体的功能，仍然可以通过分析掌握这些技能。几个公式告诉我们，直流增益为 1，剩下的只需要确定驱动 C_1 的电阻。同样，一组简单电阻组合表达式显示了不同的极点位置，如图 5.47 所示。

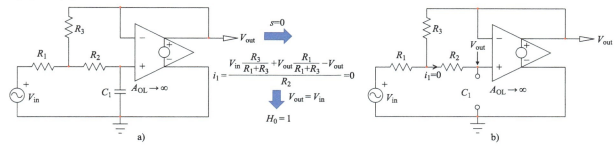

令 V_{in} 为 0V，并查看 C_1 两端的电阻，安装一个测试发生器 I_T，并求其两端的电压 V_T。

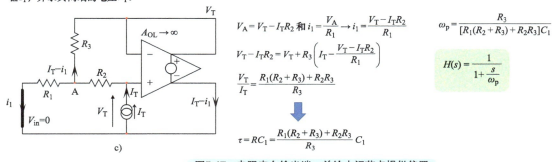

图5.47　电阻来自输出端，并给中间节点提供偏置

图 5.48 中的交流响应证实了表达式是正确的。

$R_1 = 10 \text{k}\Omega \quad R_2 = 15 \text{k}\Omega \quad C_1 = 22 \text{nF} \quad //(x, y) = \dfrac{xy}{x+y} \quad R_3 = 22 \text{k}\Omega$

$H_0 = 1 \qquad 20\log(|H_0|) = 0$

$\tau_1 = C_1 \left(\dfrac{R_1 R_2 + R_1 R_3 + R_2 R_3}{R_3} \right) = 7 \times 10^{-4} \text{s}$

$\omega_p = \dfrac{R_3}{C_1(R_1 R_2 + R_1 R_3 + R_2 R_3)} \qquad f_p = \dfrac{\omega_p}{2\pi} = 227.364 \text{Hz}$

$H_1(s) = H_0 \dfrac{1}{1 + \dfrac{s}{\omega_p}} \qquad H_2 = \text{READPRN(".\\TF.txt")}$

SIMetrix
仿真数据导入

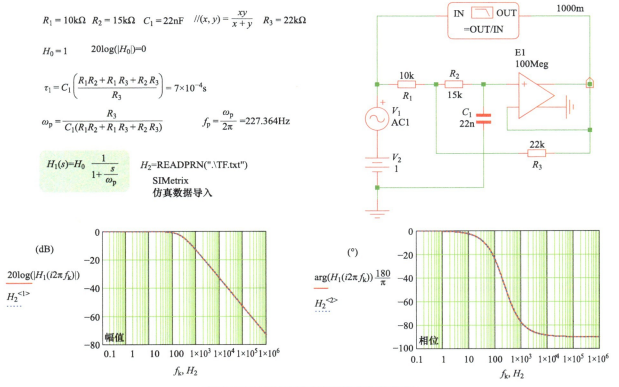

图5.48　一个经典的低通滤波器的交流响应

在图 5.49 的电路中，V_{in} 通过一个低通滤波器接到运算放大器的非反相引脚。该电路的直流增益为 1，可通过叠加定律快速确定。因为当 V_{in} 被置零时，极点也马上可以求得，仅 R_1 与电容并联。通过令 C_1 置于其高频状态，会得到一个响应，表明该电路有一个零点。在输出被置零之后，可以使用 NDI 来确定零点，但在我看来，应用广义传递函数更快。只需确定高频增益 H^1，三个电阻值就会得到一个负的零点。如果 R_2 等于 R_3，则极点和零点的幅值相等，但考虑到分子中的负根，这就是右半平面零点，会将相位滞后 $180°$，如图 5.50 所示。

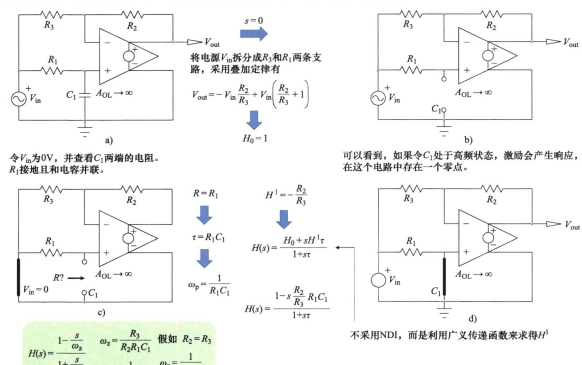

图5.49 这个电路是一个全通滤波器

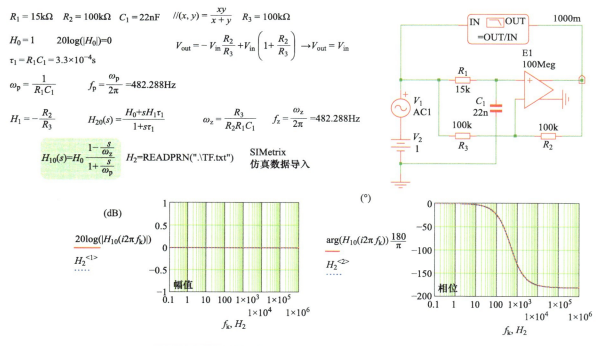

图5.50 当 $R_2 = R_3$ 时，极点和零点会抵消掉，但相位滞后增加

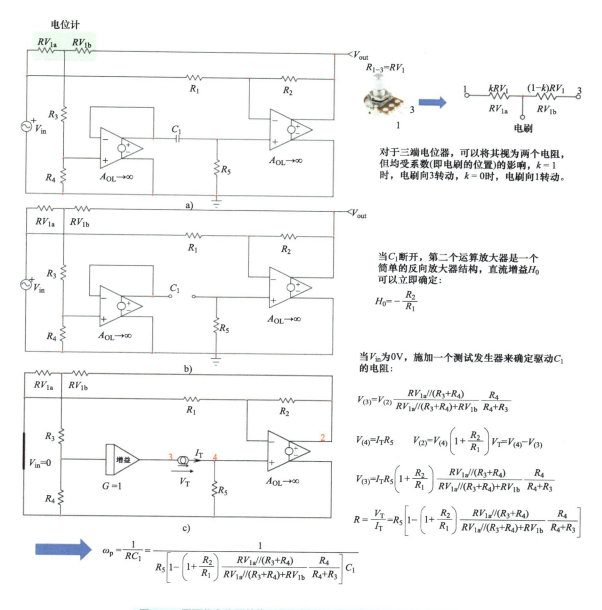

图5.51　需要将电位器转换为两个电阻，每个电阻都受系数k的影响

使用图 5.51 中的音频搁架式滤波器作为例子，这稍微增加了复杂度。左上角的电位计允许用户线性选择想要提升的音频频段。当电刷处于中间位置时，将看到交流响应在幅值和相位上是平坦的。当电刷向左或向右旋转时，响应变为低通或高通一阶滤波器的响应。首先用右上角的等效 2- 电阻代替电位计。

通常从直流增益开始，C_1 的缺失自然地将电路变成只含有 R_1 和 R_2 的经典反相器。确定驱动 C_1 的电阻需要施加一个测试电流发生器 I_T。几个公式将告诉我们电阻是如何组合在一起构成电路时间常数。在实际电路中，R_5 可以用可变电阻器代替，并提供了确定传递函数截止频率的另一种方法。为了确定零点，观察将不起作用，最好采用 NDI，如图 5.52 所示。这里，如果你考虑输出节点上的 0V 偏置，以及右侧运算放大器的反相和非反相引脚之间的相等电压，零点很容易得到。最后的传递函数显示了极点和零点的存在。Mathcad 计算表如图 5.53 所示，不同 k 值的交流响应如图 5.54 所示。

将激励信号带回到电路中，当输出为零时，求得V_T/I_T

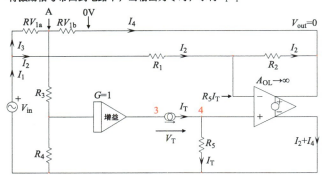

$$V_{(4)}=I_T R_5$$

$$V_{(A)}=V_{in}\frac{RV_{1b}//(R_3+R_4)}{RV_{1b}//(R_3+R_4)+RV_{1a}}$$

$$V_{(3)}=V_{in}\frac{RV_{1b}//(R_3+R_4)}{RV_{1b}//(R_3+R_4)+RV_{1a}}\frac{R_4}{R_4+R_3}$$

$$I_T R_5=R_2 I_2 \rightarrow I_2=I_T\frac{R_5}{R_2}$$

$$V_{in}=I_T R_5+R_1 I_2 \longrightarrow V_{in}=I_T\left(R_5+\frac{R_5}{R_2}R_1\right)$$

$$V_{(3)}=I_T\left(R_5+\frac{R_5}{R_2}R_1\right)\frac{RV_{1b}//(R_3+R_4)}{RV_{1b}//(R_3+R_4)+RV_{1a}}\frac{R_4}{R_4+R_3}$$

$$R=\frac{V_T}{I_T}=R_5-\left(R_5+\frac{R_5}{R_2}R_1\right)\frac{RV_{1b}//(R_3+R_4)}{RV_{1b}//(R_3+R_4)+RV_{1a}}\frac{R_4}{R_4+R_3}$$

$$\omega_z=\frac{1}{RC_1}=\frac{1}{\left[R_5-\left(R_5+\dfrac{R_5}{R_2}R_1\right)\dfrac{RV_{1b}//(R_3+R_4)}{RV_{1b}//(R_3+R_4)+RV_{1a}}\dfrac{R_4}{R_4+R_3}\right]C_1}$$

$$H(s)=-\frac{R_2}{R_1}\frac{1+s\left[R_5-\left(R_5+\dfrac{R_5}{R_2}R_1\right)\dfrac{RV_{1b}//(R_3+R_4)}{RV_{1b}//(R_3+R_4)+RV_{1a}}\dfrac{R_4}{R_4+R_3}\right]C_1}{1+sR_5\left[1-\left(1+\dfrac{R_2}{R_1}\right)\dfrac{RV_{1a}//(R_3+R_4)}{RV_{1a}//(R_3+R_4)+RV_{1b}}\dfrac{R_4}{R_4+R_3}\right]C_1}=H_0\frac{1+\dfrac{s}{\omega_z}}{1+\dfrac{s}{\omega_p}}$$

图5.52 将输出置零确定零点的位置

$R_1=22\text{k}\Omega$　　$R_2=22\text{k}\Omega$　$R_3=7.5\text{k}\Omega$　$R_4=5.6\text{k}\Omega$　$k=0.7$　$RV_1=10\text{k}\Omega$

$RV_{1a}=kRV_1=7\text{k}\Omega$　　$RV_{1b}=(1-k)RV_1=3\text{k}\Omega$　$//(x,y)=\dfrac{xy}{x+y}$　$C_1=10\text{nF}$

$R_5=100\text{k}\Omega$

$H_0=-\dfrac{R_2}{R_1}$　$20\log(|H_0|)=0\text{dB}$

—— 极点的判定 ——

$$V_3=V_2\frac{RV_{1a}//(R_3+R_4)}{RV_{1a}//(R_3+R_4)+RV_{1b}}\frac{R_4}{R_4+R_3}$$

$$V_4=I_T RV_2$$

$$V_2=V_4\left(1+\frac{R_2}{R_1}\right)$$

$$V_3=I_T RV_2\left(1+\frac{R_2}{R_1}\right)\left[\frac{RV_{1a}//(R_3+R_4)}{RV_{1a}//(R_3+R_4)+RV_{1b}}\frac{R_4}{R_4+R_3}\right]$$

$$V_T=V_4-V_3$$

$$I_T RV_2\left[1-\left(1+\frac{R_2}{R_1}\right)\left[\frac{RV_{1a}//(R_3+R_4)}{RV_{1a}//(R_3+R_4)+RV_{1b}}\frac{R_4}{R_4+R_3}\right]\right]$$

$$R_{tau1}=R_5\left[1-\left(1+\frac{R_2}{R_1}\right)\left[\frac{RV_{1a}//(R_3+R_4)}{RV_{1a}//(R_3+R_4)+RV_{1b}}\frac{R_4}{R_4+R_3}\right]\right]=48.42105\text{k}\Omega$$

$$\tau_1=C_1\left[R_5\left[1-\left(1+\frac{R_2}{R_1}\right)\left[\frac{RV_{1a}//(R_3+R_4)}{RV_{1a}//(R_3+R_4)+RV_{1b}}\frac{R_4}{R_4+R_3}\right]\right]\right]=484.21053\mu\text{s}$$

$$\omega_p=\frac{1}{\tau_1}\qquad f_p=\frac{\omega_p}{2\pi}=328.68956\text{Hz}$$

$$H_1(s)=H_0\frac{1+\dfrac{s}{\omega_z}}{1+\dfrac{s}{\omega_p}}\quad H_2=\text{READPRN}("\ .\backslash \text{TF.txt}")$$

SIMetrix仿真数据导入

—— 零点的判定 ——

$$V_4=I_T R_5$$

$$V_A=V_1\frac{RV_{1b}//(R_3+R_4)}{RV_{1b}//(R_3+R_4)+RV_{1a}}$$

$$V_3=V_1\frac{RV_{1b}//(R_3+R_4)}{RV_{1b}//(R_3+R_4)+RV_{1a}}\frac{R_4}{R_4+R_3}$$

$$V_1=I_T\left(R_5+\frac{R_5}{R_2}R_1\right)$$

$$V_3=\left[I_T\left(R_5+\frac{R_5}{R_2}R_1\right)\right]\frac{RV_{1b}//(R_3+R_4)}{RV_{1b}//(R_3+R_4)+RV_{1a}}\frac{R_4}{R_4+R_3}$$

$$R_{tau2}=R_5-\left(R_5+\frac{R_5}{R_2}R_1\right)\frac{RV_{1b}//(R_3+R_4)}{RV_{1b}//(R_3+R_4)+RV_{1a}}\frac{R_4}{R_4+R_3}=77.89474\text{k}\Omega$$

$$\tau_2=C_1 R_5\left[1-\left(1+\frac{R_1}{R_2}\right)\frac{RV_{1b}//(R_3+R_4)}{RV_{1b}//(R_3+R_4)+RV_{1a}}\frac{R_4}{R_4+R_3}\right]=778.94737\mu\text{s}$$

$$\omega_z=\frac{1}{\tau_2}\qquad f_z=\frac{\omega_z}{2\pi}=204.32054\text{Hz}$$

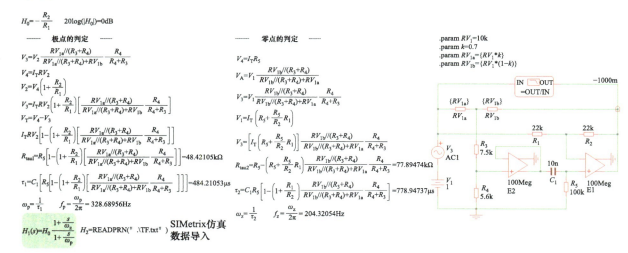

图5.53 传递函数含有一个极点和一个零点，其位置取决于电位计

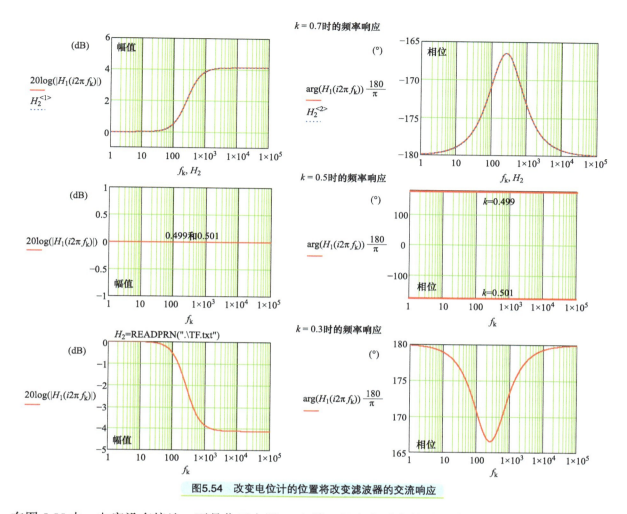

图5.54　改变电位计的位置将改变滤波器的交流响应

在图 5.55 中，电容没有接地，而是位于电阻 R_3 上端。极点和零点的时间常数分别通过将 V_{in} 置零然后将 V_{out} 置零而快速得到。

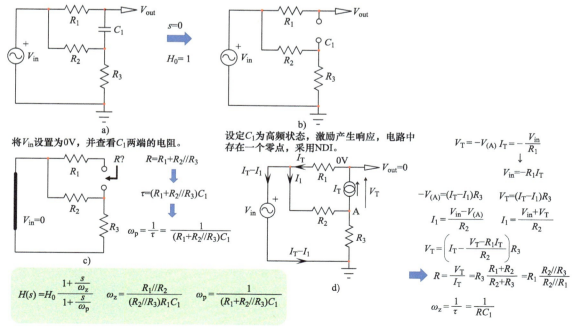

图5.55　电容连接在电阻 R_3 上端

交流响应如图 5.56 所示，并证实了我们的分析。

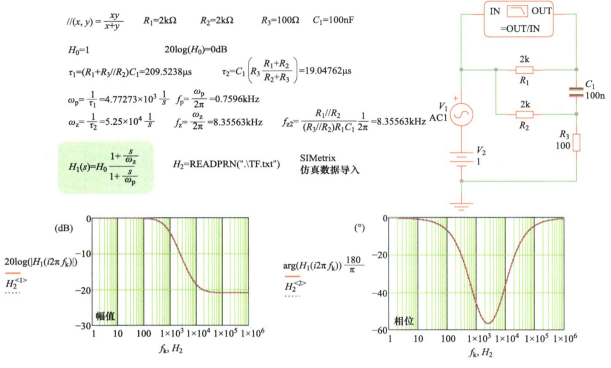

$//(x, y) = \dfrac{xy}{x+y}$ $R_1=2k\Omega$ $R_2=2k\Omega$ $R_3=100\Omega$ $C_1=100nF$

$H_0=1$ $20\log(H_0)=0dB$

$\tau_1=(R_1+R_3//R_2)C_1=209.5238\mu s$ $\tau_2=C_1\left(R_3\dfrac{R_1+R_2}{R_2+R_3}\right)=19.04762\mu s$

$\omega_p=\dfrac{1}{\tau_1}=4.77273\times10^3\,\dfrac{1}{s}$ $f_p=\dfrac{\omega_p}{2\pi}=0.7596kHz$

$\omega_z=\dfrac{1}{\tau_2}=5.25\times10^4\,\dfrac{1}{s}$ $f_z=\dfrac{\omega_z}{2\pi}=8.35563kHz$ $f_{z2}=\dfrac{R_1//R_2}{(R_3//R_2)R_1C_1}\dfrac{1}{2\pi}=8.35563kHz$

$H_1(s)=H_0\dfrac{1+\dfrac{s}{\omega_z}}{1+\dfrac{s}{\omega_p}}$ $H_2=READPRN(".\TF.txt")$ SIMetrix 仿真数据导入

图5.56 交流响应为经典一阶电路的响应

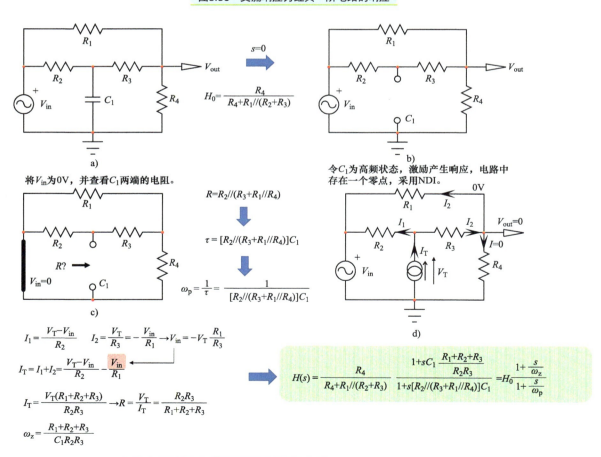

将 V_{in} 为0V，并查看 C_1 两端的电阻。

$R=R_2//(R_3+R_1//R_4)$

$\tau=[R_2//(R_3+R_1//R_4)]C_1$

$\omega_p=\dfrac{1}{\tau}=\dfrac{1}{[R_2//(R_3+R_1//R_4)]C_1}$

令 C_1 为高频状态，激励产生响应，电路中存在一个零点，采用NDI。

$I_1=\dfrac{V_T-V_{in}}{R_2}$ $I_2=\dfrac{V_T}{R_3}=-\dfrac{V_{in}}{R_1}\to V_{in}=-V_T\dfrac{R_1}{R_3}$

$I_T=I_1+I_2=\dfrac{V_T-V_{in}}{R_2}-\dfrac{V_{in}}{R_1}$

$I_T=\dfrac{V_T(R_1+R_2+R_3)}{R_2R_3}\to R=\dfrac{V_T}{I_T}=\dfrac{R_2R_3}{R_1+R_2+R_3}$

$\omega_z=\dfrac{R_1+R_2+R_3}{C_1R_2R_3}$

$H(s)=\dfrac{R_4}{R_4+R_1//(R_2+R_3)}\dfrac{1+sC_1\dfrac{R_1+R_2+R_3}{R_2R_3}}{1+s[R_2//(R_3+R_1//R_4)]C_1}=H_0\dfrac{1+\dfrac{s}{\omega_z}}{1+\dfrac{s}{\omega_p}}$

图5.57 电容现在位于电路网络的中间，在输入到输出之间有一个电阻

在图 5.57 中，电容现在位于电路网络的中间。观察可以快速地告诉你直流增益大小以及极点的位置。同样，可以看到 FACTs 在不写一行代数的情况下很快就能找到答案。对于零点，需要应用 NDI，它需要几个简单的公式来确定相关的时间常数。也可以采用广义传递函数，并确定当 C_1 在其高频状态时的增益是多少。这种方法不需要利用 NDI，但会得到更复杂的表达式。这就是图 5.58 中所示的情况，在图中你可以看到两个零点被放置在完全相同的位置，但 NDI 清楚地给出了最简单的答案。

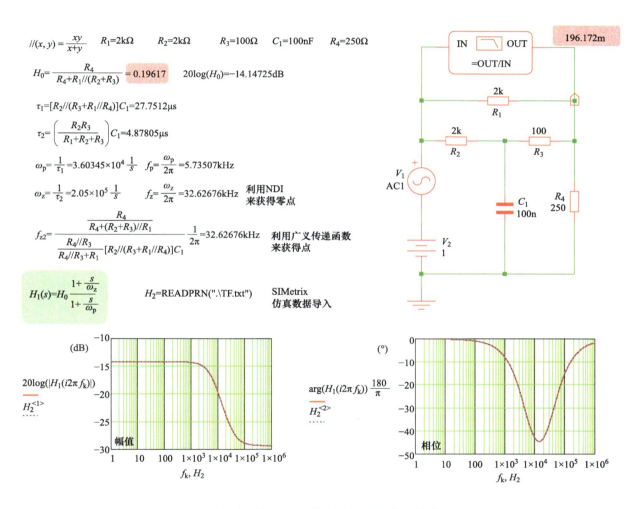

$$//(x,y)=\frac{xy}{x+y} \qquad R_1=2k\Omega \qquad R_2=2k\Omega \qquad R_3=100\Omega \qquad C_1=100nF \qquad R_4=250\Omega$$

$$H_0=\frac{R_4}{R_4+R_1//(R_2+R_3)}=0.19617 \qquad 20log(H_0)=-14.14725dB$$

$$\tau_1=[R_2//(R_3+R_1//R_4)]C_1=27.7512\mu s$$

$$\tau_2=\left(\frac{R_2R_3}{R_1+R_2+R_3}\right)C_1=4.87805\mu s$$

$$\omega_p=\frac{1}{\tau_1}=3.60345\times10^4\ \frac{1}{s} \qquad f_p=\frac{\omega_p}{2\pi}=5.73507kHz$$

$$\omega_z=\frac{1}{\tau_2}=2.05\times10^5\ \frac{1}{s} \qquad f_z=\frac{\omega_z}{2\pi}=32.62676kHz \qquad \text{利用 NDI 来获得零点}$$

$$f_{z2}=\frac{\dfrac{R_4}{R_4+(R_2+R_3)//R_1}}{\dfrac{R_4//R_3}{R_4//R_3+R_1}[R_2//(R_3+R_1//R_4)]C_1}\frac{1}{2\pi}=32.62676kHz \qquad \text{利用广义传递函数来获得点}$$

$$H_1(s)=H_0\frac{1+\dfrac{s}{\omega_z}}{1+\dfrac{s}{\omega_p}} \qquad H_2=\text{READPRN(".\TF.txt")} \qquad \text{SIMetrix 仿真数据导入}$$

图5.58 交流响应显示存在一个极点和一个零点

现在回到图 5.59 中的运算放大器，但稍微复杂了点，将输出反馈到反相输入端。直流传递函数 H_0 是使用叠加定律获得的，当然其他方法也可以的。这里的想法是确定非反相引脚的电压，考虑到虚地，电压最终等于 0V。为了确定极点，施加了一个测试电流发生器 I_T，并求解了几个公式以获得时间常数。通过确定 R_5-C_1 形成的变形短路，使输出为零，立即确定零点。一旦组装好传递函数，就可以根据 SIMetrix 仿真测试其响应，如图 5.60 所示。

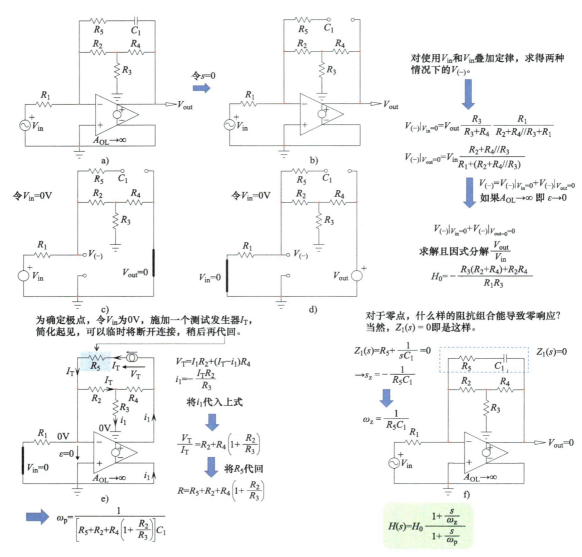

图5.59　确定极点和零点的速度非常快

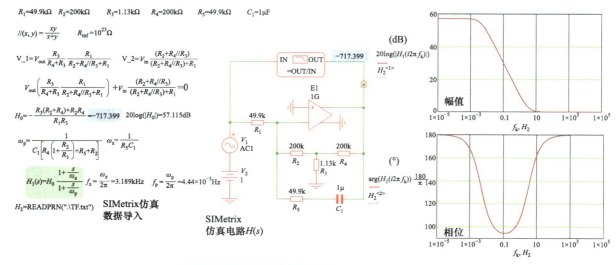

图5.60　SIMetrix仿真与Mathcad计算的响应完全匹配

在图 5.61 中，简化了电路，并用电容代替了 R_3。在移除 C_1 的情况下，直流增益的确定是很容易的。要确定驱动该电容的电阻 R，可以首先考虑非无限大的开环增益。在这种情况下，可以确定反相引脚的电压，并继续进行，直到得到 R。

如果在考虑无限大增益时仔细观察，观察也会起作用：

- A_{OL} 无限大，有 $\varepsilon = 0$

- $i_{R_1} = i_{R_2} = 0 \rightarrow V_T = \varepsilon = 0$

- $R = V_T/I_T = 0/I_T = 0$

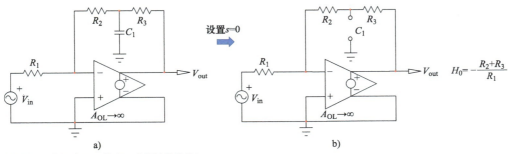

求解极点，令 V_{in} 为 0V，施加一个测试发生器 I_T，在此情况中，阻抗是零，极点是无限大。

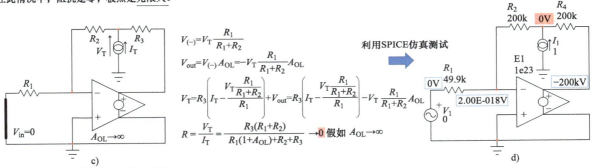

令 C_1 为高频状态，激励产生响应，电路中存在一个零点，采用NDI法。

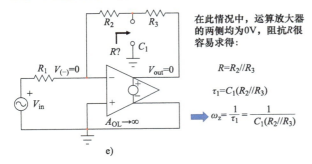

在此情况中，运算放大器的两侧均为 0V，阻抗 R 很容易求得：

$$R = R_2 // R_3$$

$$\tau_1 = C_1(R_2 // R_3)$$

$$\omega_z = \frac{1}{\tau_1} = \frac{1}{C_1(R_2 // R_3)}$$

$$H(s) = -\frac{R_2 + R_3}{R_1}[1 + sC_1(R_2 // R_3)] = H_0\left(1 + \frac{s}{\omega_z}\right)$$

图5.61　确定极点需要几行代数式，但在我看来并不算太复杂

当运算放大器的开环增益 A_{OL} 接近无穷大时，该电阻短路。右侧的 SPICE 仿真很快证实了这一点。电阻为零意味着时间常数也为零，极点是一个无穷大的值：这个电路没有极点。零点是通过观察 NDI 来确定的，考虑到输出为零，驱动电容的电阻是 R_2 和 R_3 并联。现在一切就绪，我们可以测试图 5.62 中的频率响应。

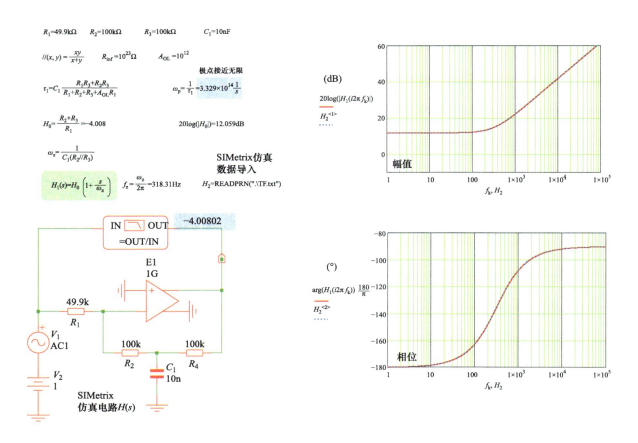

R_1=49.9kΩ R_2=100kΩ R_3=100kΩ C_1=10nF

$//(x,y)=\dfrac{xy}{x+y}$ $R_{\text{inf}}=10^{23}\Omega$ $A_{OL}=10^{12}$

极点接近无限

$\tau_1=C_1\dfrac{R_1R_3+R_2R_3}{R_1+R_2+R_3+A_{OL}R_1}$ $\omega_p=\dfrac{1}{\tau_1}=3.329\times10^{14}\dfrac{1}{s}$

$H_0=\dfrac{R_2+R_3}{R_1}=-4.008$ $20\log(|H_0|)=12.059\text{dB}$

$\omega_z=\dfrac{1}{C_1(R_2//R_3)}$ SIMetrix仿真
数据导入

$H_1(s)=H_0\left(1+\dfrac{s}{\omega_z}\right)$ $f_z=\dfrac{\omega_z}{2\pi}=318.31\text{Hz}$ H_2=READPRN(".\TF.txt")

图5.62 来自SIMetrix仿真和Mathcad计算的交流响应证实了不存在极点

　　图5.63中的电路可在 ×10示波器探头中找到，在该电路中，希望在不影响交流响应的情况下，以固定比例（本例中为10：1）对信号进行衰减。换句话说，想要的是没有相位失真的平坦幅值。系统中有两个电容，这看起来像是一个二阶系统，然而，当将激励源置零时，这两个电容并联，虽然有两个储能元件，这是一种退化的情况，所以仍然是一阶网络。从那里开始，其余的分析都是经典的，零点通过观察找到。

　　最终得到了一个含有零点和极点的传递函数，首项代表着衰减。为了进行探头补偿，极点和零点必须重合，这意味着交流响应的大小和相位变得平坦（极点和零点相互抵消）。当用一个小微调器校准探头时，通常会这样做，这样施加的 1kHz方波就可以完美地通过，边沿不会失真。如果零点和极点不重合，就会发生失真，就像零点出现在极点之前（微分器）或极点出现在零点之前（积分器）一样。在这个练习中，可以确定电容 C_2 的值，这将使得极点和零点完美抵消。当两个时间常数相等时求解 C_2，得到 198pF 的电容。图5.64 中给出了故意错位放置极点和零点的交流响应。

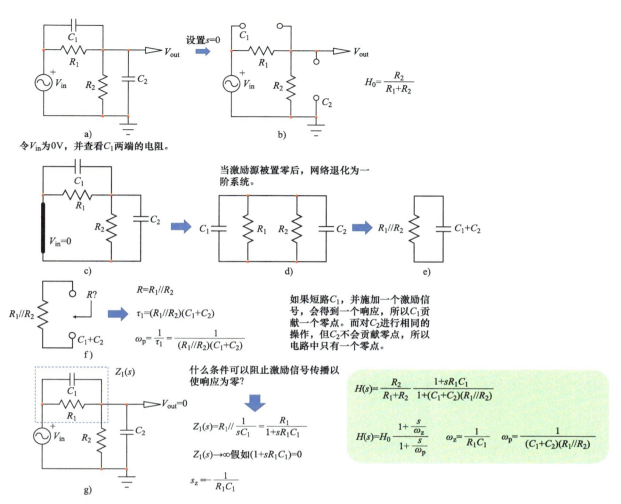

令 V_{in} 为 0V，并查看 C_1 两端的电阻。

当激励源被置零后，网络退化为一阶系统。

如果短路 C_1，并施加一个激励信号，会得到一个响应，所以 C_1 贡献一个零点。而对 C_2 进行相同的操作，但 C_2 不会贡献零点，所以电路中只有一个零点。

什么条件可以阻止激励信号传播以使响应为零？

$Z_1(s) = R_1 // \dfrac{1}{sC_1} = \dfrac{R_1}{1+sR_1C_1}$

$Z_1(s) \to \infty$ 假如 $(1+sR_1C_1)=0$

$s_z = -\dfrac{1}{R_1C_1}$

$H(s) = \dfrac{R_2}{R_1+R_2} \dfrac{1+sR_1C_1}{1+(C_1+C_2)(R_1//R_2)}$

$H(s) = H_0 \dfrac{1+\dfrac{s}{\omega_z}}{1+\dfrac{s}{\omega_p}}$ $\omega_z = \dfrac{1}{R_1C_1}$ $\omega_p = \dfrac{1}{(C_1+C_2)(R_1//R_2)}$

图5.63   尽管有两个电容，但该探头补偿网络仍是一阶网络

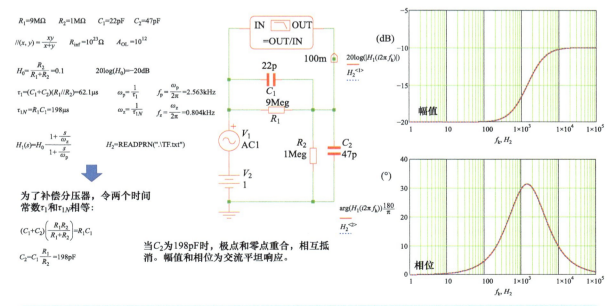

$R_1=9M\Omega$ $R_2=1M\Omega$ $C_1=22pF$ $C_2=47pF$

$//(x,y)=\dfrac{xy}{x+y}$ $R_{inf}=10^{23}\Omega$ $A_{OL}=10^{12}$

$H_0=\dfrac{R_2}{R_1+R_2}=0.1$ $20\log(H_0)=-20dB$

$\tau_1=(C_1+C_2)(R_1//R_2)=62.1\mu s$ $\omega_p=\dfrac{1}{\tau_1}$ $f_p=\dfrac{\omega_p}{2\pi}=2.563kHz$

$\tau_{1N}=R_1C_1=198\mu s$ $\omega_z=\dfrac{1}{\tau_{1N}}$ $f_z=\dfrac{\omega_z}{2\pi}=0.804kHz$

$H_1(s)=H_0\dfrac{1+\dfrac{s}{\omega_z}}{1+\dfrac{s}{\omega_p}}$ $H_2=\text{READPRN(".\TF.txt")}$

为了补偿分压器，令两个时间常数 τ_1 和 τ_{1N} 相等：

$(C_1+C_2)\left(\dfrac{R_1R_2}{R_1+R_2}\right)=R_1C_1$

$C_2=C_1\dfrac{R_1}{R_2}=198pF$

当 C_2 为 198pF 时，极点和零点重合，相互抵消。幅值和相位为交流平坦响应。

图5.64   两个电容并联，这是一个退化的情况，尽管有两个储能元件，但阶次减少到一阶，在这里，零点出现在极点之前

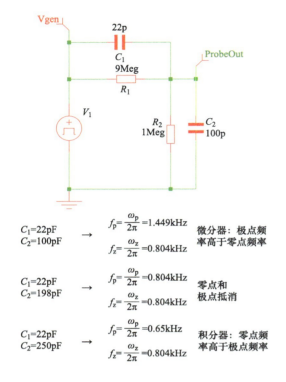

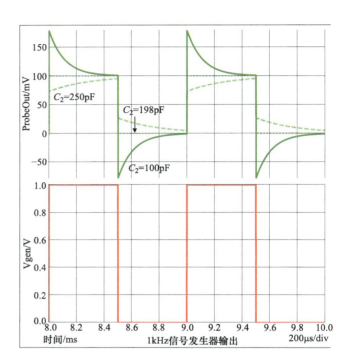

$C_1=22\text{pF}$
$C_2=100\text{pF}$ → $f_p=\dfrac{\omega_p}{2\pi}=1.449\text{kHz}$，$f_z=\dfrac{\omega_z}{2\pi}=0.804\text{kHz}$　微分器：极点频率高于零点频率

$C_1=22\text{pF}$
$C_2=198\text{pF}$ → $f_p=\dfrac{\omega_p}{2\pi}=0.804\text{kHz}$，$f_z=\dfrac{\omega_z}{2\pi}=0.804\text{kHz}$　零点和极点抵消

$C_1=22\text{pF}$
$C_2=250\text{pF}$ → $f_p=\dfrac{\omega_p}{2\pi}=0.65\text{kHz}$，$f_z=\dfrac{\omega_z}{2\pi}=0.804\text{kHz}$　积分器：零点频率高于极点频率

图5.65　三个不同 C_2 电容值的瞬态响应

在图 5.65 中，添加了一个 1V 的 1kHz 方波发生器，它位于示波器前面板上，用于校准 10∶1 的探头。目标是微调电容 C_2，以便极点和零点进行中和抵消，以提供完美的平坦响应。否则，示波器上观察到的信号将会失真，并根据 C_2 的值显示积分或微分效应。正如中间的虚线所证实的那样，198pF 的电容完成了预期的工作。

现在来看看图 5.66 中绘制的一阶回转器（有源带通滤波器），这里的目的是用一个围绕运算放大器和电容构建的有源电路来模拟电感。当确定阻抗时，激励源是电流源 I_T，而响应两端采集的电压 V_T。考虑到运算放大器两个输入端为 0V，直流输入电阻是通过观察获得的。然后，关闭激励源，即电流源开路，确定该情况下的电阻 R。同样，一组简单的公式可以找到答案，但考虑到运算放大器的两个输入电位相同，观察同样也起作用。

零点通过使响应 V_T 为零可立即确定。电流源上的 0V 表示退化情况，可以用导线代替它。在这种情况下，电容端子提供的电阻仅为 R_2。现在，可以组合传递函数，并根据图 5.67 中的 SIMetrix 仿真图验证其完整性。正如你所看到的，幅值和相位响应是完美重合的。

现在有趣的是确定这个回转器的近似无源等效电路。通过观察图 5.67 中的幅值图，我们可以看到直流段的平坦曲线，这是一个电阻部分。然后幅值随着频率的增加而增加，这表现出电感行为。最后，在某个频率值以上，阻抗再次变为电阻。我们如何对这种频率响应进行建模？图 5.68 显示了在幅值和相位上表现出相同的电路网络。如果考虑 R_1 比 R_2 小得多，例如在例子中分别为 10Ω 和 22kΩ，那么可以将回转器输入阻抗表达式的时间常数与绘制的 RL 网络的时间常数相匹配。在这种情况下，模拟电感简单地为 $L_{eq}=R_1R_2C_1$，其电阻分量为等效串联电阻 R_1（ESR，图中的 r_L）和高频分量的 R_2。当用无源元件绘制此模拟网络的响应时，所有曲线都会很好地重合。

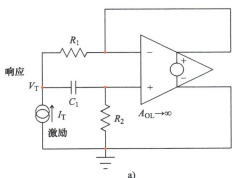

设置 $s=0$

$R_0=R_1$

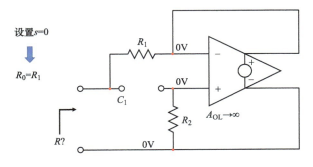

a)

令 I_{in} 为0A，并查看 C_1 两端的连接。两个运算放大器输入电位相等。

b)

通过将响应零来求得零点。响应 V_T 是电流源两端上的电压。如果响应为零，则是一种退化情况，发生器可以由短路代替：

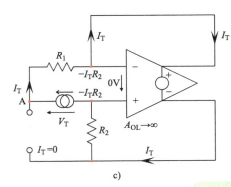

$V_{(A)}=I_T R_1-I_T R_2$

$V_{(+)}=-I_T R_2$

$V_T=V_{(A)}-V_{(+)}=I_T R_1$

$R=\dfrac{V_T}{I_T}=R_1$

$\tau_1=R_1 C_1$

$\omega_p=\dfrac{1}{\tau_1}=\dfrac{1}{R_1 C_1}$

c)

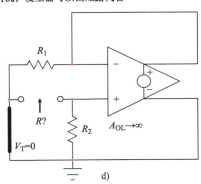

d)

$R=R_2$

$\tau_{1N}=R_2 C_1$

$\omega_z=\dfrac{1}{\tau_{1N}}=\dfrac{1}{R_2 C_1}$

$$Z_{in}(s)=R_1\dfrac{1+sR_2C_1}{1+sR_1C_1}=R_0\dfrac{1+\dfrac{s}{\omega_z}}{1+\dfrac{s}{\omega_p}}$$

图5.66 一个回转器：利用一个运算放大器、一个电容和两个电阻来模拟电感

$R_1=10\Omega$ $R_2=22k\Omega$ $C_1=100nF$

$//(x,y)=\dfrac{xy}{x+y}$ $R_{inf}=10^{23}\Omega$ $A_{OL}=10^{12}$

$R_0=R_1=10\Omega$ $20\log\left(\dfrac{R_0}{\Omega}\right)=20\,dBoms$ **直流阻抗**

$\tau_1=C_1R_1=1\mu s$ $\omega_p=\dfrac{1}{\tau_1}=1\times10^6\dfrac{1}{s}$ $f_p=\dfrac{\omega_p}{2\pi}=159.155kHz$

$\tau_{1N}=R_2C_1=2.2ms$ $\omega_z=\dfrac{1}{\tau_{1N}}=454.545\dfrac{1}{s}$ $f_z=\dfrac{\omega_z}{2\pi}=72.343Hz$

$R_{HF}=R_0\dfrac{\omega_p}{\omega_z}=22k\Omega$ $20\log\left(\dfrac{R_{HF}}{\Omega}\right)=86.848dBohms$ **高频阻抗**

$Z_{in}(s)=R_0\dfrac{1+\dfrac{s}{\omega_z}}{1+\dfrac{s}{\omega_p}}$ $Z_{in2}(s)=R_{HF}\dfrac{1+\dfrac{\omega_z}{s}}{1+\dfrac{\omega_p}{s}}$ $H_2=$READPRN(" .\TF.txt ")

SIMetrix
仿真数据导入

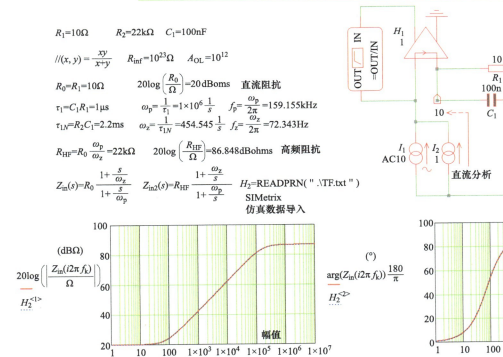

图5.67 传输函数表现为在低频段是直流，然后阻抗随着频率增加而增加，高频部分又表现为一个平坦的电阻

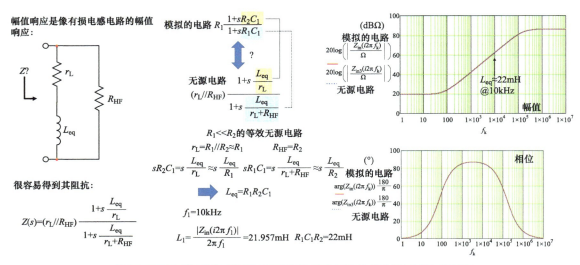

图5.68 可以计算出等效RL网络，其阻抗与有源网络的阻抗吻合得非常好

图 5.69 是一个双极性晶体管的电路，我们想要得到关联输入电流 I_i 和集电极电流 I_c 的传递函数。双极性晶

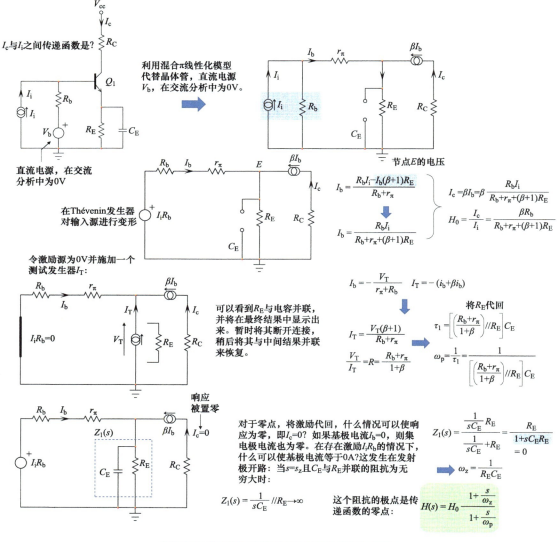

图5.69 求得输入电流到集电极电流的传递函数

体管是一种非线性元件，必须用所谓的混合 π 模型来代替它。基极电阻 R_b 在分析中保持不变，直流电源 V_b 被导线代替，因为它在交流中为 0V（V_{cc} 电压也是如此，在交流分析中为 0V）。为了方便起见，将并联的 R_b 和输入激励 I_i 采用 Thévenin 进行等效。使用此新电路，在直流分析中断开电容，并确定增益 H_0。

对于极点，将 Thévenin 电压源设置为 0V，并在电容 C_E 的连接端子上安装测试发电器 I_T。在几个简单的公式之后，极点就很容易得到了。对于零点，我们将采用 NDI，但这次只是在我们的头脑中进行。激励代回，并考虑响应为零的电路，例如 $I_c = 0$。什么能使这个集电极电流达到 0A？那就是基极电流 I_b 为零。考虑激励源的存在，那么什么可以使得基极电流为零呢？发射极开路，意味着当 $s = s_z$ 时，由 C_E 与 R_E 并联的阻抗接近无穷大。求解发生这种情况的条件，即为零点。我们测试了完整的传递函数，并将结果与图 5.70 中的 SIMetrix 仿真进行了比较，它们完全相同。

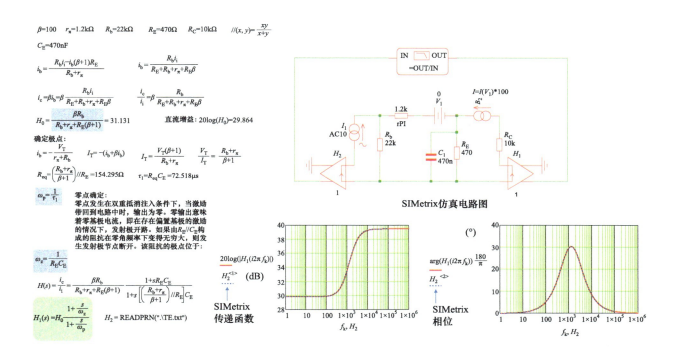

图5.70　SIMetrix仿真的等效线性电路得到的响应曲线与表达式的结果相同

5.3　传递函数的图表

为了方便浏览所推导的传递函数，下面汇总了本章研究的电路网络，如图 5.71 和图 5.72 所示。

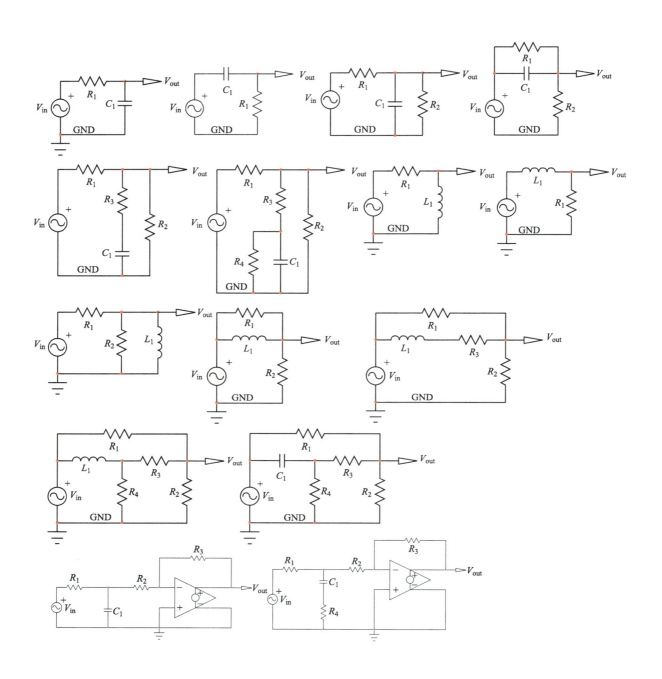

图5.71 本章研究的第一组一阶传递函数电路网络

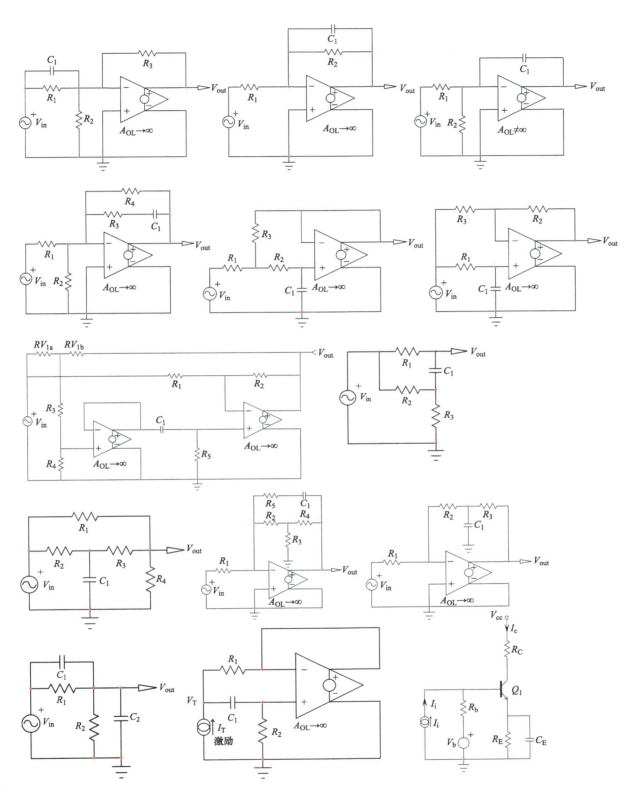

图5.72　本章研究的第二组一阶传递函数电路网络

第6章

二阶电路的传递函数

在本章中将确定含有两个储能元件电路网络的传递函数。原理保持不变，找到具有零激励的时间常数来识别极点，并通过使输出为零或借助于广义传递函数来找到零点。我们在本章开始时简要总结一下这项技术。

6.1　二阶系统的零激励和双重抵消注入

二阶传递函数的分母遵循以下表达式：

$$D(s) = 1 + b_1 s + b_2 s^2 \tag{6.1}$$

b_1 是通过将与每个储能元件 τ_1 和 τ_2 相关的时间常数相加得到的：

$$b_1 = \tau_1 + \tau_2 \tag{6.2}$$

在练习中，激励源被置零，第二个储能元件处于直流状态，确定驱动第一个储能元件的电阻 R（电容开路，电感短路）。然后，通过令第一个储能元件处于直流状态，找到驱动第二个储能元件的电阻 R。有了时间常数，你就可以确定 b_1。

第二项 b_2 的定义为

$$b_2 = \tau_1 \tau_2^1 \tag{6.3}$$

同样也等于

$$b_2 = \tau_2 \tau_1^2 \tag{6.4}$$

在这种方法中，你可以重复使用两个时间常数 τ_1 或 τ_2 中的一个，并将其乘以另一个时间常数，确定方法如下：

- τ_2^1 表示标记为 1 的储能元件处于高频状态（电容短路或电感开路），并在此情况下确定驱动储能元件 2 的电阻 R。然后你重复使用第一个时间常数 τ_1 来组合形成 b_2。
- 1 表示标记为 2 的储能元件处于高频状态，并在此情况下确定驱动储能元件 1 的电阻 R。然后重复使用第二个时间常数 τ_2 来组合形成 b_2。

到底是选择式（6.3）还是式（6.4），这取决于电路的结构。可以看到，有时一个表达式给出的结果不是那么明显（或导致不确定性），而另一个表达式的结构更简单。最后，两个表达式给出了相同的结果，但应该选择最简单的形式。

二阶传递函数的分子将遵循以下表达式：

$$N(s) = 1 + a_1 s + a_2 s^2 \tag{6.5}$$

a_1 通过对与储能元件相关联的时间常数 τ_{1N} 和 τ_{2N} 求和来确定，它们是通过双重抵消注入或 NDI 获得的：

$$a_1 = \tau_{1N} + \tau_{2N} \tag{6.6}$$

当第二个储能元件处于直流状态（电容开路，电感短路）时，响应被置零，可以确定由第一个储能元件的连接端子提供的电阻 R。然后，通过找到驱动第二个储能元件的电阻 R 来重复这个过程，第一个储能元件现在处于直流状态且响应被置零。利用时间常数可以确定 a_1。这种 NDI 技术需要安装一个测试发生器 I_T，并将其和前面章节中记录的原始激励一起代回到电路中。

第二项 a_2 的定义为

$$a_2 = \tau_{1N}\tau_{2N}^1 \tag{6.7}$$

同样也等于

$$a_2 = \tau_{2N}\tau_{1N}^2 \tag{6.8}$$

在这种方法中，可以重复使用确定 a_1、τ_{1N} 或 τ_{2N} 两个时间常数中的一个，并将其乘以另一个时间常数，确定方法如下：

- τ_{2N}^1 表示标记为 1 的储能元件处于高频状态（电容短路或电感开路），并确定驱动储能元件 2 的电阻 R，同时确保 NDI 结构中的输出为零。然后根据式（6.7）通过重复利用第一个时间常数 τ_{1N} 来组合形成 a_2。
- τ_{1N}^2 表示标记为 2 的储能元件处于高频状态，并确定驱动储能元件 1 的电阻 R，同时确保 NDI 结构中的输出为零。然后根据式（6.8）通过重复利用第一个时间常数 τ_{2N} 来组合形成 a_2。

当然，当观察起作用时，可以将电路中的零点可视化表达出来，分子就会立即得到，这能够节省大量的时间。

一旦得到了分子和分母，在确定 H_0 后可以写出传递函数，$s = 0$ 时的增益为

$$H(s) = H_0\frac{N(s)}{D(s)} = H_0\frac{1 + a_1 s + a_2 s^2}{1 + b_1 s + b_2 s^2} \tag{6.9}$$

有了这个表达式，你可以比较方便地进行因子分解，得到标准化的二阶多项式形式：

$$H(s) = H_0\frac{1 + \dfrac{s}{\omega_{0N}Q_N} + \left(\dfrac{s}{\omega_{0N}}\right)^2}{1 + \dfrac{s}{\omega_{0D}Q_D} + \left(\dfrac{s}{\omega_{0D}}\right)^2} = H_0\frac{1 + s\dfrac{2\zeta_N}{\omega_{0N}} + \left(\dfrac{s}{\omega_{0N}}\right)^2}{1 + s\dfrac{2\zeta_D}{\omega_{0D}} + \left(\dfrac{s}{\omega_{0D}}\right)^2} \tag{6.10}$$

在这个表达式中，下标 N 或 D 分别表示分子和分母。Q 和 ζ 分别为品质因数和阻尼比，可以用 a 和 b 系数的组合来表示。

$$Q_D = \frac{\sqrt{b_2}}{b_1} \quad Q_N = \frac{\sqrt{a_2}}{a_1} \tag{6.11}$$

谐振频率的确定如下：

$$\omega_{0D} = \frac{1}{\sqrt{b_2}} \quad \omega_{0N} = \frac{1}{\sqrt{a_2}} \tag{6.12}$$

品质因数和阻尼比可相互转化：

$$Q = \frac{1}{2\zeta} \leftrightarrow \zeta = \frac{1}{2Q} \tag{6.13}$$

当使用 NDI 确定零点太复杂时，或者仅仅想用另一种方法检查结果时，你可以使用扩展到二阶网络的广义传递函数，它重复使用已经找到的分母的时间常数：

$$H(s) = \frac{H_0 + s(H^1\tau_1 + H^2\tau_2) + s^2 H^{12}\tau_1\tau_2^1}{1 + s(\tau_1 + \tau_2) + s^2\tau_1\tau_2^1} \tag{6.14}$$

如果 H_0 不等于零，式（6.14）可以更好地写为

$$H(s) = H_0 \frac{1 + s\left(\dfrac{H^1}{H_0}\tau_1 + \dfrac{H^2}{H_0}\tau_2\right) + s^2 \dfrac{H^{12}}{H_0}\tau_1\tau_2^1}{1 + s(\tau_1 + \tau_2) + s^2\tau_1\tau_2^1} \tag{6.15}$$

在这些表达式中，H^1 和 H^2 是关联激励和响应的高频增益。当储能元件 1 被设置在其高频状态，而储能元件 2 保持在直流状态时，H^1 被确定。对于 H^2 的确定，储能元件 2 被置于其高频状态，而储能元件 1 保持在直流状态。最后，H^{12} 是在两个储能元件都设置在它们的高频状态下获得的增益。如前所述，广义传递函数使分子的根复杂化，可能需要额外的精力来化简最终表达式。然而，式（6.9）或式（6.15）获得的结果是相同的。当 $s = 0$ 获得的参考状态返回零时，会经常使用广义传递函数，因为使用式（6.9）比较复杂。

6.2 包含两个储能元件的电路

图 6.1 是教科书中的一个经典电路，这样的两个级联 RC 网络的传递函数是什么？

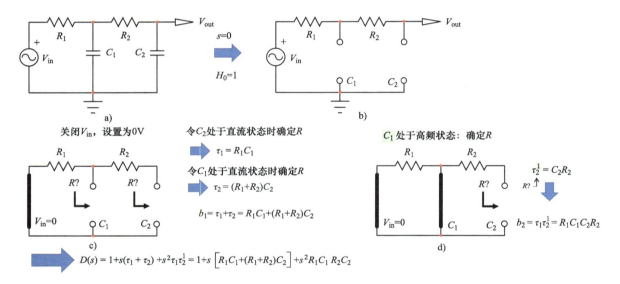

图6.1 从这个简单的RC滤波器的三个传递函数开始了我们的分析

步骤很简单，系数的计算过程也很顺利。作为任何二阶系统，你可以在标准化形式下重新计算多项式，并揭示谐振频率和品质因数 Q。考虑到 Q 值非常低，可以应用低 Q 近似并重写传递函数，该传递函数的特征是有一个主导的低频极点，然后是一个更高频率的极点。图 6.2 中给出的交流响应证实了我们的方法是正确的。

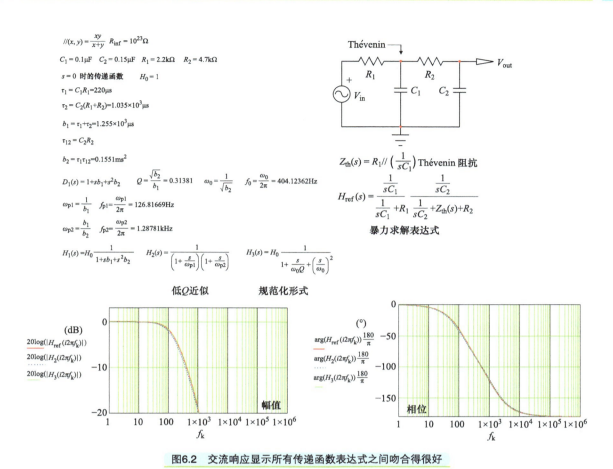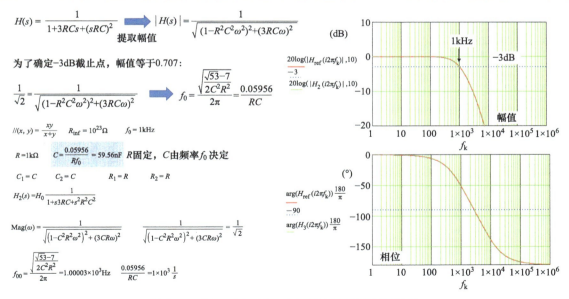

图6.2　交流响应显示所有传递函数表达式之间吻合得很好

设计这种滤波器的一个简单办法是选择具有相同值的电阻和电容。在这种情况下，传递函数得到简化，并且可以确定 3dB 截止频率点。从新表达式中提取幅值，并在幅值等于 0.707 时求解 f_0。这就是图 6.3 中的内容。

图6.3　从传递函数中提取幅值，可以找到截止频率点

继续确定该无源滤波器的输出阻抗，如图 6.4 所示。安装一个测试发生器 I_T，其两端的电压 V_T 就是响应。当你关闭激励源 I_T 时，电路将恢复到图 6.1c 中的自然状态。这很好，我们可以重复使用手头已有的分母。

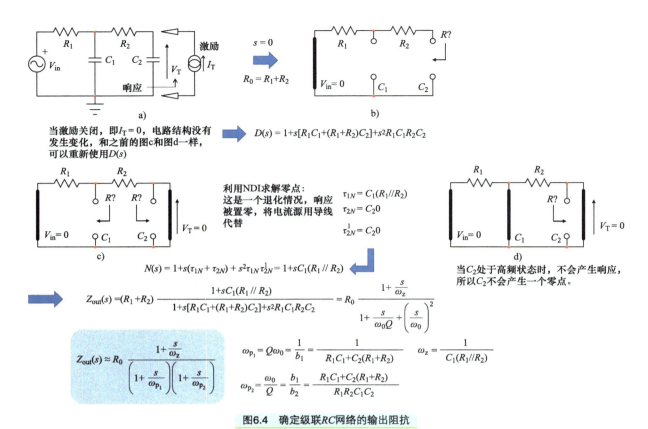

当激励关闭，即 $I_T = 0$，电路结构没有发生变化，和之前的图c和图d一样，可以重新使用 $D(s)$

$$D(s) = 1 + s[R_1C_1 + (R_1+R_2)C_2] + s^2 R_1 C_1 R_2 C_2$$

利用NDI求解零点：这是一个退化情况，响应被置零，将电流源用导线代替

$$\tau_{1N} = C_1(R_1 // R_2)$$
$$\tau_{2N} = C_2 0$$
$$\tau_{2N}^1 = C_2 0$$

$$N(s) = 1 + s(\tau_{1N} + \tau_{2N}) + s^2 \tau_{1N} \tau_{2N}^1 = 1 + sC_1(R_1 // R_2)$$

当 C_2 处于高频状态时，不会产生响应，所以 C_2 不会产生一个零点。

$$Z_{out}(s) = (R_1+R_2) \frac{1+sC_1(R_1//R_2)}{1+s[R_1C_1+(R_1+R_2)C_2]+s^2R_1C_1R_2C_2} = R_0 \frac{1+\dfrac{s}{\omega_z}}{1+\dfrac{s}{\omega_0 Q}+\left(\dfrac{s}{\omega_0}\right)^2}$$

$$Z_{out}(s) \approx R_0 \frac{1+\dfrac{s}{\omega_z}}{\left(1+\dfrac{s}{\omega_{p_1}}\right)\left(1+\dfrac{s}{\omega_{p_2}}\right)}$$

$$\omega_{p_1} = Q\omega_0 = \frac{1}{b_1} = \frac{1}{R_1C_1+C_2(R_1+R_2)} \qquad \omega_z = \frac{1}{C_1(R_1//R_2)}$$

$$\omega_{p_2} = \frac{\omega_0}{Q} = \frac{b_1}{b_2} = \frac{R_1C_1+C_2(R_1+R_2)}{R_1R_2C_1C_2}$$

图6.4 确定级联RC网络的输出阻抗

对于零点，将 C_1 和 C_2 交替设置为高频状态，只有 C_1 处于高频状态时才能得到非零响应 V_T，而 C_2 处于高频状态时会短路输出端：存在由 C_1 贡献的一个零点。

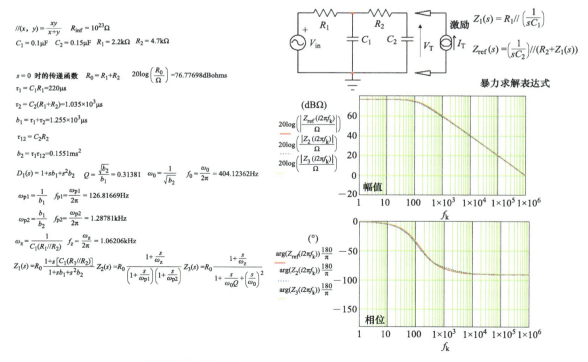

图6.5 交流响应均相同，采用两个级联极点的近似方法很不错

尽管如此，NDI 电路使用电流源很简单，因为响应置零可以用导线代替，如图 6.4c 所示。它确认了 C_1 会带来一个零点。该输出阻抗的交流响应如图 6.5 所示。

该二阶网络的输入阻抗如图 6.6 所示。当 $s = 0$ 时，输入阻抗为无限大，但为了方便简化，将其设为有限的大阻值 R_{inf}。当激励在图 6.6c 中关闭时，两个低频时间常数都包含了这个有限的电阻。将所有这些结果相结合，可以很容易地确定分母。

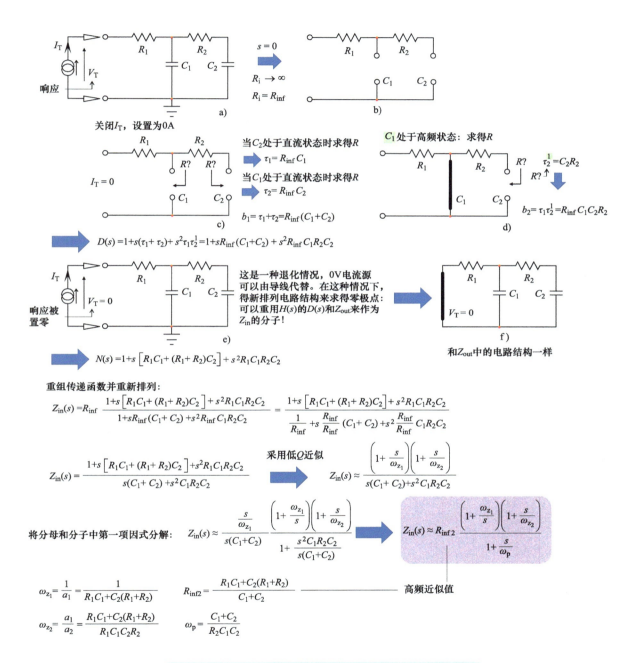

图6.6　输入阻抗分子可以重复使用输出阻抗的分母：非常方便！

对于零点，零响应意味着电流源 I_T 两端的电压 V_T 为 0V，这是你现在熟悉的退化情况，你可以如图 6.6f 所示短路电流源。可以看出，它就是图 6.1c 和图 6.4b 中已经研究过的结构。因此，我们可以重复使用 $D(s)$，它成为我们输入阻抗的分子。现在组合所有项，并通过分解 R_{inf} 进行简化。最后，采用低 Q 近似并使用倒置零点，得到一个低熵表达式，突出显示高频近似。所有步骤都在图 6.7 中进行了测试和记录，证实了分析步骤的正确性。

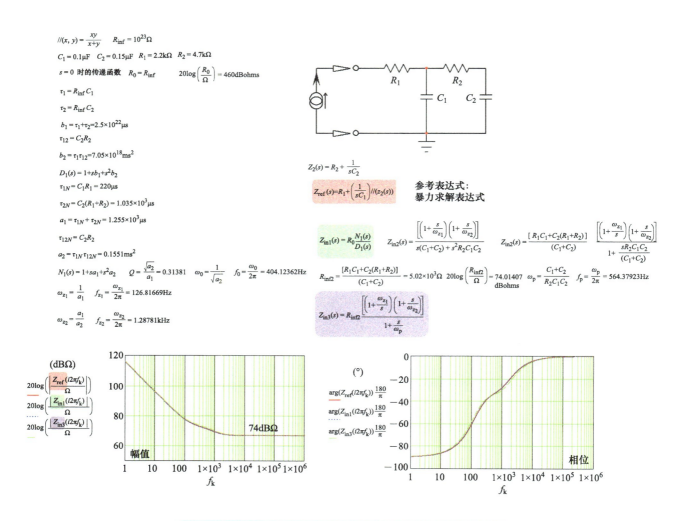

图6.7　使用一个倒置零点，就可以揭示出一个代表高频近似的首项

现在增加与电容 C_1 和 C_2 串联的电阻，如图 6.8 所示，这可以用电容的等效串联电阻（ESR）进行建模。只要看一下电路，就可以知道这些添加的网络为传递函数贡献了一个零点。考虑到两个储能元件，有两个极点和两个零点。直流增益是在没有负载电阻的情况下的增益。时间常数的确定在图中简单而详细。交流响应如图 6.9 所示，并证实了我们的分析：两个极点将相位降低到 -180°，而两个零点抵消其作用，将相位恢复到零。

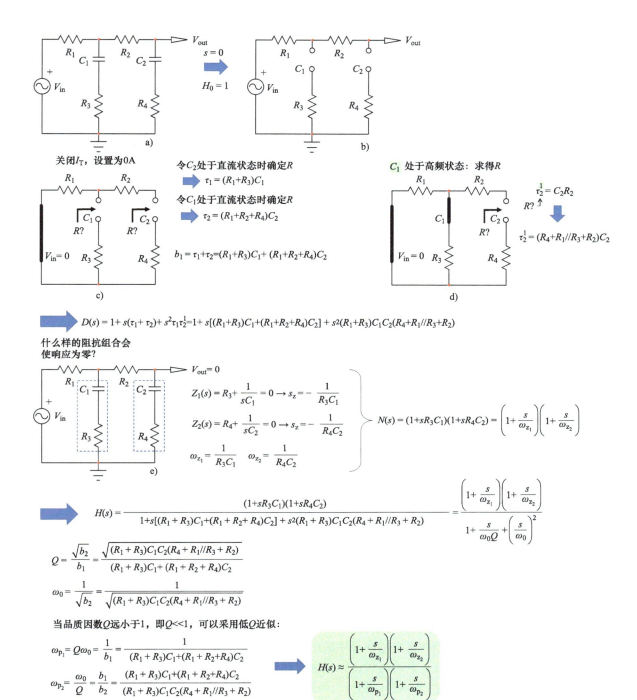

$D(s) = 1 + s(\tau_1 + \tau_2) + s^2 \tau_1 \tau_2^1 = 1 + s[(R_1+R_3)C_1 + (R_1+R_2+R_4)C_2] + s^2(R_1+R_3)C_1C_2(R_4+R_1//R_3+R_2)$

什么样的阻抗组合会使响应为零?

$Z_1(s) = R_3 + \dfrac{1}{sC_1} = 0 \rightarrow s_z = -\dfrac{1}{R_3C_1}$

$Z_2(s) = R_4 + \dfrac{1}{sC_2} = 0 \rightarrow s_z = -\dfrac{1}{R_4C_2}$

$\omega_{z_1} = \dfrac{1}{R_3C_1} \quad \omega_{z_2} = \dfrac{1}{R_4C_2}$

$N(s) = (1+sR_3C_1)(1+sR_4C_2) = \left(1+\dfrac{s}{\omega_{z_1}}\right)\left(1+\dfrac{s}{\omega_{z_2}}\right)$

$H(s) = \dfrac{(1+sR_3C_1)(1+sR_4C_2)}{1+s[(R_1+R_3)C_1+(R_1+R_2+R_4)C_2]+s^2(R_1+R_3)C_1C_2(R_4+R_1//R_3+R_2)} = \dfrac{\left(1+\dfrac{s}{\omega_{z_1}}\right)\left(1+\dfrac{s}{\omega_{z_2}}\right)}{1+\dfrac{s}{\omega_0 Q}+\left(\dfrac{s}{\omega_0}\right)^2}$

$Q = \dfrac{\sqrt{b_2}}{b_1} = \dfrac{\sqrt{(R_1+R_3)C_1C_2(R_4+R_1//R_3+R_2)}}{(R_1+R_3)C_1+(R_1+R_2+R_4)C_2}$

$\omega_0 = \dfrac{1}{\sqrt{b_2}} = \dfrac{1}{\sqrt{(R_1+R_3)C_1C_2(R_4+R_1//R_3+R_2)}}$

当品质因数Q远小于1,即$Q \ll 1$,可以采用低Q近似:

$\omega_{p_1} = Q\omega_0 = \dfrac{1}{b_1} = \dfrac{1}{(R_1+R_3)C_1+(R_1+R_2+R_4)C_2}$

$\omega_{p_2} = \dfrac{\omega_0}{Q} = \dfrac{b_1}{b_2} = \dfrac{(R_1+R_3)C_1+(R_1+R_2+R_4)C_2}{(R_1+R_3)C_1C_2(R_4+R_1//R_3+R_2)}$

$H(s) \approx \dfrac{\left(1+\dfrac{s}{\omega_{z_1}}\right)\left(1+\dfrac{s}{\omega_{z_2}}\right)}{\left(1+\dfrac{s}{\omega_{p_1}}\right)\left(1+\dfrac{s}{\omega_{p_2}}\right)}$

图6.8 在每个电容中串联电阻

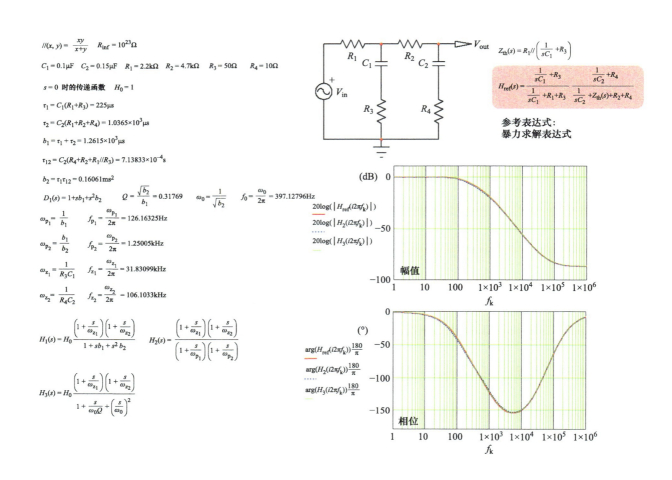

$$//(x, y) = \frac{xy}{x+y} \qquad R_{\mathrm{inf}} = 10^{23}\Omega$$

$$C_1 = 0.1\mu F \quad C_2 = 0.15\mu F \quad R_1 = 2.2k\Omega \quad R_2 = 4.7k\Omega \quad R_3 = 50\Omega \quad R_4 = 10\Omega$$

$s = 0$ 时的传递函数 $\quad H_0 = 1$

$$\tau_1 = C_1(R_1+R_3) = 225\mu s$$

$$\tau_2 = C_2(R_1+R_2+R_4) = 1.0365\times10^3\mu s$$

$$b_1 = \tau_1 + \tau_2 = 1.2615\times10^3\mu s$$

$$\tau_{12} = C_2(R_4+R_2+R_1//R_3) = 7.13833\times10^{-4}s$$

$$b_2 = \tau_1\tau_{12} = 0.16061ms^2$$

$$D_1(s) = 1+sb_1+s^2b_2 \qquad Q = \frac{\sqrt{b_2}}{b_1} = 0.31769 \qquad \omega_0 = \frac{1}{\sqrt{b_2}} \qquad f_0 = \frac{\omega_0}{2\pi} = 397.12796Hz$$

$$\omega_{p_1} = \frac{1}{b_1} \qquad f_{p_1} = \frac{\omega_{p_1}}{2\pi} = 126.16325Hz$$

$$\omega_{p_2} = \frac{b_1}{b_2} \qquad f_{p_2} = \frac{\omega_{p_2}}{2\pi} = 1.25005kHz$$

$$\omega_{z_1} = \frac{1}{R_3C_1} \qquad f_{z_1} = \frac{\omega_{z_1}}{2\pi} = 31.83099kHz$$

$$\omega_{z_2} = \frac{1}{R_4C_2} \qquad f_{z_2} = \frac{\omega_{z_2}}{2\pi} = 106.1033kHz$$

$$H_1(s) = H_0\frac{\left(1+\frac{s}{\omega_{z_1}}\right)\left(1+\frac{s}{\omega_{z_2}}\right)}{1+sb_1+s^2b_2} \qquad H_2(s) = \frac{\left(1+\frac{s}{\omega_{z_1}}\right)\left(1+\frac{s}{\omega_{z_2}}\right)}{\left(1+\frac{s}{\omega_{p_1}}\right)\left(1+\frac{s}{\omega_{p_2}}\right)}$$

$$H_3(s) = H_0\frac{\left(1+\frac{s}{\omega_{z_1}}\right)\left(1+\frac{s}{\omega_{z_2}}\right)}{1+\frac{s}{\omega_0 Q}+\left(\frac{s}{\omega_0}\right)^2}$$

$$Z_{\mathrm{th}}(s) = R_1//\left(\frac{1}{sC_1}+R_3\right)$$

$$H_{\mathrm{ref}}(s) = \frac{\frac{1}{sC_1}+R_3}{\frac{1}{sC_1}+R_1+R_3}\cdot\frac{\frac{1}{sC_2}+R_4}{\frac{1}{sC_2}+Z_{\mathrm{th}}(s)+R_2+R_4}$$

参考表达式：
暴力求解表达式

$$20\log\left(\left|H_{\mathrm{ref}}(i2\pi f_k)\right|\right)$$
$$20\log\left(\left|H_2(i2\pi f_k)\right|\right)$$
$$20\log\left(\left|H_3(i2\pi f_k)\right|\right)$$

幅值

$$\arg(H_{\mathrm{ref}}(i2\pi f_k))\frac{180}{\pi}$$
$$\arg(H_2(i2\pi f_k))\frac{180}{\pi}$$
$$\arg(H_3(i2\pi f_k))\frac{180}{\pi}$$

相位

图6.9 交流响应证实了我们的初始分析：系统具有两个极点和两个零点

现在用电感代替电容 C_1，看看它是如何与电容结合的。这次给电路增加了负载电阻 R_5（见图 6.10）。该分析过程保持不变，如果不能立即看到在电阻串并联中的组合，则可以绘制更多的中间子电路。顺便说一句，不要去展开并联项，因为它们自然地就是低熵形式。如果你想评估其中一个并联电阻在变得很小或成为无限大时的影响，那么用并联表达式很容易判断结果[⊖]。相反，如果你展开这些并联项，它们就会淹没在表达式中，可观察性也就消失了。考虑到 L_1R_3 和 C_2R_4 带来的两个变形的短路，通过观察找到零点。因此，分母可以立即求得，而无须求助于 NDI，这样可以节省很多时间。利用 FACTs 确定的传递函数的交流响应如图 6.11 所示，同时采用 Thévenin 定理与暴力求解获得的交流响应也完全吻合。

⊖ 对并联系统而言，如果一个电阻很大，或是很小，它们并联后的影响也变得很大或变小。——译者注

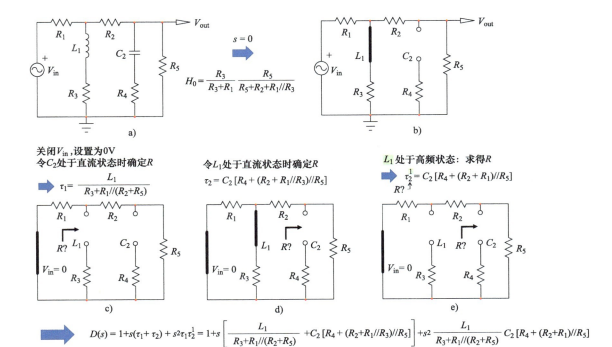

关闭 V_{in}，设置为 0V
令 C_2 处于直流状态时确定 R
$$\tau_1 = \frac{L_1}{R_3 + R_1 // (R_2 + R_5)}$$

令 L_1 处于直流状态时确定 R
$$\tau_2 = C_2 \left[R_4 + (R_2 + R_1 // R_3) // R_5 \right]$$

L_1 处于高频状态：求得 R
$$\tau_2^1 = C_2 \left[R_4 + (R_2 + R_1) // R_5 \right]$$

$$D(s) = 1 + s(\tau_1 + \tau_2) + s^2 \tau_1 \tau_2^1 = 1 + s \left[\frac{L_1}{R_3 + R_1 // (R_2 + R_5)} + C_2 \left[R_4 + (R_2 + R_1 // R_3) // R_5 \right] \right] + s^2 \frac{L_1}{R_3 + R_1 // (R_2 + R_5)} C_2 \left[R_4 + (R_2 + R_1) // R_5 \right]$$

什么样的阻抗组合会使响应为零？

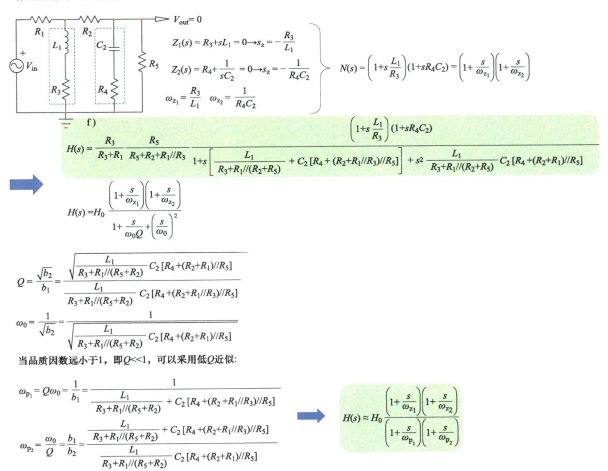

$$Z_1(s) = R_3 + sL_1 = 0 \rightarrow s_z = -\frac{R_3}{L_1}$$

$$Z_2(s) = R_4 + \frac{1}{sC_2} = 0 \rightarrow s_z = -\frac{1}{R_4 C_2}$$

$$\omega_{z_1} = \frac{R_3}{L_1} \qquad \omega_{z_2} = \frac{1}{R_4 C_2}$$

$$N(s) = \left(1 + s\frac{L_1}{R_3} \right)(1 + sR_4 C_2) = \left(1 + \frac{s}{\omega_{z_1}} \right)\left(1 + \frac{s}{\omega_{z_2}} \right)$$

$$H(s) = \frac{R_3}{R_3 + R_1} \frac{R_5}{R_5 + R_2 + R_1 // R_3} \frac{\left(1 + s\frac{L_1}{R_3} \right)(1 + sR_4 C_2)}{1 + s \left[\frac{L_1}{R_3 + R_1 // (R_2 + R_5)} + C_2 \left[R_4 + (R_2 + R_1 // R_3) // R_5 \right] \right] + s^2 \frac{L_1}{R_3 + R_1 // (R_2 + R_5)} C_2 \left[R_4 + (R_2 + R_1) // R_5 \right]}$$

$$H(s) = H_0 \frac{\left(1 + \frac{s}{\omega_{z_1}} \right)\left(1 + \frac{s}{\omega_{z_2}} \right)}{1 + \frac{s}{\omega_0 Q} + \left(\frac{s}{\omega_0} \right)^2}$$

$$Q = \frac{\sqrt{b_2}}{b_1} = \frac{\sqrt{\frac{L_1}{R_3 + R_1 // (R_5 + R_2)} C_2 \left[R_4 + (R_2 + R_1) // R_5 \right]}}{\frac{L_1}{R_3 + R_1 // (R_5 + R_2)} C_2 \left[R_4 + (R_2 + R_1 // R_3) // R_5 \right]}$$

$$\omega_0 = \frac{1}{\sqrt{b_2}} = \frac{1}{\sqrt{\frac{L_1}{R_3 + R_1 // (R_5 + R_2)} C_2 \left[R_4 + (R_2 + R_1) // R_5 \right]}}$$

当品质因数远小于 1，即 $Q \ll 1$，可以采用低 Q 近似：

$$\omega_{p_1} = Q\omega_0 = \frac{1}{b_1} = \frac{1}{\frac{L_1}{R_3 + R_1 // (R_5 + R_2)} + C_2 \left[R_4 + (R_2 + R_1 // R_3) // R_5 \right]}$$

$$\omega_{p_2} = \frac{\omega_0}{Q} = \frac{b_1}{b_2} = \frac{\frac{L_1}{R_3 + R_1 // (R_5 + R_2)} + C_2 \left[R_4 + (R_2 + R_1 // R_3) // R_5 \right]}{\frac{L_1}{R_3 + R_1 // (R_5 + R_2)} C_2 \left[R_4 + (R_2 + R_1) // R_5 \right]}$$

$$H(s) \approx H_0 \frac{\left(1 + \frac{s}{\omega_{z_1}} \right)\left(1 + \frac{s}{\omega_{z_2}} \right)}{\left(1 + \frac{s}{\omega_{p_1}} \right)\left(1 + \frac{s}{\omega_{p_2}} \right)}$$

图 6.10　电感现在是电路的一部分，它使表达式复杂化，但应用 FACTs 没有问题！

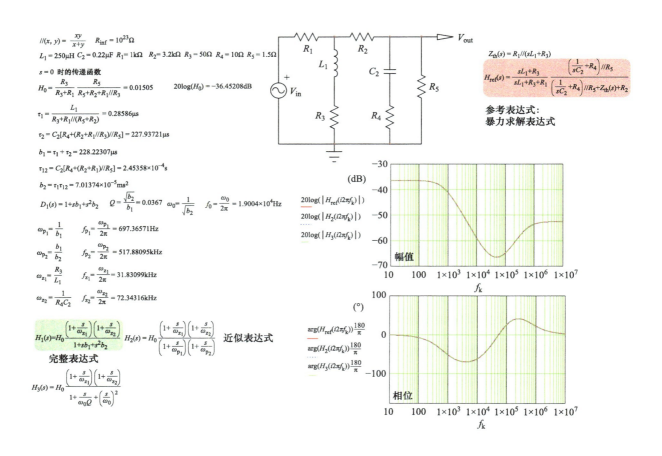

图6.11　可以对分母表达式进行近似，并揭示两个不同的极点

这个网络的输出阻抗是多少？为了确定它，安装一个电流源 I_T 对输出端进行扫描，如图 6.12 所示。电阻 R_0 是在直流下确定的，并且给出了许多电阻组合情况。当激励源 I_T 被关闭以确定极点时，可以知道，电路与图 6.10c、d 和 e 中已经分析过的结构相同：可以立即重复使用分母 $D(s)$，这节省了大量的时间。对于零点，使响应 V_T 为零，这对应电流源被短路的退化情况。观察驱动每个储能元件的电阻 R 是一个简单的练习。因为分子也是二阶的，突出显示了谐振频率和以 N 为下标的品质因数，以区分以 D 为下标的分母分量。最后，如果 Q_N 远小于1，则可以用两个级联的零点近似地对分子进行因式分解。这即是图 6.13 中所做的，其中汇总了所有交流响应。

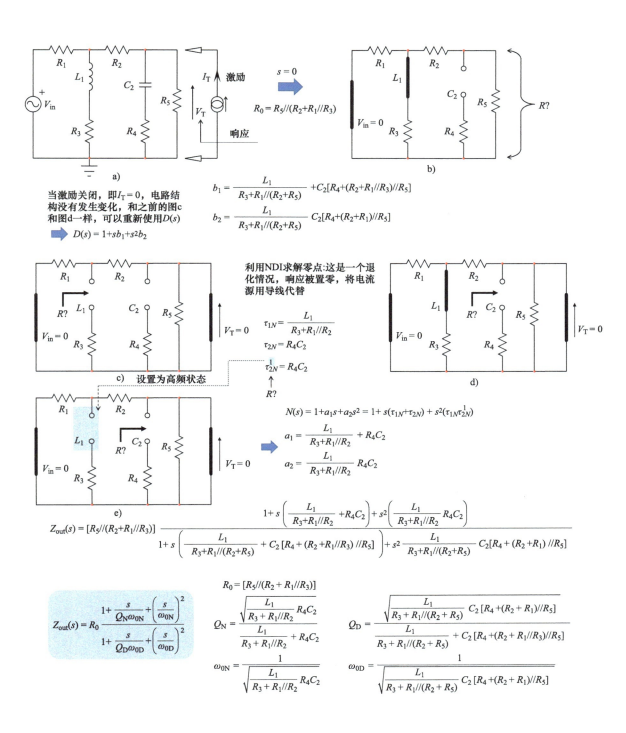

当激励关闭，即 $I_T = 0$，电路结构没有发生变化，和之前的图c 和图d一样，可以重新使用$D(s)$

$D(s) = 1 + sb_1 + s^2 b_2$

$$b_1 = \frac{L_1}{R_3 + R_1 // (R_2 + R_5)} + C_2 [R_4 + (R_2 + R_1 // R_3) // R_5]$$

$$b_2 = \frac{L_1}{R_3 + R_1 // (R_2 + R_5)} C_2 [R_4 + (R_2 + R_1) // R_5]$$

利用NDI求解零点:这是一个退化情况，响应被置零，将电流源用导线代替

$$\tau_{1N} = \frac{L_1}{R_3 + R_1 // R_2}$$

$$\tau_{2N} = R_4 C_2$$

$$\tau_{2N}^1 = R_4 C_2$$

$$N(s) = 1 + a_1 s + a_2 s^2 = 1 + s(\tau_{1N} + \tau_{2N}) + s^2(\tau_{1N} \tau_{2N}^1)$$

$$a_1 = \frac{L_1}{R_3 + R_1 // R_2} + R_4 C_2$$

$$a_2 = \frac{L_1}{R_3 + R_1 // R_2} R_4 C_2$$

$$Z_{out}(s) = [R_5 // (R_2 + R_1 // R_3)] \frac{1 + s\left(\dfrac{L_1}{R_3 + R_1 // R_2} + R_4 C_2\right) + s^2\left(\dfrac{L_1}{R_3 + R_1 // R_2} R_4 C_2\right)}{1 + s\left(\dfrac{L_1}{R_3 + R_1 // (R_2 + R_5)} + C_2 [R_4 + (R_2 + R_1 // R_3) // R_5]\right) + s^2 \dfrac{L_1}{R_3 + R_1 // (R_2 + R_5)} C_2 [R_4 + (R_2 + R_1) // R_5]}$$

$$Z_{out}(s) = R_0 \frac{1 + \dfrac{s}{Q_N \omega_{0N}} + \left(\dfrac{s}{\omega_{0N}}\right)^2}{1 + \dfrac{s}{Q_D \omega_{0D}} + \left(\dfrac{s}{\omega_{0D}}\right)^2}$$

$$R_0 = [R_5 // (R_2 + R_1 // R_3)]$$

$$Q_N = \frac{\sqrt{\dfrac{L_1}{R_3 + R_1 // R_2} R_4 C_2}}{\dfrac{L_1}{R_3 + R_1 // R_2} + R_4 C_2}$$

$$\omega_{0N} = \frac{1}{\sqrt{\dfrac{L_1}{R_3 + R_1 // R_2} R_4 C_2}}$$

$$Q_D = \frac{\sqrt{\dfrac{L_1}{R_3 + R_1 // (R_2 + R_5)} C_2 [R_4 + (R_2 + R_1) // R_5]}}{\dfrac{L_1}{R_3 + R_1 // (R_2 + R_5)} + C_2 [R_4 + (R_2 + R_1 // R_3) // R_5]}$$

$$\omega_{0D} = \frac{1}{\sqrt{\dfrac{L_1}{R_3 + R_1 // (R_2 + R_5)} C_2 [R_4 + (R_2 + R_1) // R_5]}}$$

图6.12　可以通过安装一个测试发生器来确定该网络的输出阻抗

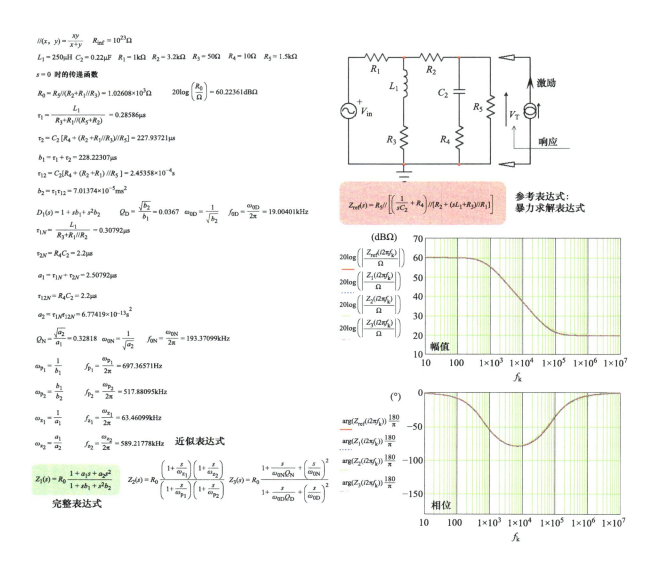

图6.13 这些图证实了我们的分析是正确的

现在我们有了增益和输出阻抗，可以分析输入阻抗 Z_{in}，如图 6.14 所示。没有什么特别复杂的，但 FACTs 是快速进行分析的首选工具。正如多次看到的，当确定增益 H、输出和输入阻抗这三个表达式时，之前为 H 和 Z_{out} 确定的分母 $D(s)$，现在成为 Z_{in} 表达式的分子。这是因为使响应为零并短路激励源，它是测试发生器 I_T 两端响应为零的退化情况，这将电路恢复到之前研究过的结构。由于时间常数相同，我们可以重复使用它们来构建分子 N。所有结果都已在图 6.15 中进行了测试。

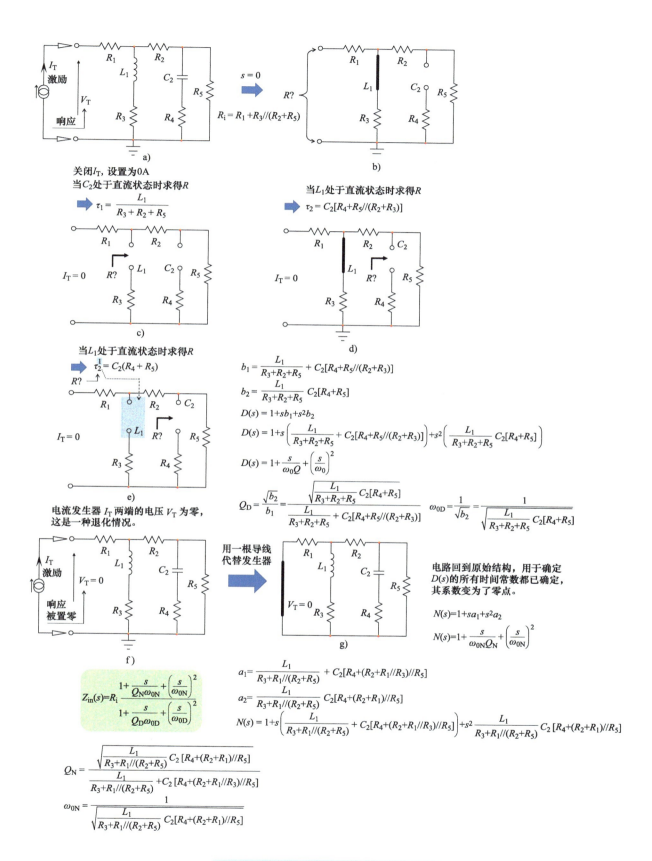

关闭 I_T，设置为 0A
当 C_2 处于直流状态时求得 R

$$\tau_1 = \frac{L_1}{R_3 + R_2 + R_5}$$

当 L_1 处于直流状态时求得 R

$$\tau_2 = C_2[R_4 + R_5//(R_2 + R_3)]$$

当 L_1 处于直流状态时求得 R

$$\tau_2' = C_2(R_4 + R_5)$$

电流发生器 I_T 两端的电压 V_T 为零，这是一种退化情况。

$$b_1 = \frac{L_1}{R_3 + R_2 + R_5} + C_2[R_4 + R_5//(R_2 + R_3)]$$

$$b_2 = \frac{L_1}{R_3 + R_2 + R_5} C_2[R_4 + R_5]$$

$$D(s) = 1 + s b_1 + s^2 b_2$$

$$D(s) = 1 + s\left(\frac{L_1}{R_3 + R_2 + R_5} + C_2[R_4 + R_5//(R_2 + R_3)]\right) + s^2\left(\frac{L_1}{R_3 + R_2 + R_5} C_2[R_4 + R_5]\right)$$

$$D(s) = 1 + \frac{s}{\omega_0 Q} + \left(\frac{s}{\omega_0}\right)^2$$

$$Q_D = \frac{\sqrt{b_2}}{b_1} = \frac{\sqrt{\dfrac{L_1}{R_3 + R_2 + R_5} C_2[R_4 + R_5]}}{\dfrac{L_1}{R_3 + R_2 + R_5} + C_2[R_4 + R_5//(R_2 + R_3)]}$$

$$\omega_{0D} = \frac{1}{\sqrt{b_2}} = \frac{1}{\sqrt{\dfrac{L_1}{R_3 + R_2 + R_5} C_2[R_4 + R_5]}}$$

用一根导线代替发生器

电路回到原始结构，用于确定 $D(s)$ 的所有时间常数都已确定，其系数变为了零点。

$$N(s) = 1 + s a_1 + s^2 a_2$$

$$N(s) = 1 + \frac{s}{\omega_{0N} Q_N} + \left(\frac{s}{\omega_{0N}}\right)^2$$

$$a_1 = \frac{L_1}{R_3 + R_1//(R_2 + R_5)} + C_2[R_4 + (R_2 + R_1//R_3)//R_5]$$

$$a_2 = \frac{L_1}{R_3 + R_1//(R_2 + R_5)} C_2[R_4 + (R_2 + R_1)//R_5]$$

$$N(s) = 1 + s\left(\frac{L_1}{R_3 + R_1//(R_2 + R_5)} + C_2[R_4 + (R_2 + R_1//R_3)//R_5]\right) + s^2 \frac{L_1}{R_3 + R_1//(R_2 + R_5)} C_2[R_4 + (R_2 + R_1)//R_5]$$

$$Z_{in}(s) = R_i \frac{1 + \dfrac{s}{Q_N \omega_{0N}} + \left(\dfrac{s}{\omega_{0N}}\right)^2}{1 + \dfrac{s}{Q_D \omega_{0D}} + \left(\dfrac{s}{\omega_{0D}}\right)^2}$$

$$Q_N = \frac{\sqrt{\dfrac{L_1}{R_3 + R_1//(R_2 + R_5)} C_2[R_4 + (R_2 + R_1)//R_5]}}{\dfrac{L_1}{R_3 + R_1//(R_2 + R_5)} + C_2[R_4 + (R_2 + R_1//R_3)//R_5]}$$

$$\omega_{0N} = \frac{1}{\sqrt{\dfrac{L_1}{R_3 + R_1//(R_2 + R_5)} C_2[R_4 + (R_2 + R_1)//R_5]}}$$

图6.14 测试发生器作为激励源施加在输入端

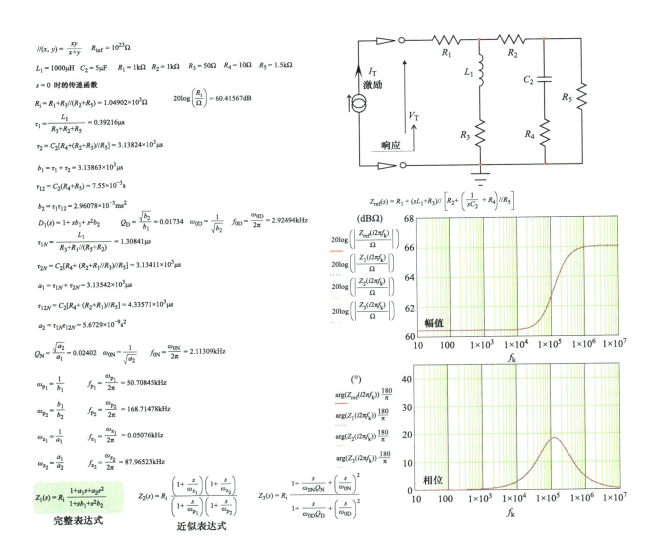

$//(x, y) = \dfrac{xy}{x+y}$　　$R_{\text{inf}} = 10^{23}\Omega$

$L_1 = 1000\mu H$　$C_2 = 5\mu F$　$R_1 = 1k\Omega$　$R_2 = 1k\Omega$　$R_3 = 50\Omega$　$R_4 = 10\Omega$　$R_5 = 1.5k\Omega$

$s = 0$ 时的传递函数

$R_i = R_1 + R_3//(R_2 + R_5) = 1.04902 \times 10^3 \Omega$　　$20\log\left(\dfrac{R_i}{\Omega}\right) = 60.41567 dB$

$\tau_1 = \dfrac{L_1}{R_3 + R_2 + R_5} = 0.39216\mu s$

$\tau_2 = C_2[R_4 + (R_2 + R_3)//R_5] = 3.13824 \times 10^3 \mu s$

$b_1 = \tau_1 + \tau_2 = 3.13863 \times 10^3 \mu s$

$\tau_{12} = C_2(R_4 + R_5) = 7.55 \times 10^{-3} s$

$b_2 = \tau_1\tau_{12} = 2.96078 \times 10^{-3} ms^2$

$D_1(s) = 1 + sb_1 + s^2b_2$　　$Q_D = \dfrac{\sqrt{b_2}}{b_1} = 0.01734$　$\omega_{0D} = \dfrac{1}{\sqrt{b_2}}$　$f_{0D} = \dfrac{\omega_{0D}}{2\pi} = 2.92494 kHz$

$\tau_{1N} = \dfrac{L_1}{R_3 + R_1//(R_5 + R_2)} = 1.30841\mu s$

$\tau_{2N} = C_2[R_4 + (R_2 + R_1//R_3)//R_5] = 3.13411 \times 10^3 \mu s$

$a_1 = \tau_{1N} + \tau_{2N} = 3.13542 \times 10^3 \mu s$

$\tau_{12N} = C_2[R_4 + (R_2 + R_1)//R_5] = 4.33571 \times 10^3 \mu s$

$a_2 = \tau_{1N}\tau_{12N} = 5.6729 \times 10^{-9} s^2$

$Q_N = \dfrac{\sqrt{a_2}}{a_1} = 0.02402$　$\omega_{0N} = \dfrac{1}{\sqrt{a_2}}$　　$f_{0N} = \dfrac{\omega_{0N}}{2\pi} = 2.11309 kHz$

$\omega_{p1} = \dfrac{1}{b_1}$　　$f_{p1} = \dfrac{\omega_{p1}}{2\pi} = 50.70845 kHz$

$\omega_{p2} = \dfrac{b_1}{b_2}$　　$f_{p2} = \dfrac{\omega_{p2}}{2\pi} = 168.71478 kHz$

$\omega_{z1} = \dfrac{1}{a_1}$　　$f_{z1} = \dfrac{\omega_{z1}}{2\pi} = 0.05076 kHz$

$\omega_{z2} = \dfrac{a_1}{a_2}$　　$f_{z2} = \dfrac{\omega_{z2}}{2\pi} = 87.96523 kHz$

$Z_1(s) = R_i\dfrac{1 + a_1 s + a_2 s^2}{1 + sb_1 + s^2 b_2}$　　$Z_2(s) = R_i\dfrac{\left(1 + \dfrac{s}{\omega_{z1}}\right)\left(1 + \dfrac{s}{\omega_{z2}}\right)}{\left(1 + \dfrac{s}{\omega_{p1}}\right)\left(1 + \dfrac{s}{\omega_{p2}}\right)}$　　$Z_3(s) = R_i\dfrac{1 + \dfrac{s}{\omega_{0N}Q_N} + \left(\dfrac{s}{\omega_{0N}}\right)^2}{1 + \dfrac{s}{\omega_{0D}Q_D} + \left(\dfrac{s}{\omega_{0D}}\right)^2}$

完整表达式　　　　　　**近似表达式**

图6.15　交流响应显示了完整表达式和重排表达式之间的良好一致性

现在来看一个经典的 LC 滤波器，如图 6.16 所示。储能元件受其等效串联电阻的影响，分别表示为 r_C 和 r_L。这是一个经典的电路，它可以作为前端 EMI 滤波器。它的传递函数是用 FACTs 快速得到的。交流响应如图 6.17 所示，FACTs 和暴力求解表达式之间完全一致。但采用低 Q 近似传递函数的响应是不同的，因为对于所选取的值，Q 大于 1。当电路被阻尼时，意味着电感或电容上有较大的欧姆损耗，则低 Q 近似成立，此时对传递函数采用两个不同级联极点建模会得到很好的结果，如图 6.18 所示。

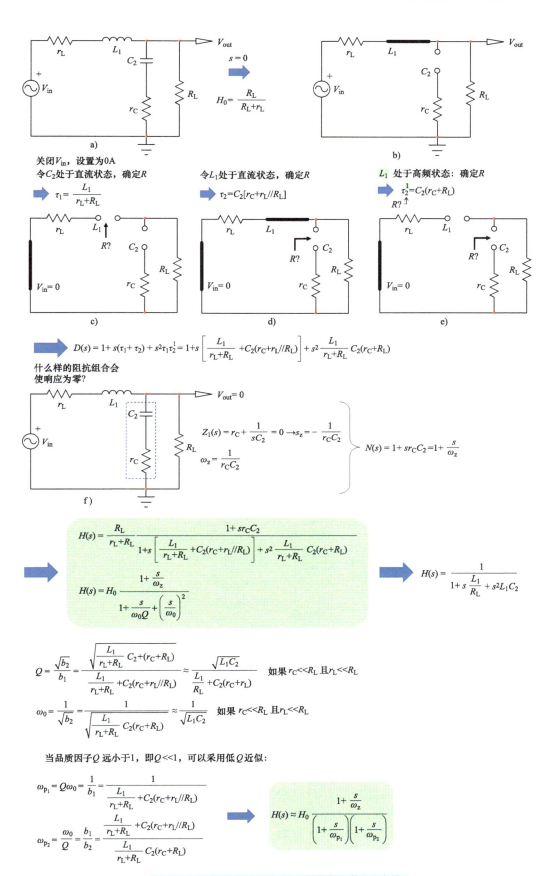

图6.16 这是一个的经典LC滤波器，它具有寄生参数

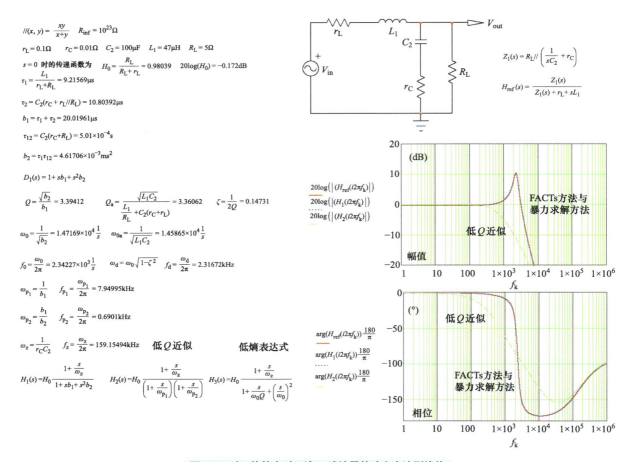

$$//(x, y) = \frac{xy}{x+y} \qquad R_{\text{inf}} = 10^{23}\,\Omega$$

$$r_L = 0.1\,\Omega \qquad r_C = 0.01\,\Omega \qquad C_2 = 100\,\mu F \qquad L_1 = 47\,\mu H \qquad R_L = 5\,\Omega$$

$s = 0$ 时的传递函数为

$$H_0 = \frac{R_L}{R_L + r_L} = 0.98039 \qquad 20\log(H_0) = -0.172\text{dB}$$

$$\tau_1 = \frac{L_1}{r_L + R_L} = 9.21569\,\mu s$$

$$\tau_2 = C_2(r_C + r_L//R_L) = 10.80392\,\mu s$$

$$b_1 = \tau_1 + \tau_2 = 20.01961\,\mu s$$

$$\tau_{12} = C_2(r_C + R_L) = 5.01 \times 10^{-4}\,s$$

$$b_2 = \tau_1 \tau_{12} = 4.61706 \times 10^{-3}\,ms^2$$

$$D_1(s) = 1 + sb_1 + s^2 b_2$$

$$Q = \frac{\sqrt{b_2}}{b_1} = 3.39412 \qquad Q_a = \frac{\sqrt{L_1 C_2}}{\frac{L_1}{R_L} + C_2(r_C + r_L)} = 3.36062 \qquad \zeta = \frac{1}{2Q} = 0.14731$$

$$\omega_0 = \frac{1}{\sqrt{b_2}} = 1.47169 \times 10^4\,\frac{1}{s} \qquad \omega_{0a} = \frac{1}{\sqrt{L_1 C_2}} = 1.45865 \times 10^4\,\frac{1}{s}$$

$$f_0 = \frac{\omega_0}{2\pi} = 2.34227 \times 10^3\,\frac{1}{s} \qquad \omega_d = \omega_0 \sqrt{1 - \zeta^2} \qquad f_d = \frac{\omega_d}{2\pi} = 2.31672\text{kHz}$$

$$\omega_{P_1} = \frac{1}{b_1} \qquad f_{P_1} = \frac{\omega_{P_1}}{2\pi} = 7.94995\text{kHz}$$

$$\omega_{P_2} = \frac{b_1}{b_2} \qquad f_{P_2} = \frac{\omega_{P_2}}{2\pi} = 0.6901\text{kHz}$$

$$\omega_z = \frac{1}{r_C C_2} \qquad f_z = \frac{\omega_z}{2\pi} = 159.15494\text{kHz}$$

低Q近似   **低熵表达式**

$$H_1(s) = H_0 \frac{1 + \frac{s}{\omega_z}}{1 + sb_1 + s^2 b_2} \qquad H_2(s) = H_0 \frac{1 + \frac{s}{\omega_z}}{\left(1 + \frac{s}{\omega_{P_1}}\right)\left(1 + \frac{s}{\omega_{P_2}}\right)} \qquad H_3(s) = H_0 \frac{1 + \frac{s}{\omega_z}}{1 + \frac{s}{\omega_0 Q} + \left(\frac{s}{\omega_0}\right)^2}$$

$$Z_1(s) = R_L // \left(\frac{1}{sC_2} + r_C\right)$$

$$H_{\text{ref}}(s) = \frac{Z_1(s)}{Z_1(s) + r_L + sL_1}$$

图6.17 当Q值较高时，该LC滤波器的响应会达到峰值

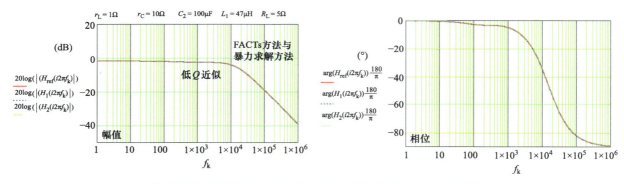

图6.18 当品质因数小于1（0.099）时，这意味着电路被阻尼，低Q近似成立

    由于该电路可以用作前端 EMI 滤波器，现在来看看它带来的衰减有多少。要考虑的典型电路如图 6.19 所示。一个干净的直流（或整流后的交流）电源给有噪声的开关转换器供电，需要设计 EMI 滤波器（电感），以抑制流入电源的高频纹波，将绝大多数纹波限制在电容中，而电源仅提供直流电流。设计过程包括确定噪声电流的基本原理，并计算需要多大的衰减才能通过满足法规要求。确定所需衰减后，即可确定滤波器的截止频率。

    要计算元件值，需要一个传递函数，将 I_1（激励信号）与 I_2 关联起来，I_2 是想要在给定频率下最小化的响应电流。首先短路电源，断开激励源 I_2 以确定时间常数。重要的是要包括电感和电容上的欧姆损耗，因为它们会极大地影响衰减。更新后的电路及其分析如图 6.20 所示，而 SIMetrix 仿真图频率响应如图 6.21 所示。

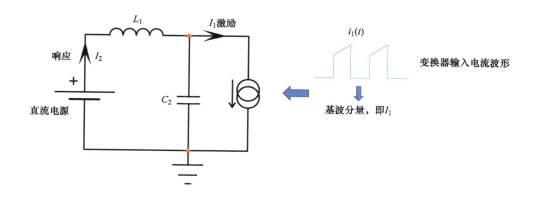

图6.19 当电池供电给噪声源时，需要设计LC滤波器以减少高频纹波分量

结果显示这是一个二阶传递函数，我们仅对其高频衰减感兴趣，以校准滤波器的设计。出于设计目的，当 s^2 项主导分母时，可以仅关注高频响应来简化表达式。因此，所获得的表达式给出了一种简单的方法来确定滤波器的截止频率，以获得想要的滤波器衰减。

假设变换器吸收了一个基波峰值为 1A 的电流，标准规范规定了 10kHz 时最大纹波的峰值为 15mA。在这种情况下，所需衰减为 15m/1 = 0.015 或 −36.5dB。使用图 6.20 底部给出的表达式，发现截止频率应设置为 $\sqrt{0.015} \cdot 10\text{kHz} = 1.2\text{kHz}$。现在，可以选择一个电感和一个电容来满足 1.2kHz 的截止频率。正如所提到的，寄生参数将影响最终的衰减，一定的设计裕量是必要的。图 6.22 中的图表证实了我们的计算是正确的。这是设计滤波器的第一步，二阶网络会带来更多的寄生参数效应，如电感的匝间电容和电容的等效串联电感，这些都将影响最终结果。

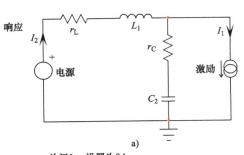

a)

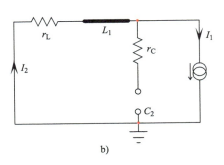

$s = 0$

$H_0 = \dfrac{I_2}{I_1} = 1$

b)

关闭I_1，设置为0A
令C_2处于直流状态，确定R

$\tau_1 = \dfrac{L_1}{R_{inf}}$

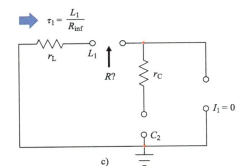

c)

令L_1处于直流状态，确定R

$\tau_2 = C_2(r_C + r_L)$

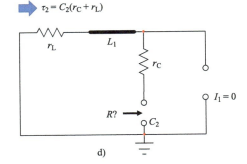

d)

L_1处于高频状态：确定R

$\tau_2^1 = C_2 R_{inf}$

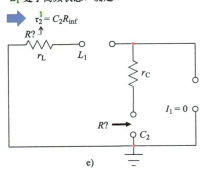

e)

$$D(s) = 1 + s\,(\tau_1 + \tau_2) + s^2\tau_1\tau_2^1$$

$$= 1 + s\left[\dfrac{L_1}{R_{inf}} + C_2(r_C + r_L)\right] + s^2\dfrac{L_1}{R_{inf}}C_2 R_{inf} \quad \text{因为}R_{inf}\text{是无穷大，}$$
可以化简

$$= 1 + sC_2(r_C + r_L) + s^2 L_1 C_2$$

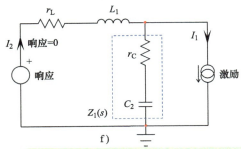

f)

将激励I_1代回电路，观察什么情况下会使响应I_2为
零，如果Z_1变成一个变形的短路，则响应为零。

$$Z_1(s) = r_C + \dfrac{1}{sC_2} = 0 \rightarrow s_z = -\dfrac{1}{r_C C_2}$$

$$\omega_z = \dfrac{1}{r_C C_2}$$

$$N(s) = 1 + \dfrac{s}{\omega_z}$$

$$H(s) = \dfrac{1 + sr_C C_2}{1 + sC_2(r_C + r_L) + s^2 L_1 C_2} = \dfrac{1 + \dfrac{s}{\omega_z}}{1 + \left(\dfrac{s}{\omega_0 Q}\right) + \left(\dfrac{s}{\omega_0}\right)^2}$$

$$Q = \dfrac{\sqrt{L_1 C_2}}{C_2(r_L + r_C)} \qquad \omega_0 = \dfrac{1}{\sqrt{L_1 C_2}}$$

在高频段，谐振频率以后，
传递函数可以化简为

$$H(s) \approx \dfrac{1}{\left(\dfrac{s}{\omega_0}\right)^2} \rightarrow |H(\omega)| \approx \left(\dfrac{\omega_0}{\omega}\right)^2$$

如果在频率ω时，对应的衰减为A_{filter}，
截止频率ω_0为

$$\omega_0 = \sqrt{A_{filter}}\,\omega$$

图6.20 电路必须包括等效串联电阻，因为它们会显著地影响衰减

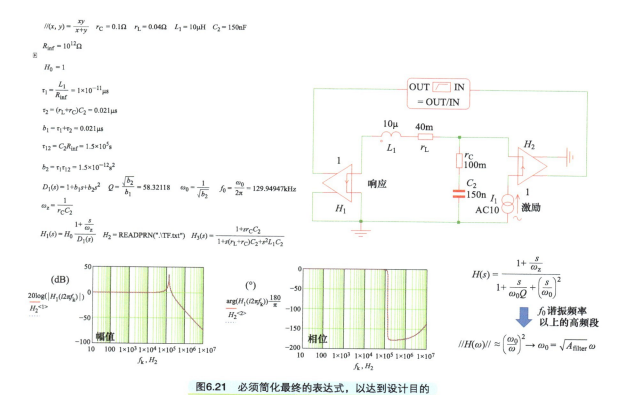

$$///(x, y) = \frac{xy}{x+y} \quad r_C = 0.1\Omega \quad r_L = 0.04\Omega \quad L_1 = 10\mu H \quad C_2 = 150nF$$

$$R_{inf} = 10^{12}\Omega$$

$$H_0 = 1$$

$$\tau_1 = \frac{L_1}{R_{inf}} = 1\times10^{-11}\mu s$$

$$\tau_2 = (r_L + r_C)C_2 = 0.021\mu s$$

$$b_1 = \tau_1 + \tau_2 = 0.021\mu s$$

$$\tau_{12} = C_2 R_{inf} = 1.5\times10^5 s$$

$$b_2 = \tau_1 \tau_{12} = 1.5\times10^{-12} s^2$$

$$D_1(s) = 1 + b_1 s + b_2 s^2 \quad Q = \frac{\sqrt{b_2}}{b_1} = 58.32118 \quad \omega_0 = \frac{1}{\sqrt{b_2}} \quad f_0 = \frac{\omega_0}{2\pi} = 129.94947 kHz$$

$$\omega_z = \frac{1}{r_C C_2}$$

$$H_1(s) = H_0 \frac{1 + \frac{s}{\omega_z}}{D_1(s)} \quad H_2 = READPRN(".\backslash TF.txt") \quad H_3(s) = \frac{1 + s r_C C_2}{1 + s(r_L + r_C)C_2 + s^2 L_1 C_2}$$

$$H(s) = \frac{1 + \frac{s}{\omega_z}}{1 + \frac{s}{\omega_0 Q} + \left(\frac{s}{\omega_0}\right)^2}$$

f_0 谐振频率
以上的高频段

$$///H(\omega)/// \approx \left(\frac{\omega_0}{\omega}\right)^2 \rightarrow \omega_0 = \sqrt{A_{filter}}\,\omega$$

图6.21　必须简化最终的表达式，以达到设计目的

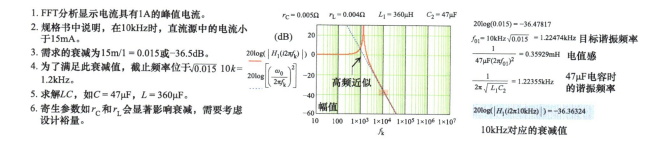

1. FFT分析显示电流具有1A的峰值电流。
2. 规格书中说明，在10kHz时，直流源中的电流小于15mA。
3. 需求的衰减为15m/1 = 0.015或−36.5dB。
4. 为了满足此衰减值，截止频率位于$\sqrt{0.015}\,10k = 1.2kHz$。
5. 求解LC，如$C = 47\mu F$，$L = 360\mu F$。
6. 寄生参数如r_C和r_L会显著影响衰减，需要考虑设计裕量。

$r_C = 0.005\Omega \quad r_L = 0.004\Omega \quad L_1 = 360\mu H \quad C_2 = 47\mu F$

$$20\log(0.015) = -36.47817$$

$$f_{01} = 10kHz\sqrt{0.015} = 1.22474 kHz \quad \text{目标谐振频率}$$

$$\frac{1}{47\mu F(2\pi f_{01})^2} = 0.35929 mH \quad \text{电感值}$$

$$\frac{1}{2\pi\sqrt{L_1 C_2}} = 1.22355 kHz \quad \begin{array}{l}47\mu F电容时\\的谐振频率\end{array}$$

$$20\log\left(|H_1(i2\pi 10kHz)|\right) = -36.36324$$

10kHz对应的衰减值

图6.22　在本例中，截止频率被设置为1.2kHz，并在10kHz时产生36.4dB的衰减

　　该 EMI 滤波器的另一个重要参数是其输出阻抗。众所周知，开关变换器的负增量电阻会与前端滤波器的输出阻抗相互作用，可能会使得系统不稳定。因此，确定滤波器的输出阻抗并研究其峰值是很重要的。输出阻抗的确定遵循相同的方法，如图 6.23 所示。为了避免从 L_1 或 C_2 两端看到的电阻为无穷大的不确定性，实际上用一个大阻值的电阻 R_{inf} 来代替无穷大。这样可以简化该项出现在分子和分母中的表达式。这是一个非常有用的技巧，它对应的是 R_s，这是可以使用的最小电阻，而不是 0Ω 导线。

　　交流响应如图 6.24 所示，并确认在谐振频率处达到峰值。可以通过对频率的幅值进行微分来确定峰值阻抗值。得到的表达式在图的底部给出，并确认了有超过 50dBW 的峰值。如果现在将后级 DC–DC 开关变换器连接到此滤波器，则必须研究其输入阻抗，以防止与前端输出阻抗发生任何重叠。例如，假设开关变换器的输入阻抗为 45dBW，当连接到我们在本例中设计的滤波器时，通电时可能会出现振荡或不稳定性：阻尼是必要的，如文献 [1] 所述。

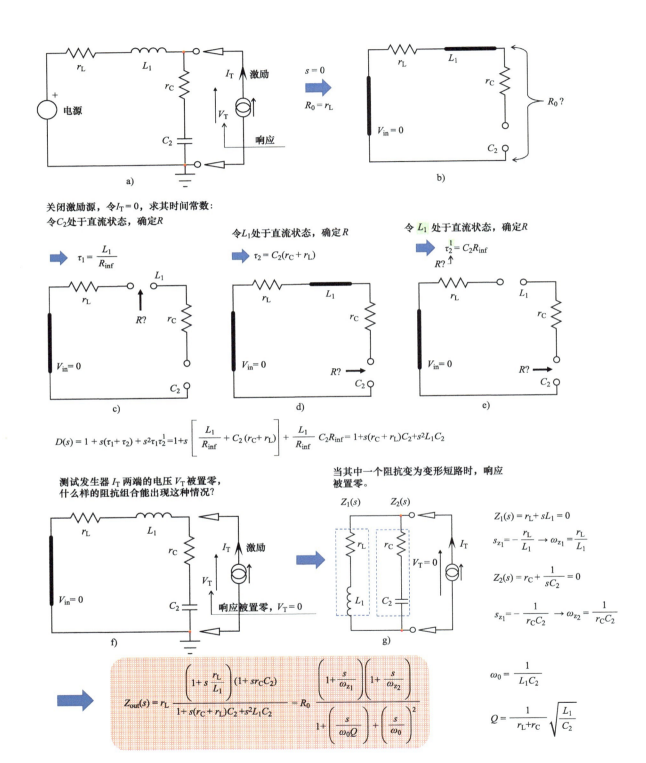

图6.23 评估EMI滤波器输出阻抗的峰值十分重要

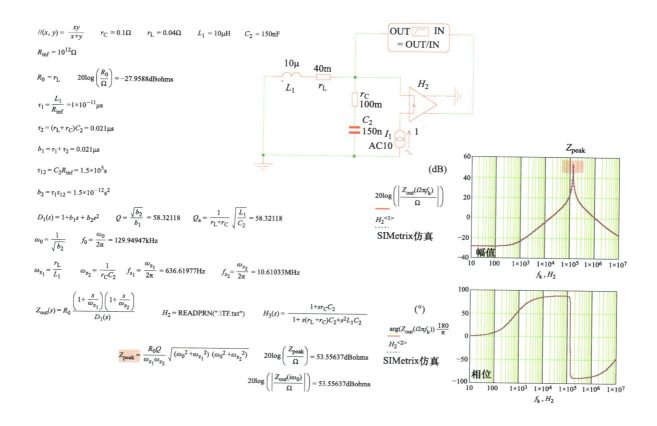

图6.24　在连接后级直流开关变换器之前，必须研究谐振时的幅值峰值

现在可以看到一个有源滤波器，如图 6.25 所示。运算放大器被认为是理想的，并且两个输入引脚电位相等。我用一个简单的电压控制源代替了运算放大器，它的输出等于非反相引脚的电压。直流增益可以立即获得，其余的时间常数也很容易获得。在图 6.25f 中，我将组合为一个更简单的排列，答案很简单：这是一个典型的例子，冗余检查有助于更快地进行分析。滤波器的交流响应如图 6.26 所示，并证实了分析的正确性。

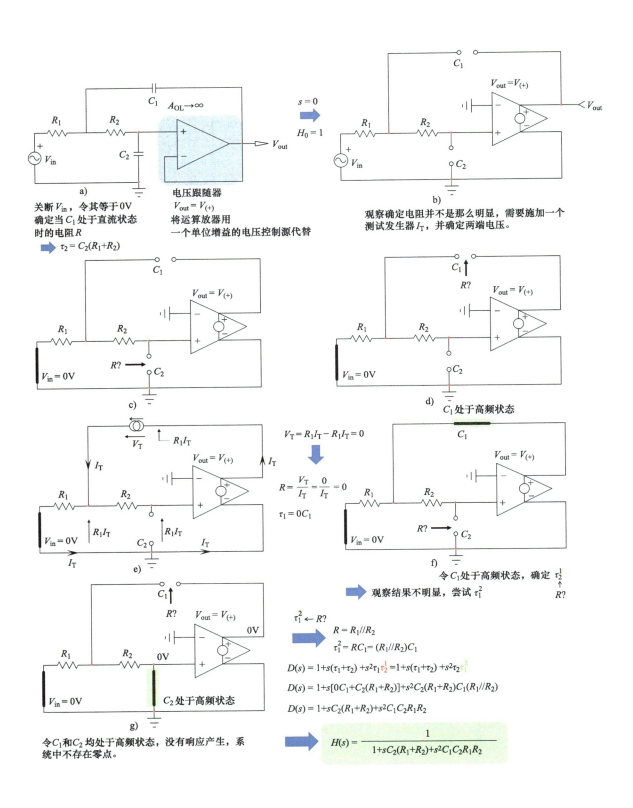

图6.25 这种二阶Sallen-Key滤波器可以用FACTs进行分析

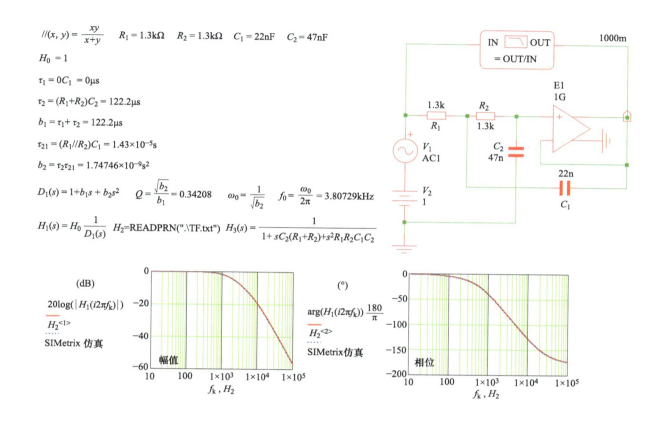

图6.26　经过几步后即可快速得到传递函数

现在来看一下图 6.27 中所示的经典 *RLC* 滤波器。L_2 的存在意味着直流增益为零（L_2 在直流分析中会短路响应），但当 s 接近无穷大时，C_1 也会使增益为零，这是一个带通滤波器。重要的是重新排列传递函数，以便清楚地表达中频增益和谐振频率。通过此表达式，将选择元件值以满足设计目标，一些原始的表达式无法轻易做到。交流响应如图 6.28 所示。

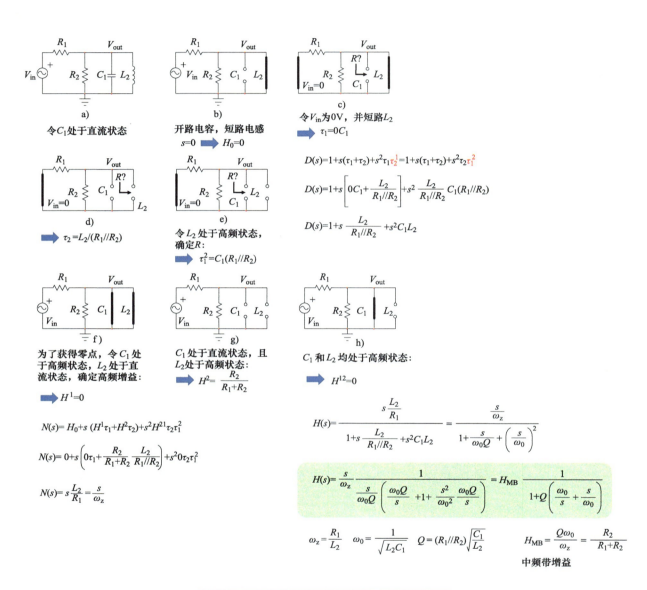

$$D(s)=1+s(\tau_1+\tau_2)+s^2\tau_1\tau_2^1=1+s(\tau_1+\tau_2)+s^2\tau_2\tau_1^2$$

$$D(s)=1+s\left[0C_1+\frac{L_2}{R_1//R_2}\right]+s^2\frac{L_2}{R_1//R_2}C_1(R_1//R_2)$$

$$D(s)=1+s\frac{L_2}{R_1//R_2}+s^2C_1L_2$$

$$N(s)=H_0+s\,(H^1\tau_1+H^2\tau_2)+s^2H^{21}\tau_2\tau_1^2$$

$$N(s)=0+s\left(0\tau_1+\frac{R_2}{R_1+R_2}\frac{L_2}{R_1//R_2}\right)+s^20\tau_2\tau_1^2$$

$$N(s)=s\frac{L_2}{R_1}=\frac{s}{\omega_z}$$

$$H(s)=\frac{s\dfrac{L_2}{R_1}}{1+s\dfrac{L_2}{R_1//R_2}+s^2C_1L_2}=\frac{\dfrac{s}{\omega_z}}{1+\dfrac{s}{\omega_0Q}+\left(\dfrac{s}{\omega_0}\right)^2}$$

$$H(s)=\frac{s}{\omega_z}\frac{1}{\dfrac{s}{\omega_0Q}\left(\dfrac{\omega_0Q}{s}+1+\dfrac{s^2}{\omega_0^2}\dfrac{\omega_0Q}{s}\right)}=H_{\mathrm{MB}}\frac{1}{1+Q\left(\dfrac{\omega_0}{s}+\dfrac{s}{\omega_0}\right)}$$

$$\omega_z=\frac{R_1}{L_2}\qquad \omega_0=\frac{1}{\sqrt{L_2C_1}}\qquad Q=(R_1//R_2)\sqrt{\frac{C_1}{L_2}}\qquad H_{\mathrm{MB}}=\frac{Q\omega_0}{\omega_z}=\frac{R_2}{R_1+R_2}$$

中频带增益

图6.27 一个经典的 RLC 滤波器，FACTs分析很简单

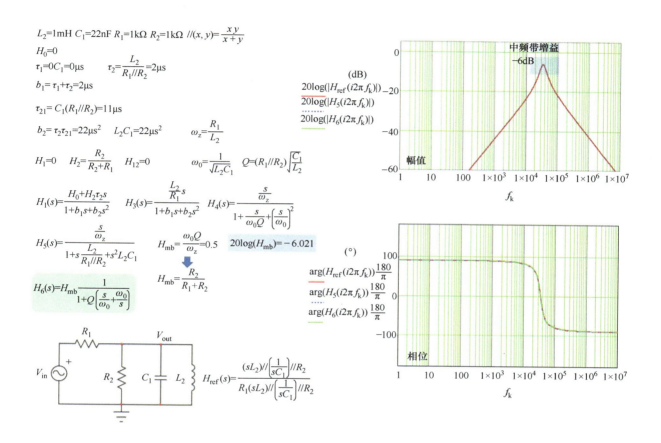

$$L_2 = 1\text{mH} \quad C_1 = 22\text{nF} \quad R_1 = 1\text{k}\Omega \quad R_2 = 1\text{k}\Omega \quad //(x,y) = \frac{x\,y}{x+y}$$

$$H_0 = 0$$

$$\tau_1 = 0C_1 = 0\mu s \qquad \tau_2 = \frac{L_2}{R_1//R_2} = 2\mu s$$

$$b_1 = \tau_1 + \tau_2 = 2\mu s$$

$$\tau_{21} = C_1(R_1//R_2) = 11\mu s$$

$$b_2 = \tau_2\tau_{21} = 22\mu s^2 \qquad L_2C_1 = 22\mu s^2 \qquad \omega_z = \frac{R_1}{L_2}$$

$$H_1 = 0 \quad H_2 = \frac{R_2}{R_2 + R_1} \quad H_{12} = 0 \qquad \omega_0 = \frac{1}{\sqrt{L_2C_1}} \quad Q = (R_1//R_2)\sqrt{\frac{C_1}{L_2}}$$

$$H_1(s) = \frac{H_0 + H_2\tau_2 s}{1 + b_1 s + b_2 s^2} \qquad H_3(s) = \frac{\frac{L_2}{R_1}s}{1 + b_1 s + b_2 s^2} \qquad H_4(s) = \frac{\frac{s}{\omega_z}}{1 + \frac{s}{\omega_0 Q} + \left(\frac{s}{\omega_0}\right)^2}$$

$$H_5(s) = \frac{\frac{s}{\omega_z}}{1 + s\frac{L_2}{R_1//R_2} + s^2 L_2 C_1} \qquad H_{mb} = \frac{\omega_0 Q}{\omega_z} = 0.5 \qquad 20\log(H_{mb}) = -6.021$$

$$H_6(s) = H_{mb}\frac{1}{1 + Q\left(\frac{s}{\omega_0} + \frac{\omega_0}{s}\right)} \qquad H_{mb} = \frac{R_2}{R_1 + R_2}$$

$$H_{ref}(s) = \frac{(sL_2)//\left(\frac{1}{sC_1}\right)//R_2}{R_1(sL_2)//\left(\frac{1}{sC_1}\right)//R_2}$$

图6.28　最终的传递函数被重新排列，以显示设计参数

现在，研究一种稍微不同的电路结构，电感和电容串联连接。在图 6.29 中，当 C_1 开路时，串联电阻 R_s 模拟欧姆损耗，而并联电阻 R_p 将设定直流增益。像往常一样，从直流增益开始，继续对激励 V_{in} 进行置零，然后交替地确定驱动每个储能元件的电阻 R 以形成分母 $D(s)$。最后，一些简单的表达式定义了高频增益，并通过重复使用自然时间常数来获得分子。简化后，可以将 D 和 N 都设置为规范化的多项式形式，并找到两个不同的品质因数 Q_D 和 Q_N。交流响应如图 6.30 所示，重新排列的表达式和暴力求解参考传递函数 $H_{ref}(s)$ 之间没有差异。

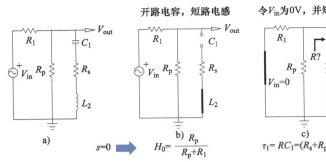

开路电容，短路电感　　令V_{in}为0V，并短路L_2　　开路C_1，查看驱动L_2的电阻R

$s=0 \Rightarrow$　$H_0=\dfrac{R_p}{R_p+R_1}$　　$\tau_1=RC_1=(R_s+R_p//R_1)C_1$　　$\tau_2=\dfrac{L_2}{R_{inf}}$

b)　　　　　　c)　　　　　d)

$$\omega_0=\frac{1}{\sqrt{L_2C_1}}$$

$$Q_D=\frac{1}{R_s+R_1//R_p}\sqrt{\frac{L_2}{C_1}}$$

$$D(s)=1+s(\tau_1+\tau_2)+s^2\tau_1\tau_2^1$$

$$D(s)=1+s\left[(R_s+R_p//R_1)C_1+\frac{L_2}{R_{inf}}\right]+s^2(R_s+R_p//R_1)C_1\frac{L_2}{R_s+R_p//R_1}$$

$$D(s)=1+s\,(R_s+R_p//R_1)C_1+s^2C_1L_2$$

$$D(s)=1+\frac{s}{Q_D\omega_0}+\left(\frac{s}{\omega_0}\right)^2$$

令C_1处于高频状态，确定τ_2^1　　　　通过计算高频增益确定零点

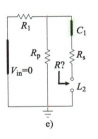

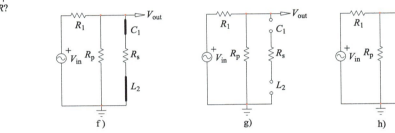
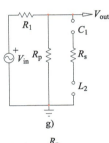
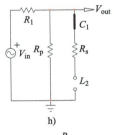

e)　　　　　　f)　　　　　　g)　　　　　h)

$$\tau_2^1=\frac{L_2}{R_s+R_p//R_1}$$

$$H^1=\frac{R_s//R_p}{R_s//R_p+R_1}$$

$$H^2=\frac{R_p}{R_p+R_1}$$

$$H^{12}=\frac{R_p}{R_p+R_1}$$

　　　　　　C_1处于高频状态　　　C_1处于直流状态　　　C_1处于高频状态
　　　　　　L_2处于直流状态　　　L_2处于高频状态　　　L_2处于高频状态

$$N(s)=H_0+s(H^1\tau_1+H^2\tau_2)+s^2H^{12}\tau_1\tau_2^1$$

$$N(s)=H_0\left[1+s\left(\frac{H^1}{H_0}\tau_1+\frac{H^2}{H_0}\tau_2\right)+s^2\frac{H^{12}}{H_0}\tau_1\tau_2^1\right]$$

$$N(s)=\frac{R_p}{R_p+R_1}\left[1+s\left(\frac{\frac{R_s//R_p}{R_1+R_s//R_p}}{\frac{R_p}{R_p+R_1}}(R_s+R_1//R_p)C_1+\frac{\frac{R_p}{R_p+R_1}}{\frac{R_p}{R_p+R_1}}\frac{L_2}{R_{inf}}\right)+s^2\frac{\frac{R_p}{R_p+R_1}}{\frac{R_p}{R_p+R_1}}(R_s+R_1//R_p)C_1\frac{L_2}{R_s+R_1//R_p}\right]$$

$$N(s)=1+sR_sC_1+s^2L_2C_1$$

$$N(s)=1+\left(\frac{s}{\omega_0Q_N}\right)+\left(\frac{s}{\omega_0}\right)^2$$

$$Q_N=\frac{1}{R_s}\sqrt{\frac{L_2}{C_1}}$$

$$H(s)=H_0\frac{1+\left(\dfrac{s}{\omega_0Q_N}\right)+\left(\dfrac{s}{\omega_0}\right)^2}{1+\left(\dfrac{s}{\omega_0Q_D}\right)+\left(\dfrac{s}{\omega_0}\right)^2}$$

图6.29　串联谐振LC网络引入了一对位于ω_0的零点

$L_2 = 1\text{mH}$ $C_1 = 22\text{nF}$ $R_1 = 1\text{k}\Omega$ $R_\text{p} = 1\text{k}\Omega$ $R_\text{s} = 1\Omega$

$//(x, y) = \dfrac{xy}{x+y}$ $R_\text{inf} = 10^{23}\Omega$

$H_0 = \dfrac{R_\text{p}}{R_1 + R_\text{p}}$

$\tau_1 = (R_\text{s} + R_1//R_\text{p})C_1 = 11.022\mu\text{s}$ $\tau_2 = \dfrac{L_2}{R_\text{inf}} = 0\mu\text{s}$

$b_1 = \tau_1 + \tau_2 = 11.022\mu\text{s}$

$\tau_{12} = \dfrac{L_2}{(R_\text{s} + R_1//R_\text{p})} = 1.996\mu\text{s}$

$b_2 = \tau_1\tau_{12} = 22\mu\text{s}^2$ $L_2C_1 = 22\mu\text{s}^2$

$H_1 = \dfrac{R_\text{s}//R_\text{p}}{R_1 + R_\text{s}//R_\text{p}}$ $H_2 = \dfrac{R_\text{p}}{R_\text{p} + R_1}$ $H_{12} = \dfrac{R_\text{p}}{R_\text{p} + R_1}$

$H_{10}(s) = \dfrac{H_0 + (H_1\tau_1 + H_2\tau_2)s + s^2 H_{12}\tau_1\tau_{12}}{1 + b_1 s + b_2 s^2}$ $\omega_0 = \dfrac{1}{\sqrt{L_2 C_1}}$ $Q_\text{D} = \dfrac{1}{(R_\text{s} + R_1//R_\text{p})}\sqrt{\dfrac{L_2}{C_1}}$

$H_5(s) = H_0\dfrac{1 + (R_\text{s}C_1)s + s^2 L_2 C_1}{1 + \dfrac{s}{\omega_0 Q_\text{D}} + \left(\dfrac{s}{\omega_0}\right)^2}$ $H_6(s) = H_0\dfrac{1 + \dfrac{s}{\omega_0 Q_\text{N}} + \left(\dfrac{s}{\omega_0}\right)^2}{1 + \dfrac{s}{\omega_0 Q_\text{D}} + \left(\dfrac{s}{\omega_0}\right)^2}$ $Q_\text{N} = \dfrac{1}{R_\text{s}}\sqrt{\dfrac{L_2}{C_1}}$

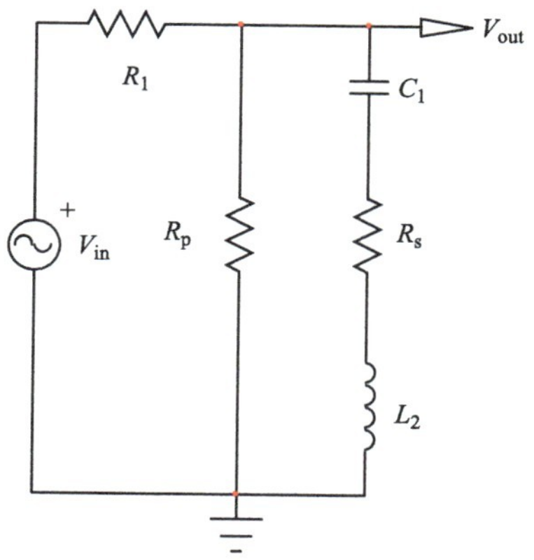

$H_\text{ref}(s) = \dfrac{\left(sL_2 + R_\text{s} + \dfrac{1}{sC_1}\right)//R_\text{p}}{R_1 + \left(sL_2 + R_\text{s} + \dfrac{1}{sC_1}\right)//R_\text{p}}$

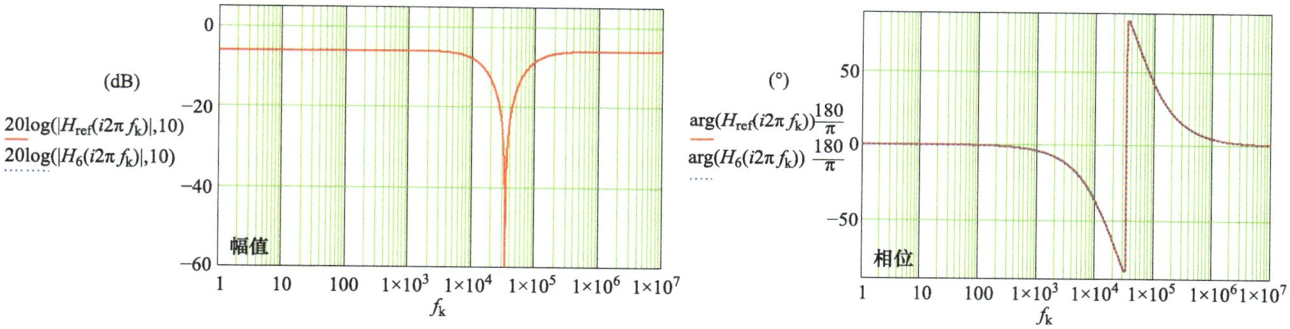

$20\log(|H_\text{ref}(i2\pi f_\text{k})|, 10)$
$20\log(|H_6(i2\pi f_\text{k})|, 10)$

$\arg(H_\text{ref}(i2\pi f_\text{k}))\dfrac{180}{\pi}$
$\arg(H_6(i2\pi f_\text{k}))\dfrac{180}{\pi}$

图6.30 交流响应显示了一个凹陷，FACTs得到了正确的答案

元件现在以不同的方式排列，如图 6.31 所示，C_2 两端采集到输出电压。该元件的存在将短路所有高频响应，而电感的位置将直流增益设置为零，它是另一种带通滤波器。交流响应如图 6.32 所示。

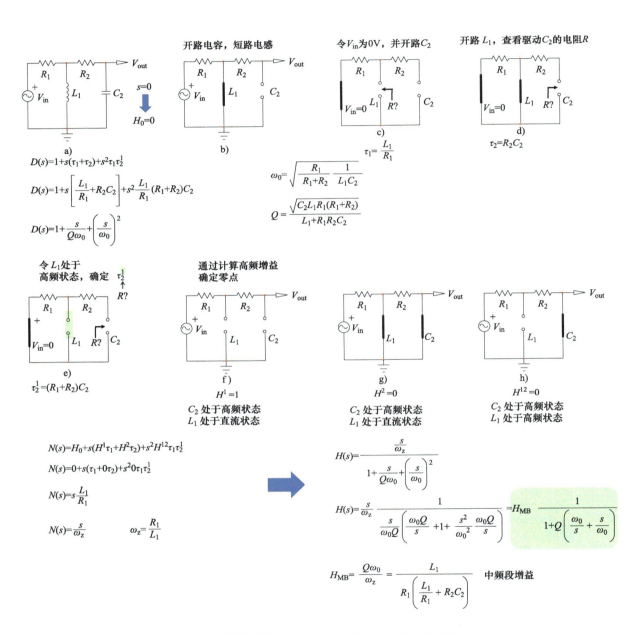

图6.31　这也是一个在直流时具有零增益的带通滤波器

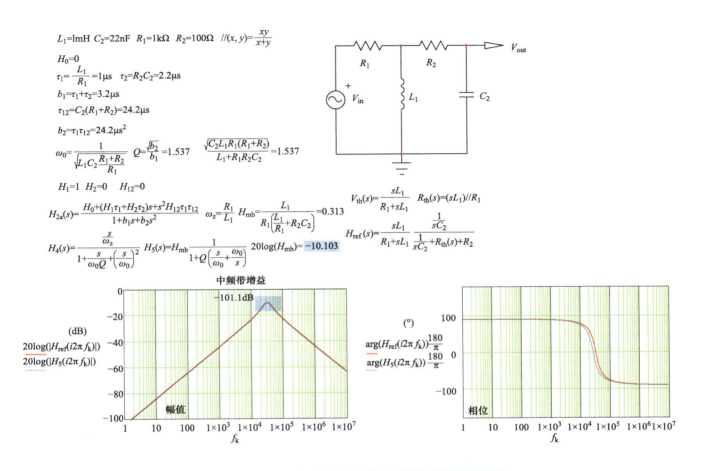

图6.32 由FACTs得到的交流响应和暴力求解表达式的结果一致

现在将更改探头位置，查看 L_1 而不是 C_2 的响应。改变响应观测点不会影响电路的自然时间常数：分母 $D(s)$ 保持不变，我们可以重复使用它。然而，R_2 和 C_2 的组合现在形成了一个额外的零点，需要更新分子表达式。现在，不需要从头开始即可获得新的传递函数，更新后的表达式如图 6.33 所示。谐振时仍然有峰值，但当 s 接近无穷大时，增益会落在由 R_1 和 R_2 组成的电阻分压器设定的值上。

现在来看一个由电阻和电容组成的经典无源带通滤波器，如图 6.34 所示。分析过程不会改变，这种简单的排列也不会存在陷阱。原点处的零点是使用高频增益确定的，由于只剩下一个 H^1，分子大大简化为仅剩一个系数。结果以紧凑的规范化表示，以突出显示中频增益，如图 6.35 所示。

我们还可以用稍微不同的方式连接元件，如图 6.36 所示，并确定此电路中新的传递函数。图 6.37 展示了通过交流响应确认一个带通滤波器，在其峰值时有 11.9dB 的增益。

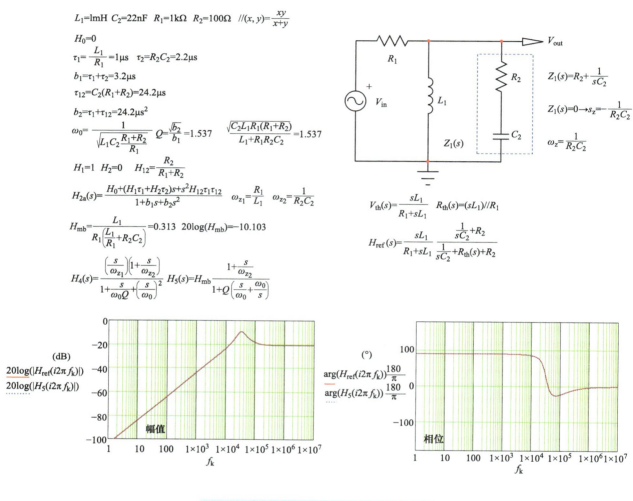

$L_1=\text{lmH}\quad C_2=22\text{nF}\quad R_1=1\text{k}\Omega\quad R_2=100\Omega\quad //(x,y)=\dfrac{xy}{x+y}$

$H_0=0$

$\tau_1=\dfrac{L_1}{R_1}=1\mu s\quad \tau_2=R_2C_2=2.2\mu s$

$b_1=\tau_1+\tau_2=3.2\mu s$

$\tau_{12}=C_2(R_1+R_2)=24.2\mu s$

$b_2=\tau_1\tau_{12}=24.2\mu s^2$

$\omega_0=\dfrac{1}{\sqrt{L_1C_2\dfrac{R_1+R_2}{R_1}}}\quad Q=\dfrac{\sqrt{b_2}}{b_1}=1.537\quad \dfrac{\sqrt{C_2L_1R_1(R_1+R_2)}}{L_1+R_1R_2C_2}=1.537$

$H_1=1\quad H_2=0\quad H_{12}=\dfrac{R_2}{R_1+R_2}$

$H_{2a}(s)=\dfrac{H_0+(H_1\tau_1+H_2\tau_2)s+s^2H_{12}\tau_1\tau_{12}}{1+b_1s+b_2s^2}\quad \omega_{z1}=\dfrac{R_1}{L_1}\quad \omega_{z2}=\dfrac{1}{R_2C_2}$

$H_{mb}=\dfrac{L_1}{R_1\left(\dfrac{L_1}{R_1}+R_2C_2\right)}=0.313\quad 20\log(H_{mb})=-10.103$

$H_4(s)=\dfrac{\left(\dfrac{s}{\omega_{z1}}\right)\left(1+\dfrac{s}{\omega_{z2}}\right)}{1+\dfrac{s}{\omega_0Q}+\left(\dfrac{s}{\omega_0}\right)^2}\quad H_5(s)=H_{mb}\dfrac{1+\dfrac{s}{\omega_{z2}}}{1+Q\left(\dfrac{s}{\omega_0}+\dfrac{\omega_0}{s}\right)}$

$Z_1(s)=R_2+\dfrac{1}{sC_2}$

$Z_1(s)=0\rightarrow s_z=-\dfrac{1}{R_2C_2}$

$\omega_z=\dfrac{1}{R_2C_2}$

$V_{th}(s)=\dfrac{sL_1}{R_1+sL_1}\quad R_{th}(s)=(sL_1)//R_1$

$H_{ref}(s)=\dfrac{sL_1}{R_1+sL_1}\dfrac{\dfrac{1}{sC_2}+R_2}{\dfrac{1}{sC_2}+R_{th}(s)+R_2}$

$20\log(|H_{ref}(i2\pi f_k)|)$
$20\log(|H_5(i2\pi f_k)|)$

幅值

$\arg(H_{ref}(i2\pi f_k))\dfrac{180}{\pi}$
$\arg(H_5(i2\pi f_k))\dfrac{180}{\pi}$

相位

图6.33 改变探头位置观察响应并不会改变分母

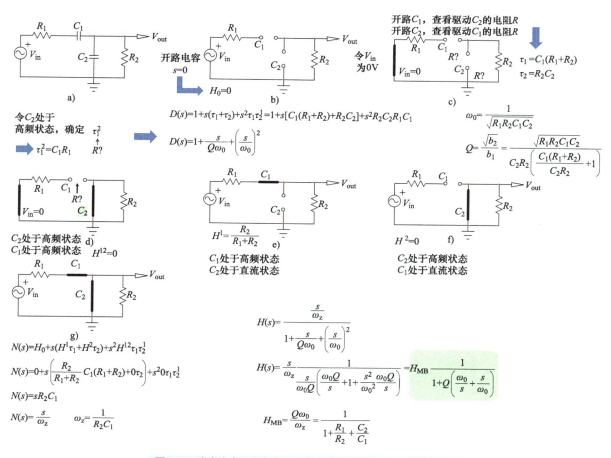

图6.34 这个由电阻和电容组成的带通滤波器的品质因数相当低

$//(x,y)=\dfrac{xy}{x+y}$ $C_1=0.01\mu F$ $C_2=0.022\mu F$ $R_1=22k\Omega$ $R_2=10k\Omega$

$s=0$时的传递函数 $H_0=0$

$\tau_1=C_1(R_1+R_2)=320\mu s$

$\tau_2=C_2R_2=220\mu s$

$b_1=\tau_1+\tau_2=540\mu s$

$\tau_{21}=C_1R_1$

$b_2=\tau_2\tau_{21}=4.84\times10^{-8}s^2$

$D_1(s)=1+sb_1+s^2b_2$

$Q=\dfrac{\sqrt{b_2}}{b_1}=0.40741$这就是$Q$ $\omega_0=\dfrac{1}{\sqrt{b_2}}=4.54545\times10^3\dfrac{1}{s}$

$\dfrac{\sqrt{C_1R_1C_2R_2}}{C_2R_2\left[\dfrac{C_1(R_1+R_2)}{C_2R_2}+1\right]}=0.40741$ $\omega_0=\dfrac{1}{\sqrt{C_1C_2R_1R_2}}=4.54545\times10^3\dfrac{1}{s}$

计算高频增益H_1、H_2和H_{12}

当C_1短路 $H_1=\dfrac{R_2}{R_1+R_2}=0.3125$ $20\log(H_1)=-10.103\ dB$

当C_2短路 $H_2=0$ 当两个电容同时短路H_{12}也一样

$N(s)=H_0+s(H_1\tau_1+H_2\tau_2)+s^2H_1H_{12}\tau_1\tau_{12}=sH_1\tau_1$ $\omega_z=\dfrac{1}{R_2C_1}$

$H_2(s)=\dfrac{sR_2C_1}{1+s[C_1(R_1+R_2)+C_2R_2]+s^2C_2R_2C_1R_1}$ $H_{mb}=\dfrac{\omega_0Q}{\omega_z}=0.18519$

$H_3(s)=H_{mb}\dfrac{1}{1+Q\left(\dfrac{s}{\omega_0}+\dfrac{\omega_0}{s}\right)}$ $\dfrac{1}{\dfrac{R_1}{R_2}+1+\dfrac{C_2}{C_1}}=0.18519$ $20\log(H_{mb})=-14.64788dB$

图6.35 考虑到较低的品质因数，响应不是十分具有选择性

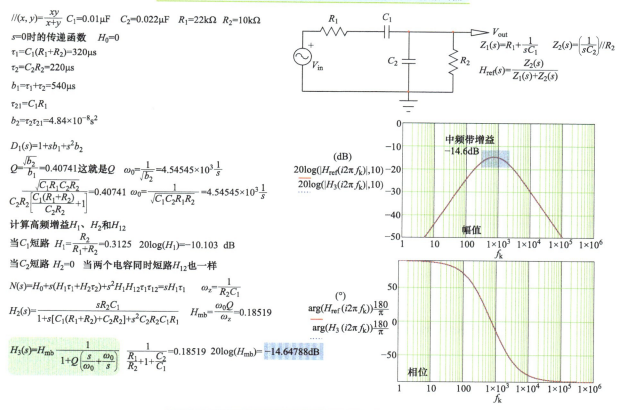

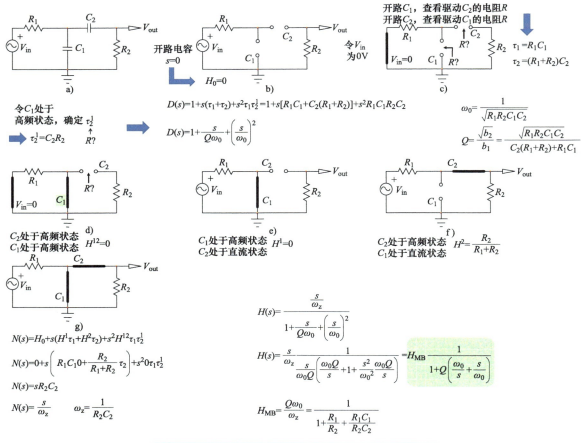

图6.36 这仍然是一个带通滤波器，尽管电路排列略有不同

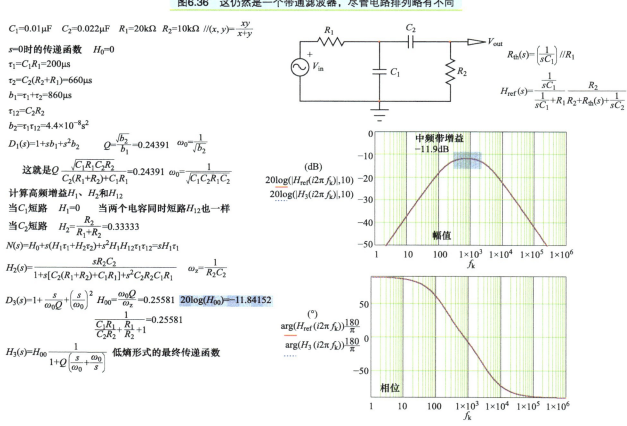

$C_1 = 0.01\mu F$ $C_2 = 0.022\mu F$ $R_1 = 20k\Omega$ $R_2 = 10k\Omega$ $//(x,y) = \dfrac{xy}{x+y}$

$s=0$时的传递函数 $H_0 = 0$

$\tau_1 = C_1 R_1 = 200\mu s$

$\tau_2 = C_2(R_2 + R_1) = 660\mu s$

$b_1 = \tau_1 + \tau_2 = 860\mu s$

$\tau_{12} = C_2 R_2$

$b_2 = \tau_1 \tau_{12} = 4.4 \times 10^{-8} s^2$

$D_1(s) = 1 + sb_1 + s^2 b_2$ $Q = \dfrac{\sqrt{b_2}}{b_1} = 0.24391$ $\omega_0 = \dfrac{1}{\sqrt{b_2}}$

这就是Q $\dfrac{\sqrt{C_1 R_1 C_2 R_2}}{C_2(R_1+R_2)+C_1 R_1} = 0.24391$ $\omega_0 = \dfrac{1}{\sqrt{C_1 C_2 R_1 C_2}}$

计算高频增益H_1、H_2和H_{12}

当C_1短路 $H_1 = 0$ 当两个电容同时短路H_{12}也一样

当C_2短路 $H_2 = \dfrac{R_2}{R_1+R_2} = 0.33333$

$N(s) = H_0 + s(H_1\tau_1 + H_2\tau_2) + s^2 H_1 H_{12}\tau_1\tau_{12} = sH_1\tau_1$

$H_2(s) = \dfrac{sR_2 C_2}{1 + s[C_2(R_1+R_2)+C_1 R_1] + s^2 C_2 R_2 C_1 R_1}$ $\omega_z = \dfrac{1}{R_2 C_2}$

$D_3(s) = 1 + \dfrac{s}{\omega_0 Q} + \left(\dfrac{s}{\omega_0}\right)^2$ $H_{00} = \dfrac{\omega_0 Q}{\omega_z} = 0.25581$ $20\log(H_{00}) = -11.84152$

$\dfrac{1}{\dfrac{C_1 R_1}{C_2 R_2} + \dfrac{R_1}{R_2} + 1} = 0.25581$

$H_3(s) = H_{00}\dfrac{1}{1+Q\left(\dfrac{s}{\omega_0}+\dfrac{\omega_0}{s}\right)}$ 低熵形式的最终传递函数

$R_{th}(s) = \left(\dfrac{1}{sC_1}\right)//R_1$

$H_{ref}(s) = \dfrac{\dfrac{1}{sC_1}}{\dfrac{1}{sC_1}+R_1}\dfrac{R_2}{R_2 + R_{th}(s)+\dfrac{1}{sC_2}}$

图6.37 交流响应确认了这是一个带通滤波器，在其峰值时有11.9dB的增益

现在在级联的两个 RC 网络上增加一个负载电阻。与本章第一个例子相比，情况变得比较复杂，但没有什么不可逾越的。图 6.38 详细说明了所采取的步骤。该电路中没有零点，因为如果将 C_1 或 C_2 设置为高频状态，则响应始终为零。各种表达式的交流响应如图 6.39 所示。

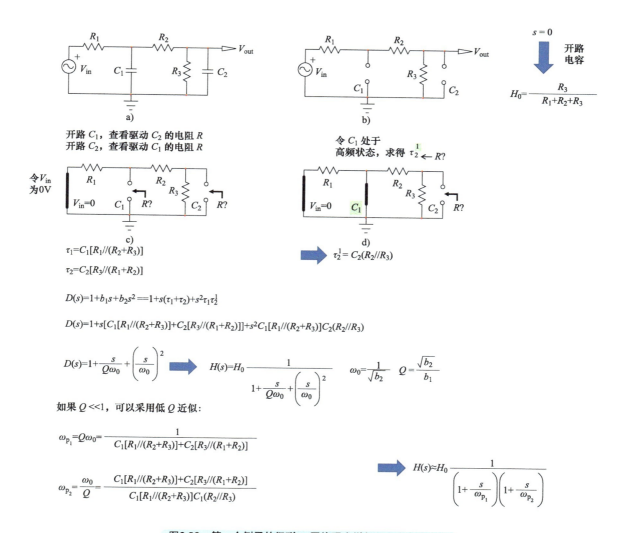

$$\tau_1 = C_1[R_1//(R_2+R_3)]$$

$$\tau_2 = C_2[R_3//(R_1+R_2)]$$

$$D(s)=1+b_1s+b_2s^2==1+s(\tau_1+\tau_2)+s^2\tau_1\tau_2^1$$

$$D(s)=1+s[C_1[R_1//(R_2+R_3)]+C_2[R_3//(R_1+R_2)]]+s^2C_1[R_1//(R_2+R_3)]C_2(R_2//R_3)$$

$$D(s)=1+\frac{s}{Q\omega_0}+\left(\frac{s}{\omega_0}\right)^2 \quad\Rightarrow\quad H(s)=H_0\frac{1}{1+\frac{s}{Q\omega_0}+\left(\frac{s}{\omega_0}\right)^2} \qquad \omega_0=\frac{1}{\sqrt{b_2}} \quad Q=\frac{\sqrt{b_2}}{b_1}$$

如果 $Q \ll 1$，可以采用低 Q 近似：

$$\omega_{p_1}=Q\omega_0=\frac{1}{C_1[R_1//(R_2+R_3)]+C_2[R_3//(R_1+R_2)]}$$

$$\omega_{p_2}=\frac{\omega_0}{Q}=\frac{C_1[R_1//(R_2+R_3)]+C_2[R_3//(R_1+R_2)]}{C_1[R_1//(R_2+R_3)]C_1(R_2//R_3)} \qquad\qquad \Rightarrow\quad H(s)\approx H_0\frac{1}{\left(1+\frac{s}{\omega_{p_1}}\right)\left(1+\frac{s}{\omega_{p_2}}\right)}$$

图6.38　第一个例子的级联 RC 网络现在增加了一个负载电阻

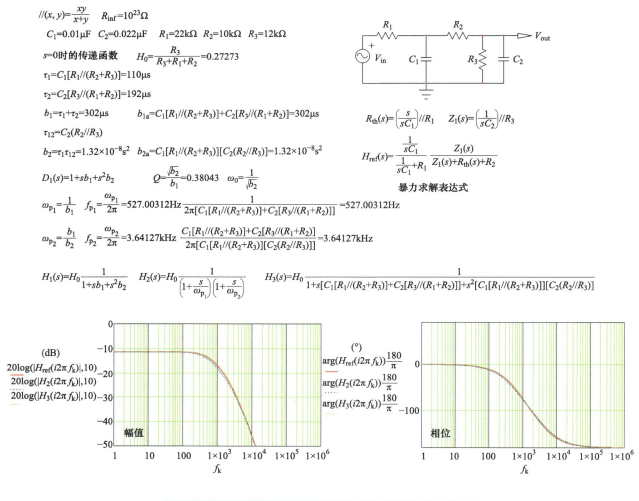

$$//(x,y)=\frac{xy}{x+y} \qquad R_{\text{inf}}=10^{23}\Omega$$

$$C_1=0.01\mu F \quad C_2=0.022\mu F \quad R_1=22k\Omega \quad R_2=10k\Omega \quad R_3=12k\Omega$$

$s=0$时的传递函数 $\quad H_0=\dfrac{R_3}{R_3+R_1+R_2}=0.27273$

$$\tau_1=C_1[R_1//(R_2+R_3)]=110\mu s$$

$$\tau_2=C_2[R_3//(R_1+R_2)]=192\mu s$$

$$b_1=\tau_1+\tau_2=302\mu s \qquad b_{1a}=C_1[R_1//(R_2+R_3)]+C_2[R_3//(R_1+R_2)]=302\mu s$$

$$\tau_{12}=C_2(R_2//R_3)$$

$$b_2=\tau_1\tau_{12}=1.32\times10^{-8}s^2 \qquad b_{2a}=C_1[R_1//(R_2+R_3)][C_2(R_2//R_3)]=1.32\times10^{-8}s^2$$

$$D_1(s)=1+sb_1+s^2b_2 \qquad Q=\frac{\sqrt{b_2}}{b_1}=0.38043 \qquad \omega_0=\frac{1}{\sqrt{b_2}}$$

$$\omega_{p_1}=\frac{1}{b_1} \quad f_{p_1}=\frac{\omega_{p_1}}{2\pi}=527.00312\text{Hz}\ \frac{1}{2\pi[C_1[R_1//(R_2+R_3)]+C_2[R_3//(R_1+R_2)]]}=527.00312\text{Hz}$$

$$\omega_{p_2}=\frac{b_1}{b_2} \quad f_{p_2}=\frac{\omega_{p_2}}{2\pi}=3.64127\text{kHz}\ \frac{C_1[R_1//(R_2+R_3)]+C_2[R_3//(R_1+R_2)]}{2\pi[C_1[R_1//(R_2+R_3)][C_2(R_2//R_3)]]}=3.64127\text{kHz}$$

$$H_1(s)=H_0\frac{1}{1+sb_1+s^2b_2} \quad H_2(s)=H_0\frac{1}{\left(1+\dfrac{s}{\omega_{p_1}}\right)\left(1+\dfrac{s}{\omega_{p_2}}\right)} \quad H_3(s)=H_0\frac{1}{1+s[C_1[R_1//(R_2+R_3)]+C_2[R_3//(R_1+R_2)]]+s^2[C_1[R_1//(R_2+R_3)]][C_2(R_2//R_3)]}$$

$$R_{\text{th}}(s)=\left(\frac{s}{sC_1}\right)//R_1 \qquad Z_1(s)=\left(\frac{1}{sC_2}\right)//R_3$$

$$H_{\text{ref}}(s)=\frac{\dfrac{1}{sC_1}}{\dfrac{1}{sC_1}+R_1}\ \frac{Z_1(s)}{Z_1(s)+R_{\text{th}}(s)+R_2}$$

暴力求解表达式

图6.39 当品质因数远小于1时，传递函数可用级联极点重新排列

现在来探讨并联 *RLC* 网络的阻抗，这也是一个经典电路，只需要一些电路来提取该阻抗的时间常数，但也没什么特别复杂的，如图 6.40 所示。零点是通过使测试发生器上的响应为零来获得的，这相当于用导线替换它，这大大简化了阻抗确定的分析。交流响应如图 6.41 所示，证实了分析的正确性。前面推导出的紧凑形式预测阻抗在 100W 或 40dBW 处存在的峰值。

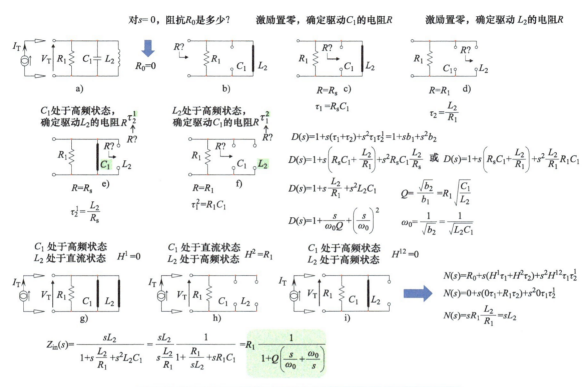

图6.40　安装了一个测试发生器I_T来确定该系列*RLC*网络的输入阻抗

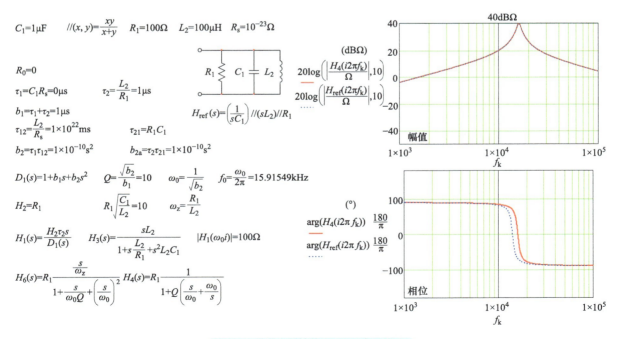

图6.41　阻抗R_1的峰值为100Ω或40dBΩ

现在看图 6.42，其中仍然有一个电感和一个电容形成一个二阶网络。首先短路电感并断开电容，以确定直流增益，在这种情况下为 1。其余的时间常数很容易在不同条件下确定。最后，如果品质因数 Q 足够低，那么分母可以表示为两个极点级联，如图 6.43 所示。

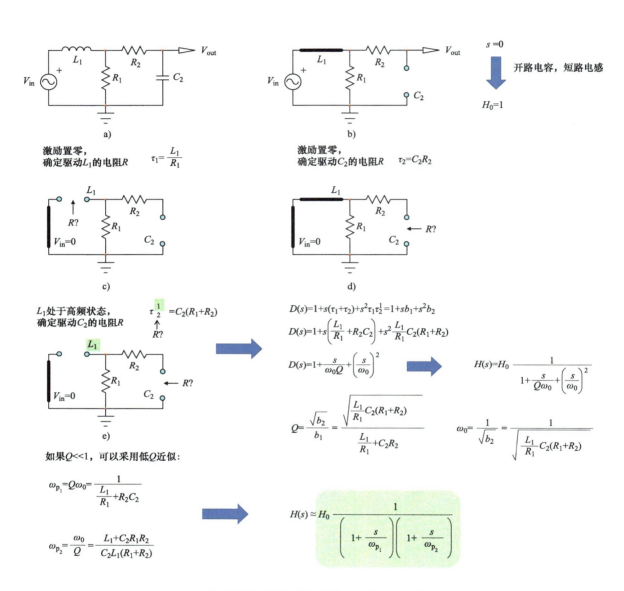

图6.42　我们有一个与RC网络级联的LC滤波器

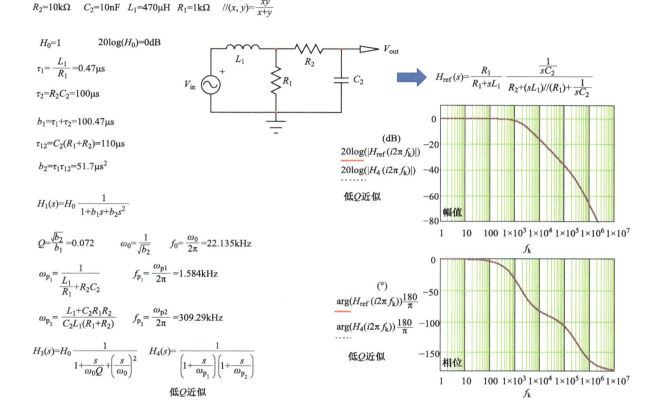

$R_2 = 10\text{k}\Omega$　　$C_2 = 10\text{nF}$　　$L_1 = 470\mu\text{H}$　　$R_1 = 1\text{k}\Omega$　　$//(x,y) = \dfrac{xy}{x+y}$

$H_0 = 1$　　　　$20\log(H_0) = 0\text{dB}$

$\tau_1 = \dfrac{L_1}{R_1} = 0.47\mu\text{s}$

$\tau_2 = R_2 C_2 = 100\mu\text{s}$

$b_1 = \tau_1 + \tau_2 = 100.47\mu\text{s}$

$\tau_{12} = C_2(R_1 + R_2) = 110\mu\text{s}$

$b_2 = \tau_1 \tau_{12} = 51.7\mu\text{s}^2$

$H_1(s) = H_0 \dfrac{1}{1 + b_1 s + b_2 s^2}$

$Q = \dfrac{\sqrt{b_2}}{b_1} = 0.072$　　$\omega_0 = \dfrac{1}{\sqrt{b_2}}$　　$f_0 = \dfrac{\omega_0}{2\pi} = 22.135\text{kHz}$

$\omega_{p_1} = \dfrac{1}{\dfrac{L_1}{R_1} + R_2 C_2}$　　$f_{p_1} = \dfrac{\omega_{p1}}{2\pi} = 1.584\text{kHz}$

$\omega_{p_2} = \dfrac{L_1 + C_2 R_1 R_2}{C_2 L_1(R_1 + R_2)}$　　$f_{p_2} = \dfrac{\omega_{p2}}{2\pi} = 309.29\text{kHz}$

$H_3(s) = H_0 \dfrac{1}{1 + \dfrac{s}{\omega_0 Q} + \left(\dfrac{s}{\omega_0}\right)^2}$　　$H_4(s) = \dfrac{1}{\left(1 + \dfrac{s}{\omega_{p_1}}\right)\left(1 + \dfrac{s}{\omega_{p_2}}\right)}$

低 Q 近似

$H_{\text{ref}}(s) = \dfrac{R_1}{R_1 + sL_1} \dfrac{\dfrac{1}{sC_2}}{R_2 + (sL_1)//(R_1) + \dfrac{1}{sC_2}}$

(dB)

$20\log(|H_{\text{ref}}(i2\pi f_k)|)$

$20\log(|H_4(i2\pi f_k)|)$

低 Q 近似

幅值

$\arg(H_{\text{ref}}(i2\pi f_k))\dfrac{180}{\pi}$

$\arg(H_4(i2\pi f_k))\dfrac{180}{\pi}$

低 Q 近似

相位

图6.43　如果品质因数 Q 足够低，则传递函数可以近似为两个极点级联

在图 6.44 中，可以看到电感现在连接到地，在原点处引入零点，因为它的直流状态是短路。因此，该网络将高通滤波器与包含 C_2 的低通滤波器相结合，这个电路中有一个零点，因为如果 L_1 处于高频状态（而 C_2 处于直流状态），那么会看到激励会产生响应。它是单个零点，因为其他高频增益返回零。交流响应如图 6.45 所示。

继续进行一个简单的阻抗确定练习，如图 6.46 所示。测试发生器 I_T 安装在连接端子之间。在直流状态下，当 $s = 0$ 时，阻抗接近无穷大，但为了进一步简化，我们特意在这里使用了有限值电阻 R_{inf}。零点是通过使响应为零并确定什么阻抗组合可以使 V_T 为 0V 来确定的。由 R_1 和 C_1 的串联连接，立即得到零点。在用倒置零点重新排列传递函数后，我们可以检查图 6.47 中给出的交流响应。

当和运算跨导放大器（OTA）一起时，该电路形成 2 型补偿器，该补偿器在开关变换器中十分流行。如图 6.47 所示，相位在极点和零点频率之间的几何平均值提升处最大，这通常是选择穿越频率的地方。当极点和零点重合时，它们相互抵消，交流响应是一个积分器的响应。当把它们分开时，零点向低频移动，而极点向高频移动，相位曲线会达到最大 90° 的峰值。

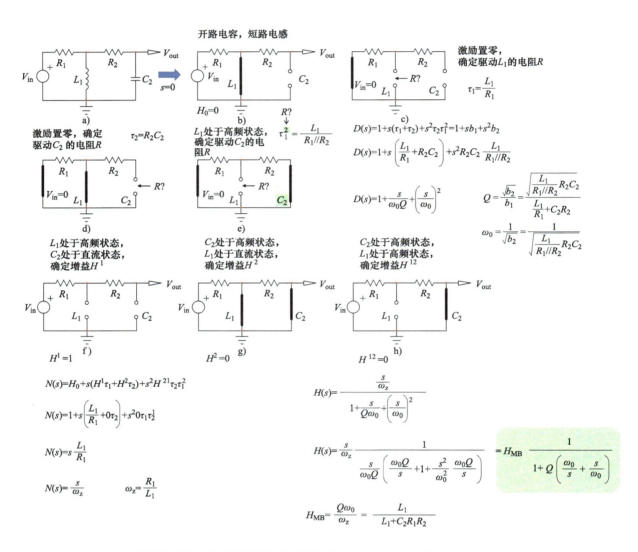

图6.44　在直流状态时，电感将支路电流短路到地，在原点处会引入一个零点

$R_1=100\Omega$ $C_2=470\text{nF}$ $L_1=100\mu\text{H}$ $R_2=100\text{k}\Omega$ $//(x,y)=\dfrac{xy}{x+y}$

$\tau_1=\dfrac{L_1}{R_1}=1\mu\text{s}$ $\tau_2=C_2R_2=4.7\times10^7\text{ns}$ $H_0=0$

$\tau_{12}=C_2(R_1+R_2)=47.047\text{ms}$ $\tau_{21}=\dfrac{L_1}{R_1//R_2}=1.001\mu\text{s}$

$b_1=\tau_1+\tau_2=4.7\times10^4\mu\text{s}$

$b_2=\tau_2\tau_{21}=4.705\times10^4\mu\text{s}^2$ $b_{2a}=\tau_1\tau_{12}=4.705\times10^4\mu\text{s}^2$

$D_1(s)=1+sb_1+s^2b_2$

$H_1=1$

$N_1(s)=sH_1\tau_1$ $\omega_0=\dfrac{1}{\sqrt{b_2}}=4.61\times10^3\dfrac{1}{\text{s}}$ $Q=\dfrac{\sqrt{b_2}}{b_1}=4.615\times10^{-3}$ $\omega_z=\dfrac{R_1}{L_1}$

$H_{10}(s)=\dfrac{N_1(s)}{D_1(s)}$ $H_5(s)=\dfrac{\dfrac{s}{\omega_z}}{1+\dfrac{s}{\omega_0Q}+\left(\dfrac{s}{\omega_0}\right)^2}$ $H_{mb}=\dfrac{\omega_0Q}{\omega_z}=2.128\times10^{-5}$

$20\log(H_{mb})=-93.442$

$H_6(s)=H_{mb}\dfrac{1}{1+Q\left(\dfrac{\omega_0}{s}+\dfrac{s}{\omega_0}\right)}$ $\dfrac{L_1}{L_1+C_2R_1R_2}=2.128\times10^{-5}$

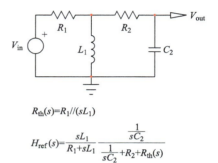

$R_{th}(s)=R_1//(sL_1)$

$H_{ref}(s)=\dfrac{sL_1}{R_1+sL_1}\dfrac{\dfrac{1}{sC_2}}{\dfrac{1}{sC_2}+R_2+R_{th}(s)}$

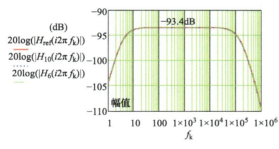

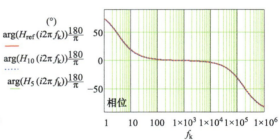

图6.45 最终传递函数被重新排列设计，以揭示中频带增益作为首项

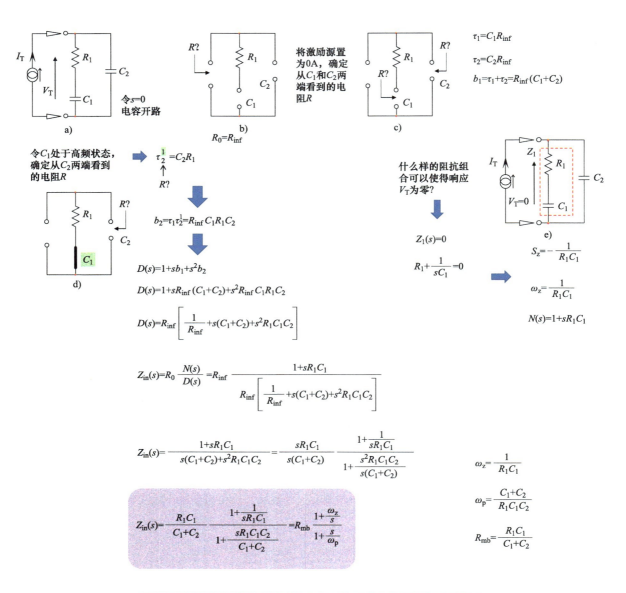

图6.46 快速确定这个电路的输入阻抗，并以一种方便的形式重新排列

$R_1 = 1500\Omega$　　$C_1 = 470\text{nF}$　$C_2 = 10\text{nF}$

$//(x, y) = \dfrac{xy}{x+y}$　　$R_{\text{inf}} = 10^{23}\Omega$

$\tau_1 = C_1 R_{\text{inf}} = 4.7\times10^{16}\text{s}$　　$\tau_2 = C_2 R_{\text{inf}} = 1\times10^{15}\text{s}$　　$R_0 = R_{\text{inf}}$

$\tau_{12} = C_2 R_1$

$b_1 = \tau_1 + \tau_2 = 4.8\times10^{22}\mu\text{s}$　　　$b_2 = \tau_1\tau_{12} = 7.05\times10^{23}\mu\text{s}^2$

$D_1(s) = 1 + s b_1 + s^2 b_2$

$\tau_{1N} = C_1 R_1 = 7.05\times10^{-4}\text{s}$　　$\tau_{2N} = C_2 0 = 0\text{s}$

$\tau_{12N} = C_2 0$

$N_1(s) = 1 + s R_1 C_1$

$Z_{10}(s) = R_{\text{inf}}\dfrac{N_1(s)}{D_1(s)}$　　　$Z_{30}(s) = R_{\text{inf}}\dfrac{1 + s R_1 C_1}{1 + s R_{\text{inf}}(C_1+C_2) + s^2 C_1 R_{\text{inf}} C_2 R_1}$　　　$Z_{40}(s) = \dfrac{R_1 C_1}{C_1+C_2}\dfrac{1 + \dfrac{1}{s R_1 C_1}}{1 + s\dfrac{C_1 C_2}{C_1+C_2}R_1}$

$\omega_z = \dfrac{1}{R_1 C_1}$　　$\omega_p = \dfrac{C_1+C_2}{C_1 C_2 R_1}$　　$R_{\text{mb}} = \dfrac{R_1 C_1}{C_1+C_2}$　　$Z_{50}(s) = R_{\text{mb}}\dfrac{1 + \dfrac{\omega_z}{s}}{1 + \dfrac{s}{\omega_p}}$　　$20\log\left(\dfrac{R_{\text{mb}}}{\Omega}\right) = 63.339\text{dBohm}$　　$\dfrac{\sqrt{\omega_p\omega_z}}{2\pi} = 1.564\text{kHz}$

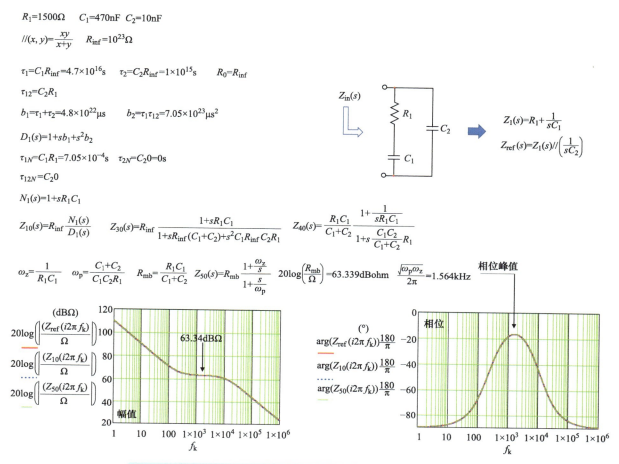

图6.47　倒置零点可以改变传递函数的响应曲线形状，从而出现中频带电阻

如图 6.48 所示，这是一个没有欧姆损耗的简单 LC 网络。这个电路中没有零点，因为如果将 L_1 或 C_2 设置为高频状态，激励不会通过网络传递产生响应。交流响应如图 6.49 所示。在这张表中，我求出了 -3dB 的截止频率。要获得它，首先在传递函数中将 s 替换为 $j\omega$，展开后，用实部和虚部表示如下：

$$\frac{V_{\text{out}}(j\omega)}{V_{\text{in}}(j\omega)} = \frac{1}{1 + \dfrac{j\omega}{\omega_0 Q} + \left(\dfrac{j\omega}{\omega_0}\right)^2} = \frac{1}{1 - \left(\dfrac{\omega}{\omega_0}\right)^2 + j\dfrac{\omega}{Q\omega_0}} = \frac{1}{1 - L_1 C_2\omega^2 + j\dfrac{L_1}{R_1}\omega} \tag{6.16}$$

计算幅值为

$$\left|\frac{V_{\text{out}}(s)}{V_{\text{in}}(s)}\right| = \frac{1}{\sqrt{(1 - L_1 C_2\omega^2)^2 + \left(\dfrac{L_1}{R_1}\omega\right)^2}} \tag{6.17}$$

求得当幅值为 0.707 或是 -3dB 时的频率点

$$\frac{1}{\sqrt{(1 - L_1 C_2\omega_{\text{c}}^2)^2 + \left(\dfrac{L_1}{R_1}\omega_{\text{c}}\right)^2}} = \frac{1}{\sqrt{2}} \tag{6.18}$$

可得

$$f_{\text{c}} = \frac{1}{2\pi}\sqrt{\frac{\sqrt{8 C_2^2 R_1^4 - 4 C_2 L_1 R_1^2 + L_1^2} - L_1 + 2 C_2 R_1^2}{2 C_2^2 L_1 R_1^2}} \tag{6.19}$$

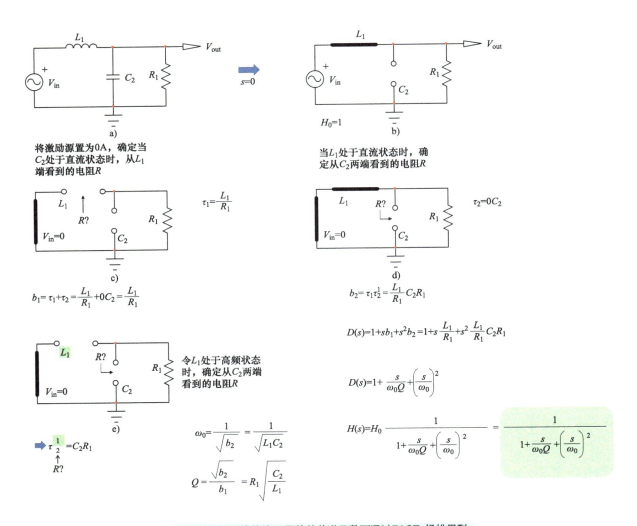

将激励源置为0A，确定当 C_2 处于直流状态时，从 L_1 端看到的电阻 R

当 L_1 处于直流状态时，确定从 C_2 两端看到的电阻 R

$\tau_1 = \dfrac{L_1}{R_1}$

$\tau_2 = 0C_2$

$b_1 = \tau_1 + \tau_2 = \dfrac{L_1}{R_1} + 0C_2 = \dfrac{L_1}{R_1}$

$b_2 = \tau_1 \tau_2^1 = \dfrac{L_1}{R_1} C_2 R_1$

$D(s) = 1 + sb_1 + s^2 b_2 = 1 + s\dfrac{L_1}{R_1} + s^2 \dfrac{L_1}{R_1} C_2 R_1$

$D(s) = 1 + \dfrac{s}{\omega_0 Q} + \left(\dfrac{s}{\omega_0}\right)^2$

令 L_1 处于高频状态时，确定从 C_2 两端看到的电阻 R

$\tau \dfrac{1}{2} = C_2 R_1$

$\omega_0 = \dfrac{1}{\sqrt{b_2}} = \dfrac{1}{\sqrt{L_1 C_2}}$

$Q = \dfrac{\sqrt{b_2}}{b_1} = R_1 \sqrt{\dfrac{C_2}{L_1}}$

$H(s) = H_0 \dfrac{1}{1 + \dfrac{s}{\omega_0 Q} + \left(\dfrac{s}{\omega_0}\right)^2} = \dfrac{1}{1 + \dfrac{s}{\omega_0 Q} + \left(\dfrac{s}{\omega_0}\right)^2}$

图6.48　这个简单的 LC 网络的传递函数可通过FACTs轻松得到

现在有趣的是增加负载电阻，并不对滤波器进行阻尼，在图 6.50[注] 中，Q 的峰值达到 16dB，由于没有包含 L 和 C，截止频率增加到 15kHz。如果现在将负载电阻减少而功率增加到 100W，品质因数会跌落到 0.06，这样可以应用低 Q 近似。然后用依赖于 Q 和 ω_0 的级联极点重写传递函数。原来的 LC 滤波器现在可以用两个带有缓冲的 RC 滤波器所代替：这两个传递函数的响应在幅值和相位上完美重合。

如果将电容和电感并联，则可以创建如图 6.51 所示的谐振电路。在这个例子中，电阻分压器驱动谐振网络，其特点在于原点处有一个零点（L_1 是直流短路）。如图 6.52 所示，重新排列传递函数以揭示峰值振幅。滤波器在 1.6MHz 处谐振，并提供非常具有选择性的幅值响应。

现在我们来看另一个无源滤波器，这次是电容和电感串联，如图 6.53 所示。

这里没有什么特别复杂的，图 6.54 中显示的交流响应证实了我们的分析。

在图 6.55 中，两个电容串联，电阻 R_1 将它们旁路，而 R_2 将它们的节点接地。图 6.56 中的交流结果显示了 FACTs 获得的表达式与叠加定律得出的暴力求解表达式结果的对比。如左下角所示的幅值差异所证实的，传递函数是严格相同的。相位差（未显示）也会有相同的结果。

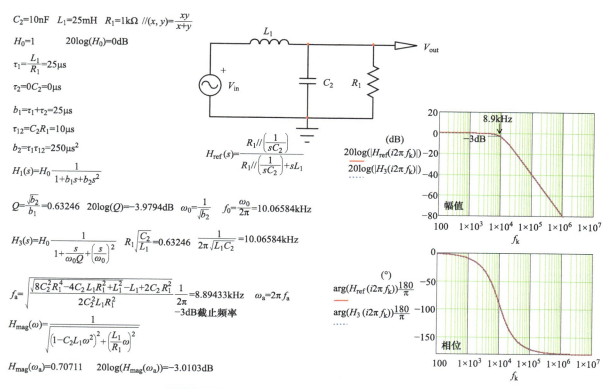

图6.49　在本例中，品质因数相对较低，且没有达到峰值

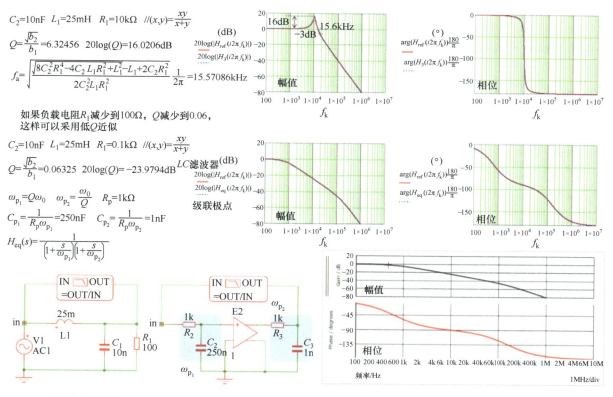

图6.50　如果品质因数较高，则会观察到一个幅值峰值，尽管自然谐振频率相似，但截止频率仍会发生变化，
如果Q值很低，低Q近似在两个独立极点的近似下效果很好

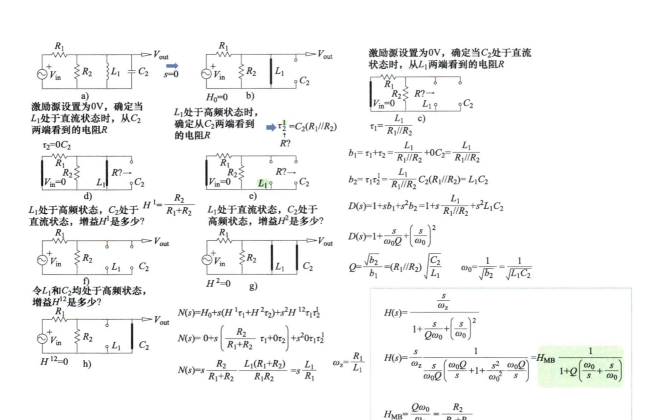

图6.51 该谐振网络增益峰值由R_1和R_2组成的电阻分压器设定

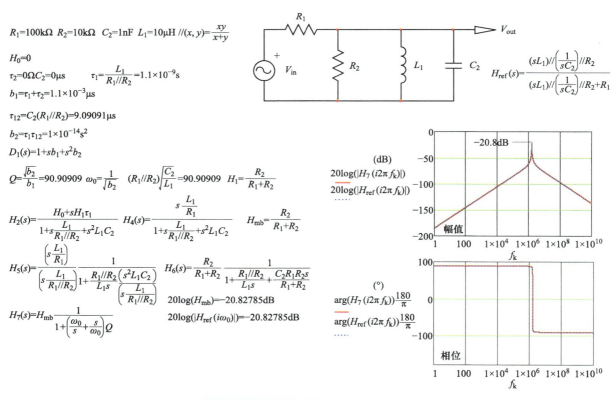

R_1=100kΩ R_2=10kΩ C_2=1nF L_1=10μH $//(x, y)=\dfrac{xy}{x+y}$

$H_0=0$

$\tau_2=0\,\Omega\, C_2=0\,\mu s$ $\tau_1=\dfrac{L_1}{R_1//R_2}=1.1\times10^{-9}s$

$b_1=\tau_1+\tau_2=1.1\times10^{-3}\mu s$

$\tau_{12}=C_2(R_1//R_2)=9.09091\mu s$

$b_2=\tau_1\tau_{12}=1\times10^{-14}s^2$

$D_1(s)=1+sb_1+s^2b_2$

$Q=\dfrac{\sqrt{b_2}}{b_1}=90.90909$ $\omega_0=\dfrac{1}{\sqrt{b_2}}$ $(R_1//R_2)\sqrt{\dfrac{C_2}{L_1}}=90.90909$ $H_1=\dfrac{R_2}{R_1+R_2}$

$H_2(s)=\dfrac{H_0+sH_1\tau_1}{1+s\dfrac{L_1}{R_1//R_2}+s^2L_1C_2}$ $H_4(s)=\dfrac{s\dfrac{L_1}{R_1}}{1+s\dfrac{L_1}{R_1//R_2}+s^2L_1C_2}$ $H_{mb}=\dfrac{R_2}{R_1+R_2}$

$H_5(s)=\dfrac{\left(s\dfrac{L_1}{R_1}\right)}{\left(s\dfrac{L_1}{R_1//R_2}\right)}\dfrac{1}{1+\dfrac{R_1//R_2}{L_1s}\left(\dfrac{s^2L_1C_2}{s\dfrac{L_1}{R_1//R_2}}\right)}$ $H_6(s)=\dfrac{R_2}{R_1+R_2}\dfrac{1}{1+\dfrac{R_1//R_2}{L_1s}+\dfrac{C_2R_1R_2s}{R_1+R_2}}$

$H_7(s)=H_{mb}\dfrac{1}{1+\left(\dfrac{\omega_0}{s}+\dfrac{s}{\omega_0}\right)Q}$ $20\log(H_{mb})=-20.82785dB$

$20\log(|H_{ref}(i\omega_0)|)=-20.82785dB$

图6.52 该选择性滤波器的品质因数相当高

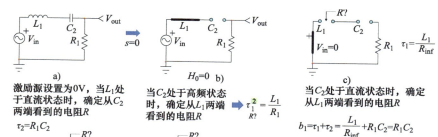

激励源设置为0V，当L_1处于直流状态时，确定从C_2两端看到的电阻R

$$\tau_2 = R_1 C_2$$

当C_2处于高频状态时，确定从L_1两端看到的电阻R ➡️ $\tau_1^{2} = \dfrac{L_1}{R_1}$

当C_2处于直流状态时，确定从L_1两端看到的电阻R

$$b_1 = \tau_1 + \tau_2 = \frac{L_1}{R_{\text{inf}}} + R_1 C_2 = R_1 C_2$$

$$b_2 = \tau_2 \tau_1^{2} = R_1 C_2 \frac{L_1}{R_1} = L_1 C_2$$

$$D(s) = 1 + s b_1 + s^2 b_2 = 1 + s R_1 C_2 + s^2 L_1 C_2$$

$$D(s) = 1 + \frac{s}{\omega_0 Q} + \left(\frac{s}{\omega_0}\right)^2$$

$$Q = \frac{\sqrt{b_2}}{b_1} = \frac{1}{R_1}\sqrt{\frac{L_1}{C_2}} \qquad \omega_0 = \frac{1}{\sqrt{b_2}} = \frac{1}{\sqrt{L_1 C_2}}$$

L_1处于高频状态，C_2处于直流状态，增益H^1是多少？

$H^1 = 0$

L_1处于直流状态，C_2处于高频状态，增益H^2是多少？

$H^2 = 1$

$$H(s) = \frac{\dfrac{s}{\omega_z}}{1 + \dfrac{s}{Q\omega_0} + \left(\dfrac{s}{\omega_0}\right)^2}$$

令L_1和C_2均处于高频状态，增益H^{12}是多少？

$H^{12} = 0$

$$N(s) = H_0 + s(H^1\tau_1 + H^2\tau_2) + s^2 H^{12}\tau_1 \tau_2^{1}$$

$$N(s) = 0 + s(0\tau_1 + 1\tau_2) + s^2 0\tau_1 \tau_2^{1}$$

$$N(s) = s R_1 C_2 \qquad \omega_z = \frac{1}{R_1 C_2}$$

$$H(s) = \frac{s}{\omega_z} \frac{1}{\dfrac{s}{\omega_0 Q}\left(\dfrac{\omega_0 Q}{s} + 1 + \dfrac{s^2}{\omega_0^2}\dfrac{\omega_0 Q}{s}\right)} = H_{\text{MB}}\frac{1}{1 + Q\left(\dfrac{\omega_0}{s} + \dfrac{s}{\omega_0}\right)}$$

$$H_{\text{MB}} = \frac{Q\omega_0}{\omega_z} = 1$$

图6.53 电感和电容与电源串联，同时可以在电阻上观察到响应

$R_1 = 50\,\Omega \qquad C_2 = 10\,\text{nF} \quad L_1 = 10\,\mu\text{H} \quad //(x,y) = \dfrac{xy}{x+y} \qquad R_{\text{inf}} = 10^{23}\,\Omega$

$H_0 = 0$

$\tau_1 = \dfrac{L_1}{R_{\text{inf}}} = 0\,\text{s} \qquad \tau_2 = R_1 C_2 = 0.5\,\mu\text{s}$

$b_1 = \tau_1 + \tau_2 = 0.5\,\mu\text{s}$

$\tau_{12} = C_2 R_{\text{inf}} = 1\times10^{21}\,\mu\text{s} \qquad \tau_{21} = \dfrac{L_1}{R_1} = 0.2\,\mu\text{s}$

$b_2 = \tau_2 \tau_{21} = 1\times10^{-13}\,\text{s}^2 \qquad b_{2a} = \tau_1 \tau_{12} = 1\times10^{-13}\,\text{s}^2$

$D_1(s) = 1 + s b_1 + s^2 b_2$

$Q = \dfrac{\sqrt{b_2}}{b_1} = 0.63246 \qquad \omega_0 = \dfrac{1}{\sqrt{b_2}} = 3.16228\times10^6 \dfrac{1}{\text{s}}$

$\dfrac{1}{R_1}\sqrt{\dfrac{L_2}{C_2}} = 0.63246 \qquad \dfrac{1}{\sqrt{L_1 C_2}} = 3.16228\times10^6 \dfrac{1}{\text{s}}$

$H_1 = 0 \qquad H_2 = 1 \qquad H_{21} = 0$

$N_1(s) = H_0 + s(H_1\tau_1 + H_2\tau_2) + s^2 H_{21}\tau_2 \tau_{21}$

$H_{10}(s) = \dfrac{N_1(s)}{D_1(s)} \qquad H_{20}(s) = \dfrac{s R_1 C_2}{1 + s R_1 C_2 + s^2 L_1 C_2} \qquad \omega_z = \dfrac{1}{R_1 C_2}$

$H_3(s) = \dfrac{\dfrac{s}{\omega_z}}{1 + \dfrac{s}{\omega_0 Q} + \left(\dfrac{s}{\omega_0}\right)^2} \qquad H_{\text{mb}} = \dfrac{\omega_0 Q}{\omega_z} = 1$

$H_4(s) = H_{\text{mb}} \dfrac{1}{1 + Q\left(\dfrac{s}{\omega_0} + \dfrac{\omega_0}{s}\right)}$

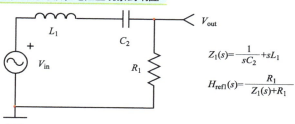

$Z_1(s) = \dfrac{1}{sC_2} + sL_1$

$H_{\text{ref1}}(s) = \dfrac{R_1}{Z_1(s) + R_1}$

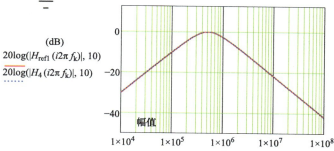

(dB)

$20\log(|H_{\text{ref1}}(i2\pi f_k)|, 10)$

$20\log(|H_4(i2\pi f_k)|, 10)$

幅值

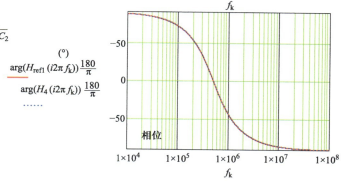

(°)

$\arg(H_{\text{ref1}}(i2\pi f_k))\dfrac{180}{\pi}$

$\arg(H_4(i2\pi f_k))\dfrac{180}{\pi}$

相位

图6.54 该无源滤波器呈现带通滤波器的交流响应

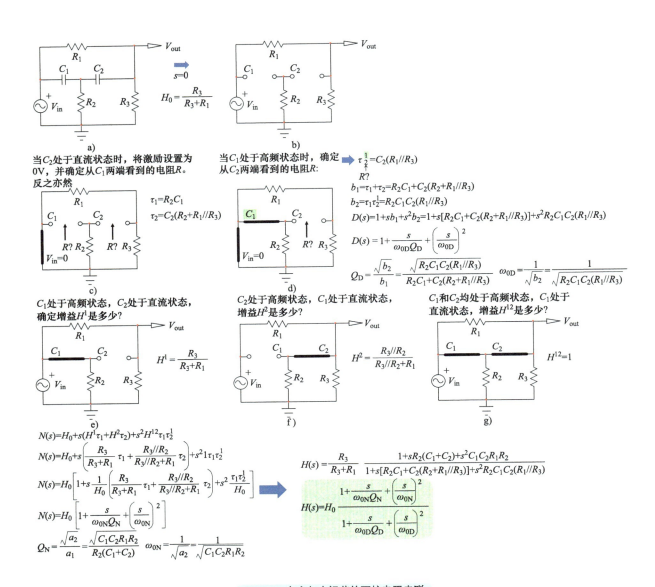

当C_2处于直流状态时，将激励设置为0V，并确定从C_1两端看到的电阻R。反之亦然

$\tau_1 = R_2 C_1$

$\tau_2 = C_2(R_2 + R_1 /\!/ R_3)$

当C_1处于高频状态时，确定从C_2两端看到的电阻R：

$\tau\dfrac{1}{2} = C_2(R_1 /\!/ R_3)$

$b_1 = \tau_1 + \tau_2 = R_2 C_1 + C_2(R_2 + R_1 /\!/ R_3)$

$b_2 = \tau_1 \tau_2^1 = R_2 C_1 C_2(R_1 /\!/ R_3)$

$D(s) = 1 + s b_1 + s^2 b_2 = 1 + s[R_2 C_1 + C_2(R_2 + R_1 /\!/ R_3)] + s^2 R_2 C_1 C_2(R_1 /\!/ R_3)$

$D(s) = 1 + \dfrac{s}{\omega_{0D} Q_D} + \left(\dfrac{s}{\omega_{0D}}\right)^2$

$Q_D = \dfrac{\sqrt{b_2}}{b_1} = \dfrac{\sqrt{R_2 C_1 C_2(R_1 /\!/ R_3)}}{R_2 C_1 + C_2(R_2 + R_1 /\!/ R_3)}$ $\quad$ $\omega_{0D} = \dfrac{1}{\sqrt{b_2}} = \dfrac{1}{\sqrt{R_2 C_1 C_2(R_1 /\!/ R_3)}}$

C_1处于高频状态，C_2处于直流状态，确定增益H^1是多少？

$H^1 = \dfrac{R_3}{R_3 + R_1}$

C_2处于高频状态，C_1处于直流状态，增益H^2是多少？

$H^2 = \dfrac{R_3 /\!/ R_2}{R_3 /\!/ R_2 + R_1}$

C_1和C_2均处于高频状态，C_1处于直流状态，增益H^{12}是多少？

$H^{12} = 1$

$N(s) = H_0 + s(H^1 \tau_1 + H^2 \tau_2) + s^2 H^{12} \tau_1 \tau_2^1$

$N(s) = H_0 + s\left(\dfrac{R_3}{R_3 + R_1}\tau_1 + \dfrac{R_3 /\!/ R_2}{R_3 /\!/ R_2 + R_1}\tau_2\right) + s^2 1 \tau_1 \tau_2^1$

$N(s) = H_0\left[1 + s\dfrac{1}{H_0}\left(\dfrac{R_3}{R_3 + R_1}\tau_1 + \dfrac{R_3 /\!/ R_2}{R_3 /\!/ R_2 + R_1}\tau_2\right) + s^2\dfrac{\tau_1 \tau_2^1}{H_0}\right]$

$N(s) = H_0\left[1 + \dfrac{s}{\omega_{0N} Q_N} + \left(\dfrac{s}{\omega_{0N}}\right)^2\right]$

$Q_N = \dfrac{\sqrt{a_2}}{a_1} = \dfrac{\sqrt{C_1 C_2 R_1 R_2}}{R_2(C_1 + C_2)}$ $\quad$ $\omega_{0N} = \dfrac{1}{\sqrt{a_2}} = \dfrac{1}{\sqrt{C_1 C_2 R_1 R_2}}$

$H(s) = \dfrac{R_3}{R_3 + R_1} \dfrac{1 + s R_2(C_1 + C_2) + s^2 C_1 C_2 R_1 R_2}{1 + s[R_2 C_1 + C_2(R_2 + R_1 /\!/ R_3)] + s^2 R_2 C_1 C_2(R_1 /\!/ R_3)}$

$$H(s) = H_0 \dfrac{1 + \dfrac{s}{\omega_{0N} Q_N} + \left(\dfrac{s}{\omega_{0N}}\right)^2}{1 + \dfrac{s}{\omega_{0D} Q_D} + \left(\dfrac{s}{\omega_{0D}}\right)^2}$$

图6.55　电容与中间节的下拉电阻串联

$R_1 = 1\text{k}\Omega$　$R_2 = 1\text{k}\Omega$　$R_3 = 1\text{k}\Omega$　$C_1 = 22\text{nF}$　$C_2 = 22\text{nF}$　$//(x,y) = \dfrac{xy}{x+y}$

$H_0 = \dfrac{R_3}{R_1+R_3} = 0.5$　$20\log(H_0) = -6.021\text{dB}$

$\tau_1 = R_2 C_1 = 22\mu s$

$\tau_2 = (R_1//R_3 + R_2)C_2 = 33\mu s$

$b_1 = \tau_1 + \tau_2 = 5.5 \times 10^{-5}s$

$\tau_{12} = C_2(R_1//R_3) = 11\mu s$

$b_2 = \tau_1 \tau_{12} = 242\mu s^2$

$D_1(s) = 1 + sb_1 + s^2 b_2$

$Q_D = \dfrac{\sqrt{b_2}}{b_1} = 0.283$　　$\omega_{0D} = \dfrac{1}{\sqrt{b_2}} = 6.428 \times 10^4 \dfrac{1}{s}$

$\dfrac{\sqrt{R_2 C_1 C_2 (R_1//R_3)}}{R_2 C_1 + (R_1//R_3 + R_2)C_2} = 0.283$　$\dfrac{1}{\sqrt{R_2 C_1 C_2 (R_1//R_3)}} = 6.428 \times 10^4 \dfrac{1}{s}$

$H_1 = \dfrac{R_3}{R_3 + R_1} = 0.5$　$H_2 = \dfrac{R_3//R_2}{R_1 + R_3//R_2} = 0.333$　$H_{12} = 1$

$a_1 = \dfrac{H_1 \tau_1 + H_2 \tau_2}{H_0}$　　$a_2 = \dfrac{H_{12}\tau_1 \tau_{12}}{H_0}$

$N_1(s) = 1 + s\left(\dfrac{H_1 \tau_1 + H_2 \tau_2}{H_0}\right) + s^2\left(\dfrac{H_{12}}{H_0}\tau_1 \tau_{12}\right)$

$Q_N = \dfrac{\sqrt{a_2}}{a_1} = 0.5$　　$\omega_{0N} = \dfrac{1}{\sqrt{a_2}} = 4.545 \times 10^4 \dfrac{1}{s}$

$\dfrac{\sqrt{C_1 C_2 R_1 R_2}}{R_2(C_1 + C_2)} = 0.5$　$\dfrac{1}{\sqrt{C_1 C_2 R_1 R_2}} = 4.545 \times 10^4 \dfrac{1}{s}$

$H_2(s) = H_0 \dfrac{N_1(s)}{D_1(s)}$　$H_5(s) = H_0 \dfrac{1 + \dfrac{s}{\omega_{0N}Q_N} + \left(\dfrac{s}{\omega_{0N}}\right)^2}{1 + \dfrac{s}{\omega_{0D}Q_D} + \left(\dfrac{s}{\omega_{0D}}\right)^2}$

$H_4(s) = \dfrac{R_3}{R_1 + R_3}\dfrac{1 + s[R_2(C_1+C_2)] + s^2(C_1 C_2 R_1 R_2)}{1 + s[R_2 C_1 + (R_1//R_3 + R_2)C_2] + s^2[R_2 C_1 [C_2(R_1//R_3)]]}$

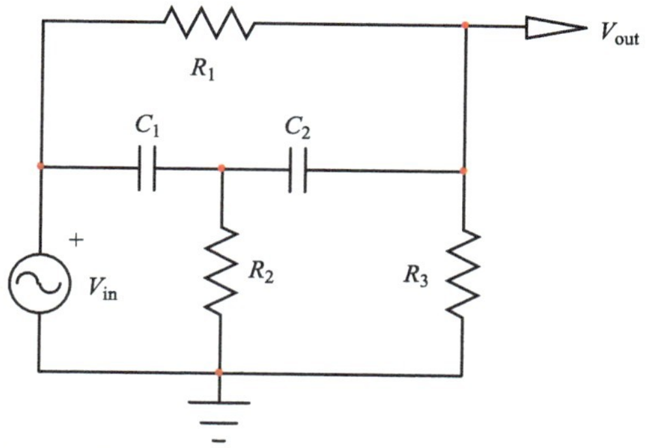

$V_1(s) = \dfrac{\left[\dfrac{1}{C_2 s} + \left(\dfrac{1}{sC_1}\right)//R_2\right]//R_3}{R_1 + \left[\dfrac{1}{C_2 s} + \left(\dfrac{1}{sC_1}\right)//R_2\right]//R_3}$　将C_1(左边)接地来确定V_1

利用叠加定律推导
传递函数

$V_2(s) = \dfrac{R_2}{R_2 + \dfrac{1}{sC_1}}\dfrac{R_1//R_3}{R_1//R_3 + \left[\left(\dfrac{1}{sC_1}\right)//R_2\right] + \dfrac{1}{sC_2}}$　将R_1接地来确定V_2

$H_{ref}(s) = V_1(s) + V_2(s)$

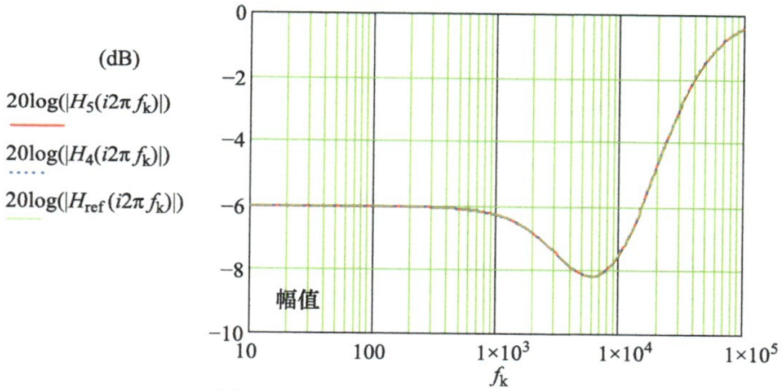

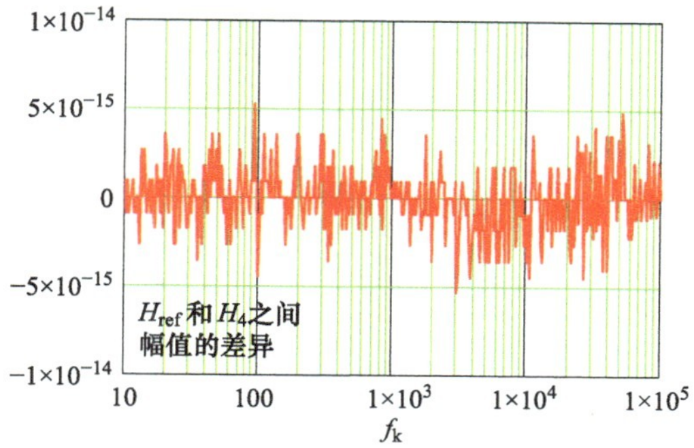

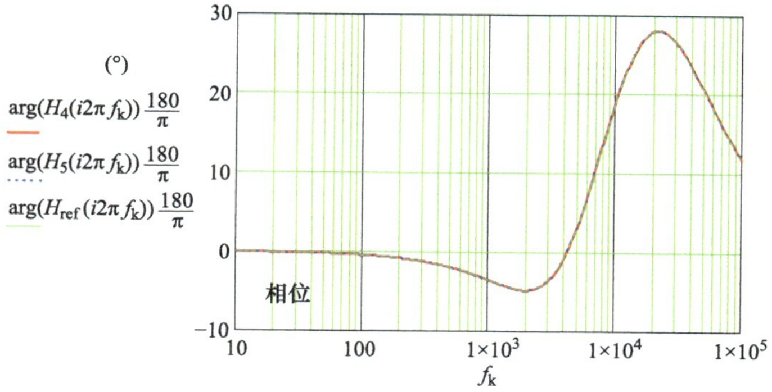

(dB)

$20\log(|H_5(i2\pi f_k)|)$

$20\log(|H_4(i2\pi f_k)|)$

$20\log(|H_{ref}(i2\pi f_k)|)$

幅值

H_{ref}和H_4之间
幅值的差异

(°)

$\arg(H_4(i2\pi f_k))\dfrac{180}{\pi}$

$\arg(H_5(i2\pi f_k))\dfrac{180}{\pi}$

$\arg(H_{ref}(i2\pi f_k))\dfrac{180}{\pi}$

相位

图6.56　FACTs给出的响应与叠加定律得到的响应非常相似

在图 6.57 中是两个级联的 *RL* 网络。考虑到两个电感将主支路短路到地，直流时传递函数为零，原点有两个零点，高频增益证实了这一点。最后的传递函数是以一种非常紧凑的形式写出，具有倒置极点。交流响应如图 6.58 所示。

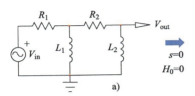

a)

将激励源设置为0V，当 L_1 处于直流状态时，确定从 L_2 两端看到的电阻 R

$s=0$
$H_0=0$

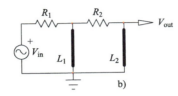

b)

当 L_1 处于直流状态时，确定从 L_2 两端看到的电阻 R

将激励源设置为0V，求得当 L_2 处于直流状态时，从 L_1 两端看到的电阻 R

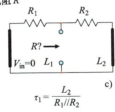

c)

$$\tau_1 = \frac{L_2}{R_1 /\!/ R_2}$$

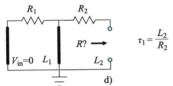

d)

$$\tau_1 = \frac{L_2}{R_2}$$

L_1 处于高频状态，L_2 处于直流状态，增益 H^1 是多少？

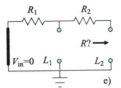

e)

L_2 处于高频状态，L_1 处于直流状态，增益 H^2 是多少？

$$\tau_2^1 = \frac{L_2}{R_1+R_2}$$
$R?$

$$b_1 = \tau_1 + \tau_2 = \frac{L_1}{R_1 /\!/ R_2} + \frac{L_2}{R_2}$$

$$b_2 = \tau_1 \tau_2^1 = \frac{L_1}{R_1 /\!/ R_2} \frac{L_2}{R_1+R_2} = \frac{L_1 L_2}{R_1 R_2}$$

$$D(s) = 1 + s b_1 + s^2 b_2 = 1 + s\left[\frac{L_1}{R_1 /\!/ R_2} + \frac{L_2}{R_2}\right] + s^2 \frac{L_1 L_2}{R_1 R_2}$$

$$D(s) = 1 + \frac{s}{\omega_0 Q} + \left(\frac{s}{\omega_0}\right)^2$$

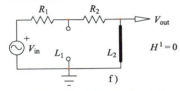

f)

$H^1=0$

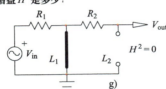

g)

$H^2=0$

$$Q = \frac{\sqrt{b_2}}{b_1} = \frac{\sqrt{\frac{L_1 L_2}{R_1 R_2}}}{\frac{L_1}{R_1 /\!/ R_2} + \frac{L_2}{R_2}} \qquad \omega_0 = \frac{1}{\sqrt{b_2}} = \sqrt{\frac{R_1 R_2}{L_1 L_2}}$$

L_1 和 L_2 均处于高频状态，增益 H^{12} 是多少？

R_1 R_2 V_{out}
V_{in} L_1 L_2
$H^{12}=1$

h)

$$N(s) = H_0 + s(H^1\tau_1 + H^2\tau_2) + s^2 H^{12}\tau_1\tau_2^1$$

$$N(s) = 0 + s(0\,\tau_1 + 0\,\tau_2) + s^2\,1\,\tau_1\tau_2^1$$

$$N(s) = s^2\tau_1\tau_2^1 = s^2\frac{L_1 L_2}{R_1 R_2} = \left(\frac{s}{\omega_0}\right)^2$$

$$\omega_0 = \sqrt{\frac{R_1 R_2}{L_1 L_2}} \quad 和 D(s) 一样$$

$$H(s) = \frac{\left(\dfrac{s}{\omega_0}\right)^2}{1 + \dfrac{s}{\omega_0 Q} + \left(\dfrac{s}{\omega_0}\right)^2}$$

$$H(s) = \frac{\left(\dfrac{s}{\omega_0}\right)^2}{\left(\dfrac{s}{\omega_0}\right)^2} \frac{1}{\left(\dfrac{\omega_0}{s}\right)^2 + \dfrac{s}{\omega_0 Q}\dfrac{\omega_0^2}{s^2} + 1}$$

$$H(s) = \frac{1}{1 + \dfrac{\omega_0}{sQ} + \left(\dfrac{\omega_0}{s}\right)^2}$$

图6.57 这个级联 *RL* 网络原点处有一个双重零点

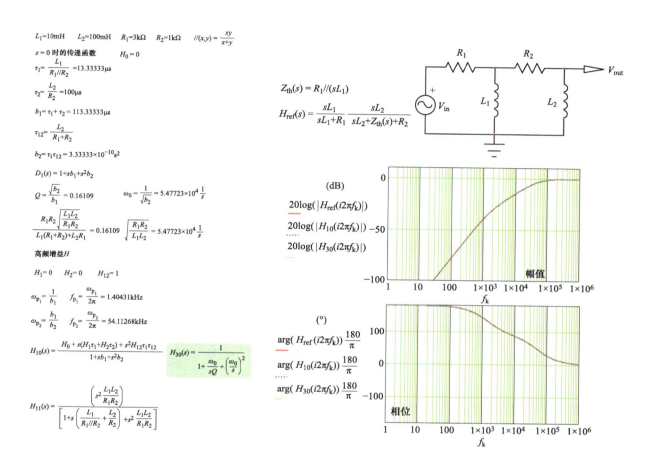

图6.58 使用倒置极点的紧凑表示法与暴力求解交流响应完全吻合

图 6.59 所示的电路是电阻网络和电容网络混联，通过断开所有电容，可以很容易地获得直流传递函数，然后将激励归零以确定时间常数。现在，通过观察电路中的哪种阻抗组合可以阻断激励传播并使响应为零，可以揭示出零点位置：如果 R_1 和 C_1 的并联导致无穷大阻抗，那么我们就有了零点。考虑到较低的品质因数，最终的传递函数可重写为两个级联的极点。所有交流响应如图 6.60 所示。

对于这个新的例子，我们将通过如图 6.61 所示的输入阻抗确定来进行极点确定。将响应 V_T 置零后，在图 6.62 中获得零点。电流源上的零响应可以用短路代替该发生器。图 6.63 说明暴力求解表达式的交流响应与 FACTs 方法的响应完全吻合。

最后一个例子结束了我们的二阶电路网络分析，可以通过多练习以巩固学会的技能。

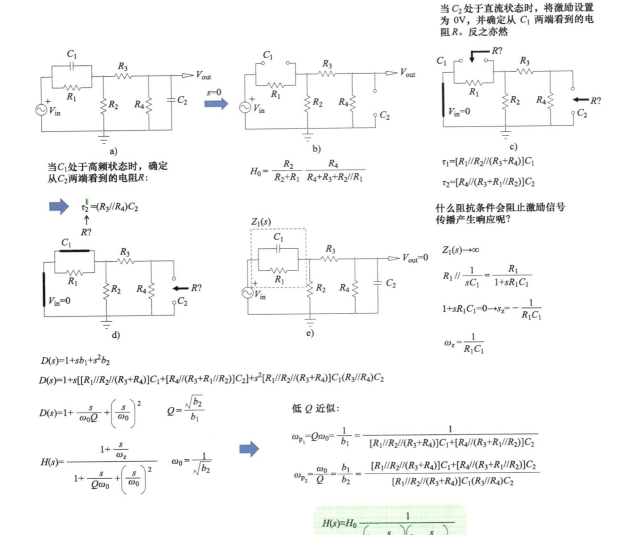

当 C_2 处于直流状态时，将激励设置为 0V，并确定从 C_1 两端看到的电阻 R。反之亦然

$$\tau_1=[R_1//R_2//(R_3+R_4)]C_1$$

$$\tau_2=[R_4//(R_3+R_1//R_2)]C_2$$

什么阻抗条件会阻止激励信号传播产生响应呢？

$$Z_1(s)\rightarrow\infty$$

$$R_1//\frac{1}{sC_1}=\frac{R_1}{1+sR_1C_1}$$

$$1+sR_1C_1=0\rightarrow s_z=-\frac{1}{R_1C_1}$$

$$\omega_z=\frac{1}{R_1C_1}$$

当 C_1 处于高频状态时，确定从 C_2 两端看到的电阻 R：

$$\tau_2'=(R_3//R_4)C_2$$

$$H_0=\frac{R_2}{R_2+R_1}\frac{R_4}{R_4+R_3+R_2//R_1}$$

$$D(s)=1+sb_1+s^2b_2$$

$$D(s)=1+s[[R_1//R_2//(R_3+R_4)]C_1+[R_4//(R_3+R_1//R_2)]C_2]+s^2[R_1//R_2//(R_3+R_4)]C_1(R_3//R_4)C_2$$

$$D(s)=1+\frac{s}{\omega_0 Q}+\left(\frac{s}{\omega_0}\right)^2 \qquad Q=\frac{\sqrt{b_2}}{b_1}$$

$$H(s)=\frac{1+\frac{s}{\omega_z}}{1+\frac{s}{Q\omega_0}+\left(\frac{s}{\omega_0}\right)^2} \qquad \omega_0=\frac{1}{\sqrt{b_2}}$$

低 Q 近似：

$$\omega_{p_1}=Q\omega_0=\frac{1}{b_1}=\frac{1}{[R_1//R_2//(R_3+R_4)]C_1+[R_4//(R_3+R_1//R_2)]C_2}$$

$$\omega_{p_2}=\frac{\omega_0}{Q}=\frac{b_1}{b_2}=\frac{[R_1//R_2//(R_3+R_4)]C_1+[R_4//(R_3+R_1//R_2)]C_2}{[R_1//R_2//(R_3+R_4)]C_1(R_3//R_4)C_2}$$

$$H(s)\approx H_0\frac{1}{\left(1+\frac{s}{\omega_{p_1}}\right)\left(1+\frac{s}{\omega_{p_2}}\right)}$$

图6.59 这个二阶网络有一个零点，可以通过观察来识别

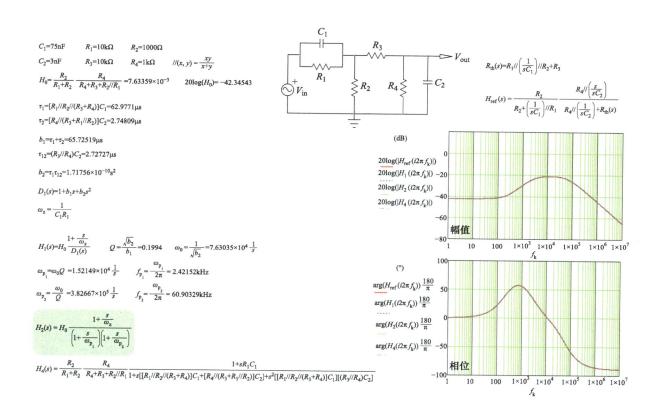

$C_1=75\text{nF}$　　$R_1=10\text{k}\Omega$　　$R_2=1000\Omega$

$C_2=3\text{nF}$　　$R_3=10\text{k}\Omega$　　$R_4=1\text{k}\Omega$　　$//(x,y)=\dfrac{xy}{x+y}$

$H_0=\dfrac{R_2}{R_1+R_2}\dfrac{R_4}{R_4+R_3+R_2//R_1}=7.63359\times10^{-3}$　　$20\log(H_0)=-42.34543$

$\tau_1=[R_1//R_2//(R_3+R_4)]C_1=62.9771\mu\text{s}$

$\tau_2=[R_4//(R_3+R_1//R_2)]C_2=2.74809\mu\text{s}$

$b_1=\tau_1+\tau_2=65.72519\mu\text{s}$

$\tau_{12}=(R_3//R_4)C_2=2.72727\mu\text{s}$

$b_2=\tau_1\tau_{12}=1.71756\times10^{-10}\text{s}^2$

$D_1(s)=1+b_1s+b_2s^2$

$\omega_z=\dfrac{1}{C_1R_1}$

$H_1(s)=H_0\dfrac{1+\dfrac{s}{\omega_z}}{D_1(s)}$　　$Q=\dfrac{\sqrt{b_2}}{b_1}=0.1994$　　$\omega_0=\dfrac{1}{\sqrt{b_2}}=7.63035\times10^4\dfrac{1}{s}$

$\omega_{p_1}=\omega_0Q=1.52149\times10^4\dfrac{1}{s}$　　$f_{p_1}=\dfrac{\omega_{p_1}}{2\pi}=2.42152\text{kHz}$

$\omega_{p_2}=\dfrac{\omega_0}{Q}=3.82667\times10^5\dfrac{1}{s}$　　$f_{p_2}=\dfrac{\omega_{p_2}}{2\pi}=60.90329\text{kHz}$

$$H_2(s)=H_0\dfrac{1+\dfrac{s}{\omega_z}}{\left(1+\dfrac{s}{\omega_{p_1}}\right)\left(1+\dfrac{s}{\omega_{p_2}}\right)}$$

$$H_4(s)=\dfrac{R_2}{R_1+R_2}\dfrac{R_4}{R_4+R_3+R_2//R_1}\dfrac{1+sR_1C_1}{1+s[[R_1//R_2//(R_3+R_4)]C_1+[R_4//(R_3+R_1//R_2)]C_2]+s^2[[R_1//R_2//(R_3+R_4)]C_1][(R_3//R_4)C_2]}$$

$R_{\text{th}}(s)=R_1//\left(\dfrac{1}{sC_1}\right)//R_2+R_3$

$H_{\text{ref}}(s)=\dfrac{R_2}{R_2+\left(\dfrac{1}{sC_1}\right)//R_1}\dfrac{R_4//\left(\dfrac{s}{sC_2}\right)}{R_4//\left(\dfrac{1}{sC_2}\right)+R_{\text{th}}(s)}$

$20\log(|H_{\text{ref}}(i2\pi f_k)|)$
$20\log(|H_1(i2\pi f_k)|)$
$20\log(|H_2(i2\pi f_k)|)$
$20\log(|H_4(i2\pi f_k)|)$

幅值

$\arg(H_{\text{ref}}(i2\pi f_k))\dfrac{180}{\pi}$
$\arg(H_1(i2\pi f_k))\dfrac{180}{\pi}$
$\arg(H_2(i2\pi f_k))\dfrac{180}{\pi}$
$\arg(H_4(i2\pi f_k))\dfrac{180}{\pi}$

相位

图6.60　当采用低Q近似时，传递函数是两个级联极点

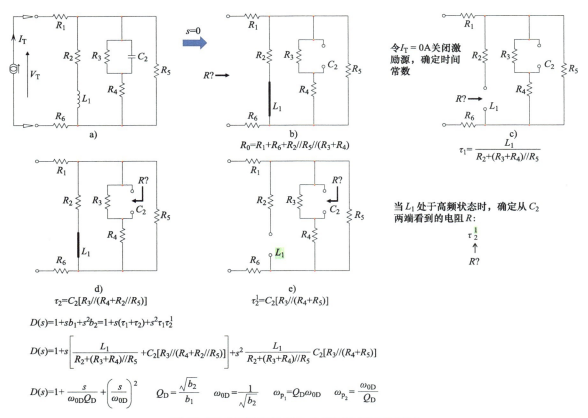

图6.61 通过关闭激励，可以得到分母的时间常数

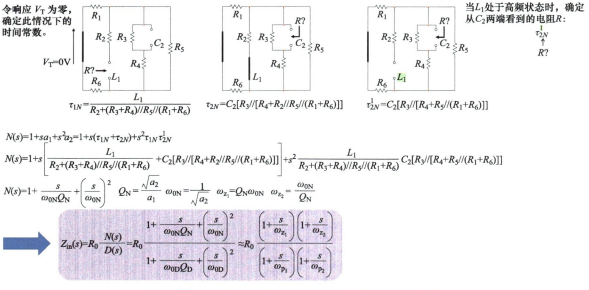

图6.62 零点是通过使响应V_T为零得到的，类似于短路电流源

$R_1=1\text{k}\Omega$　　$R_2=10\text{k}\Omega$　　$R_3=11\text{k}\Omega$　　$R_4=9\text{k}\Omega$

$C_2=1000\mu\text{F}$　$R_5=20\text{k}\Omega$　$R_6=10\Omega$　$L_1=1\text{mH}$　$//(x,y)=\dfrac{xy}{x+y}$

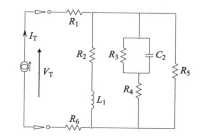

暴力求解分析

$$Z_1(s)=R_2+sL_1 \qquad Z_2(s)=R_4+\left(\dfrac{1}{sC_2}\right)//R_3$$

$$Z_{\text{ref}}(s)=R_1+R_6+Z_1(s)//Z_2(s)//R_5$$

$$R_0=R_1+R_6+R_2//R_5//(R_3+R_4)=6.01\times10^3\Omega \qquad 20\log\left(\dfrac{R_0}{\Omega}\right)=75.577\text{dBohms}$$

关断电流源

$$\tau_1=\dfrac{L_1}{R_2+(R_3+R_4)//R_5}=50\text{ns} \qquad \tau_2=C_2[R_3//(R_4+R_2//R_5)]=6.463\text{s}$$

$$\tau_{12}=C_2[R_3//(R_4+R_5)]=7.975\text{s}$$

$$D_1(s)=1+s(\tau_1+\tau_2)+s^2\tau_1\tau_{12}$$

$$b_1=\tau_1+\tau_2=6.463\times10^6\mu\text{s}$$

$$b_2=\tau_1\tau_{12}=3.988\times10^{-7}\text{s}^2$$

$$Q_D=\dfrac{\sqrt{b_2}}{b_1}=9.771\times10^{-5} \qquad \omega_{0D}=\dfrac{1}{\sqrt{b_2}}=1.584\times10^3\dfrac{1}{s}$$

$$\omega_{p_1}=\omega_{0D}Q_D=0.155\dfrac{1}{s} \qquad f_{p_1}=\dfrac{\omega_{p_1}}{2\pi}=2.463\times10^{-5}\text{kHz}$$

$$\omega_{p_2}=\dfrac{\omega_{0D}}{Q_D}=1.621\times10^7\dfrac{1}{s} \qquad f_{p_2}=\dfrac{\omega_{p_2}}{2\pi}=2.579\times10^3\text{kHz}$$

$$Z_{\text{in}}(s)=R_0\dfrac{N_1(s)}{D_1(s)} \qquad \boxed{Z_{\text{in2}}(s)=R_0\dfrac{1+\dfrac{s}{\omega_{0N}Q_N}+\left(\dfrac{s}{\omega_{0N}}\right)^2}{1+\dfrac{s}{\omega_{0D}Q_D}+\left(\dfrac{s}{\omega_{0D}}\right)^2}}$$

短路电流源

$$\tau_{1N}=\dfrac{L_1}{R_2+(R_3+R_4)//R_5//(R_1+R_6)}=91.597\text{ns}$$

$$\tau_{2N}=C_2[R_3//[(R_4+R_2//R_5//(R_1+R_6)]]=5.204\text{s}$$

$$\tau_{12N}=C_2[R_3//[(R_4+R_5)//(R_1+R_6)]]=5.227\text{s}$$

$$a_1=\tau_{1N}+\tau_{2N}=5.204\times10^6\mu\text{s}$$

$$a_2=\tau_{1N}\tau_{12N}=4.788\times10^{-7}\text{s}^2$$

$$Q_N=\dfrac{\sqrt{a_2}}{a_1}=1.33\times10^{-4} \qquad \omega_{0N}=\dfrac{1}{\sqrt{a_2}}=1.445\times10^3\dfrac{1}{s}$$

$$\omega_{z_1}=\omega_{0D}Q_N=0.192\dfrac{1}{s} \qquad f_{z_1}=\dfrac{\omega_{z_1}}{2\pi}=0.031\text{Hz}$$

$$\omega_{z_2}=\dfrac{\omega_{0N}}{Q_N}=1.087\times10^7\dfrac{1}{s} \qquad f_{z_2}=\dfrac{\omega_{z_2}}{2\pi}=1.73\text{MHz}$$

$$N_1(s)=1+s(\tau_{1N}+\tau_{2N})+s^2\tau_{1N}\tau_{12N} \qquad z_{\text{in3}}(s)=R_0\dfrac{\left(1+\dfrac{s}{\omega_{z_1}}\right)\left(1+\dfrac{s}{\omega_{z_2}}\right)}{\left(1+\dfrac{s}{\omega_{p_1}}\right)\left(1+\dfrac{s}{\omega_{p_2}}\right)}$$

$$Z_{\text{final}}(s)=[R_1+R_6+R_2//R_5//(R_3+R_4)]\dfrac{1+s\left[\dfrac{L_1}{R_2+(R_3+R_4)//R_5//(R_1+R_6)}+C_2[R_3//[(R_4+R_2//R_5//(R_1+R_6)]]\right]+s^2\dfrac{L_1}{R_2+(R_3+R_4)//R_5//(R_1+R_6)}[C_2[R_3//[(R_4+R_5)//(R_1+R_6)]]]}{1+s\left[\dfrac{L_1}{R_2+(R_3+R_4)//R_5}+C_2[R_3//(R_4+R_2//R_5)]\right]+s^2\dfrac{L_1}{R_2+(R_3+R_4)//R_5}[C_2[R_3//(R_4+R_5)]]}$$

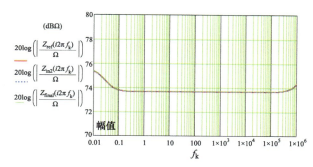

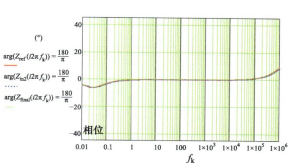

图6.63 暴力求解表达式的交流响应与FACTs方法的响应完全吻合

6.3 传递函数的图表

为了方便浏览所推导的传递函数，下面汇总了本章研究的电路网络，如图 6.64 和图 6.65 所示。

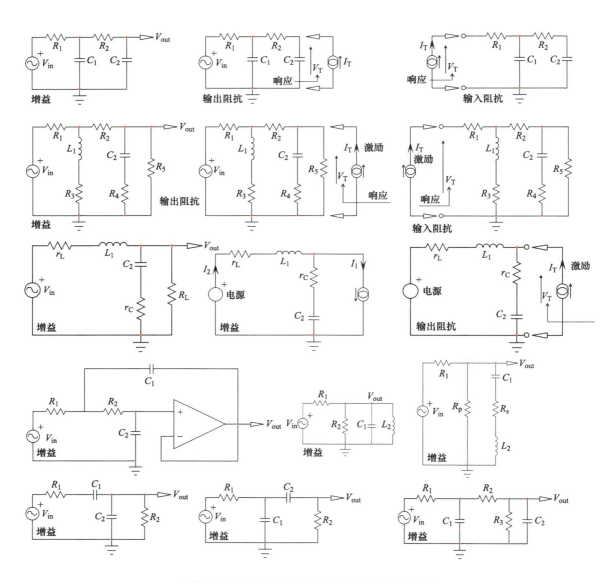

图6.64 本章研究的第一组二阶传递函数电路网络

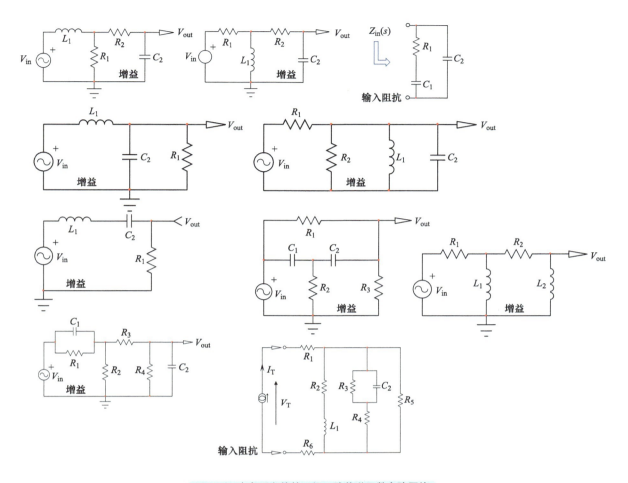

图6.65 本章研究的第二组二阶传递函数电路网络

参考文献

1. C. Basso, *Input Filter Interactions with Switching Regulators*, Applied Power Electronics Conference, Professional Seminar, Tampa (FL), March 2017.

第7章

三阶电路的传递函数

在本章中，我们将确定具有三个储能元件网络的十个传递函数。基本原理保持不变：求解零激励下的时间常数来识别出极点，然后通过使响应置零或采用广义传递函数来确定零点。我们在本章开始时简要总结一下这项技术。

7.1 三阶系统的零激励和双重抵消注入（NDI）

三阶传递函数的分母遵循以下表达式：

$$D(s) = 1 + b_1 s + b_2 s^2 + b_3 s^3 \tag{7.1}$$

b_1 项是通过将与每个能量存储元件关联的时间常数 τ_1、τ_2 和 τ_3 相加而获得的：

$$b_1 = \tau_1 + \tau_2 + \tau_3 \tag{7.2}$$

在练习过程中，将激励源归零，并确定驱动第一个储能元件的电阻 R，同时将其他两个储能元件置于直流状态（电容开路，电感短路）。然后，令第一个储能元件处于直流状态，而第三个储能元件仍处于直流状态时，通过找到驱动第二个储能元件的 R 来重复该过程。最后，前两个储能元件恢复到直流状态，然后确定驱动第三个储能元件的电阻 R。有了时间常数，就可以组合 b_1。

第二项 b_2 定义为

$$b_2 = \tau_1 \tau_2^1 + \tau_1 \tau_3^1 + \tau_2 \tau_3^2 \tag{7.3}$$

在这种方法中，可以重复使用三个时间常数 τ_1、τ_2 和 τ_3 中的一个，然后将其乘以另一个时间常数，确定如下：

- τ_2^1 意味着标号为 1 的储能元件被置于其高频状态（电容短路或电感开路），并且在该情况下确定驱动储能元件 2 的电阻 R。然后，通过重复使用第一个时间常数 τ_1，根据式（7.3）组合 b_2 中的第一项。在该分析中，储能元件 3 被设置在直流状态。

- τ_3^1 意味着标号为 1 的储能元件被置于其高频状态，并且在该情况下确定驱动储能元件 3 的电阻 R。然后，通过重复使用第一个时间常数 τ_1，根据式（7.3）组合 b_2 中的第二项。在这个练习中，储能元件 2 保持在其直流状态。

- τ_3^2 意味着标号为 2 的储能元件被置于其高频状态，并且在该情况下确定驱动储能元件 3 的电阻 R。然后，通过重复使用第二个时间常数 t_2，根据式（7.3）组合 b_2 的第三项。在该步骤中，储能元件 1 保持在其直流状态。

有时，当乘以时间常数出现不确定性时或新获得的网络难以分析时。在这种情况下，就会存在冗余，你可以按照以下方式重新排列：

$$\tau_1 \tau_2^1 = \tau_2 \tau_1^2 \tag{7.4}$$

$$\tau_1\tau_3^1 = \tau_3\tau_1^3 \tag{7.5}$$

$$\tau_2\tau_3^2 = \tau_3\tau_2^3 \tag{7.6}$$

第三项 b_3 是通过重复使用前面的两个时间常数获得的：

$$b_3 = \tau_1\tau_2^1\tau_3^{12} \tag{7.7}$$

在这个表达式中，重用两个时间常数 τ_1 和 τ_2^1 的乘积，然后将其乘以另一个时间常数，确定如下：

- τ_3^{12} 意味着标记为 1 和 2 的储能元件被置于高频状态，并且在该情况中确定驱动储能元件 3 的电阻 R。然后，通过重复使用时间常数 τ_1 和 τ_2^1 组合 b_3。

当出现不确定性或所获得的电路过于复杂时，重新排列也是一种选择。例如，可以将 b_3 重新排列为

$$b_3 = \tau_1\tau_2^1\tau_3^{12} = \tau_2\tau_1^2\tau_3^{21} \tag{7.8}$$

如文献 [1] 所述，存在更多关于排列组合的可能性。

三阶传递函数的分子将遵循以下公式：

$$N(s) = 1 + a_1 s + a_2 s^2 + a_3 s^3 \tag{7.9}$$

a_1 项通过将在双重抵消注入或 NDI 中获得的与每个储能元件相关联的时间常数 τ_{1N}、τ_{2N} 和 τ_{3N} 求和来确定：

$$a_1 = \tau_{1N} + \tau_{2N} + \tau_{3N} \tag{7.10}$$

当其他两个储能元件处于直流状态（电容开路，电感短路）且响应为零时，确定第一个储能元件的两端提供的电阻 R。然后，通过找到驱动第二个储能元件的 R 来重复该过程，同时第一个和第三个储能元件被置于直流状态，并具有零响应。最后，前两个储能元件回到它们的直流状态，并且确定驱动第三个储能元件仍然具有零响应的电阻 R。现在有了所有的时间常数，就可以确定 a_1。该 NDI 技术需要安装测试发生器 I_T，并将原始激励代回到电路中。

第二项 a_2 定义为

$$a_2 = \tau_{1N}\tau_{2N}^1 + \tau_{1N}\tau_{3N}^1 + \tau_{2N}\tau_{3N}^2 \tag{7.11}$$

在这种方法中，可以重用已经为项 a_1、τ_{1N} 或 τ_{2N} 获得的两个时间常数之一，并将其乘以另一个时间常数，确定如下：

- τ_{2N}^1 意味着标记为 1 的储能元件被置于其高频状态（电容短路或电感开路），并且确定驱动储能元件 2 的电阻 R，同时确保 NDI 结构中的输出为零。然后，通过重复使用第一个时间常数 τ_{1N}，根据式（7.11）形成 a_2。在该分析中，储能元件 3 保持在其直流状态。
- τ_{3N}^1 意味着标记为 1 的储能元件被置于其高频状态（电容短路或电感开路），并且确定驱动储能元件 3 的电阻 R，同时确保 NDI 结构中的输出为零。然后，通过重复使用第一个时间常数 τ_{1N}，根据式（7.11）形成 a_2。在该分析中，储能元件 2 保持在其直流状态。
- τ_{3N}^2 意味着标记为 2 的储能元件被置于其高频状态，并且确定驱动储能元件 3 的电阻 R，同时确保 NDI 结构中的输出为零。然后，通过重复使用第二个时间常数 τ_{2N}，根据式（7.11）形成 a_2。在本练习中，储能元件 1 保持在其直流状态

第三项 a_3 是通过重复使用前面的两个时间常数获得的：

$$a_3 = \tau_{1N}\tau_{2N}^1\tau_{3N}^{12} \tag{7.12}$$

在这个表达式中，重复使用两个时间常数 τ_{1N} 和 τ_{2N}^1 的乘积，然后将其乘以另一个时间常数，确定如下：

- τ_{1N}^{12} 意味着标记为 1 和 2 的储能元件被置于其高频状态，并且确定驱动储能元件 3 的电阻 R，同时确保 NDI 结构中的输出为零。然后重复使用时间常数 τ_{1N} 和 τ_{2N}^1，根据式（7.12）形成 a_3。

当然，当观察起作用时，可以通过识别导致输出为零的阻抗条件来可视化电路中的零点，分子会立即表现出来，能够节省足够的时间。除了分母之外，重新排列也是可能的，并且遵循与式（7.4）～ 式（7.6）、

式（7.8）类似的方法。

一旦有了分子和分母，就可以在确定 H_0（$s = 0$ 时的增益）后写下传递函数：

$$H(s) = H_0 \frac{N(s)}{D(s)} = H_0 \frac{1 + a_1 s + a_2 s^2 + a_3 s^3}{1 + b_1 s + b_2 s^2 + b_3 s^3} \tag{7.13}$$

现在的困难在于将这个表达式分解为易于识别的极点和零点的乘积。重要的是极点和零点在频域中的分布

形式。例如，如果极点能够很好地分离开，这意味着时间常数遵循 $|b_1| >> \left|\dfrac{b_2}{b_1}\right| >> \left|\dfrac{b_3}{b_2}\right|$，则分母可以更直观地写为

$$D(s) \approx \left(1 + \frac{s}{\omega_{p_1}}\right)\left(1 + \frac{s}{\omega_{p_2}}\right)\left(1 + \frac{s}{\omega_{p_3}}\right) \tag{7.14}$$

其中极点定义为

$$\omega_{p_1} = \frac{1}{b_1} \quad \omega_{p_2} = \frac{b_1}{b_2} \quad \omega_{p_3} = \frac{b_2}{b_3} \tag{7.15}$$

如果现在意识到一个极点主导着低频响应，而两个极点在更高的频率下分离，例如，像电流模式开关变换器中的次谐波极点，那么式（7.13）的分母可以重新排列为

$$D(s) \approx \left(1 + \frac{s}{\omega_{p_1}}\right)\left(1 + \frac{s}{\omega_0 Q} + \left(\frac{s}{\omega_0}\right)^2\right) \tag{7.16}$$

在上述表达式中，这些项定义分别为

$$\omega_{p_1} = \frac{1}{b_1} \quad \omega_0 = \sqrt{\frac{b_1}{b_3}} \quad Q = \frac{\sqrt{b_1 b_3}}{b_2} \tag{7.17}$$

在进行这些近似时，必须将原始表达式的幅值和相位与其因子分解式进行比较。因此，工程判断是必要的，以决定新考虑的表达式是否有意义。为什么因子分解这些表达式很重要？因为，最终将使用它们来计算元件值来放置极点和零点。如果不能从三次或二次表达式中揭示这些元件值，那么设计就会变得非常复杂。请记住，始终为面向设计的分析或 D-OA 工作。对于那些有兴趣了解更多关于这些高阶多项式的因子分解的人，参考文献 [2] 的第 8 章，它带来了一些有趣的观点。当然，上述所有讨论也都适用于分子。

当使用 NDI 确定零点过于复杂，或想用另一种方法检查结果时，总可以使用扩展到三阶电路网络的广义传递函数。该方法重复使用已经为分母找到的时间常数：

$$H(s) = \frac{H_0 + s(\tau_1 H^1 + \tau_2 H^2 + \tau_3 H^3) + s^2(\tau_1 \tau_2^1 H^{12} + \tau_1 \tau_3^1 H^{13} + \tau_2 \tau_3^2 H^{23}) + s^3(\tau_1 \tau_2^1 \tau_3^{12} H^{123})}{1 + s(\tau_1 + \tau_2 + \tau_3) + s^2(\tau_1 \tau_2^1 + \tau_1 \tau_3^1 + \tau_2 \tau_3^2) + s^3 \tau_1 \tau_2^1 \tau_3^{12}} \tag{7.18}$$

如果 H_0 不为零，则式（7.18）可以更好地重写为

$$H(s) = H_0 \frac{1 + s\left(\dfrac{\tau_1 H^1 + \tau_2 H^2 + \tau_3 H^3}{H_0}\right) + s^2\left(\dfrac{\tau_1 \tau_2^1 H^{12} + \tau_1 \tau_3^1 H^{13} + \tau_2 \tau_3^2 H^{23}}{H_0}\right) + s^3\left(\tau_1 \tau_2^1 \tau_3^{12} \dfrac{H^{123}}{H_0}\right)}{1 + s(\tau_1 + \tau_2 + \tau_3) + s^2(\tau_1 \tau_2^1 + \tau_1 \tau_3^1 + \tau_2 \tau_3^2) + s^3 \tau_1 \tau_2^1 \tau_3^{12}} \tag{7.19}$$

在这些表达式中，H^1、H^2 和 H^3 是将响应与激励关联起来的高频增益：将激励代回到电路中，并检查当储能元件何时交替设置为其高频状态是否存在响应。如果是，则确定此情形下的增益 H。当储能元件 1 被设置在其高频状态而储能元件 2 和 3 保持在直流状态时，获得 H^1。对于 H^2，储能元件 2 被置于其高频状态，而储能元件 1 和 3 保持在直流状态。当元件 3 处于高频状态而储能元件 1 和 2 保持在直流状态时，确定 H^3。

H^{12} 表示储能元件 1 和 2 处于高频状态（储能元件 3 处于直流状态），H^{13} 表示储能元件 1、3 处于高频状态，其中储能元件 2 处于直流状态，最后，H^{23} 通过使储能元件 2 和 3 处于高频而储能元件 1 保持在直流状态来确定。

H^{123} 是将三个储能元件设置在它们的高频状态下获得的增益。如前所述，广义传递函数有时会使分子的根复杂化，并且可能需要耗费额外的精力来简化最终表达式。但通常不会需要这样做，尤其是当高频增益等于 0 或 1 时。然而，从式（7.13）或式（7.19）获得的结果是相同的。当 $s = 0$ 获得的参考状态返回 0（或无穷大）时，式（7.13）会变得异常复杂，我经常使用广义传递函数。

7.2　含有三个储能元件的电路

我们将从一个经典电路开始，这是三个 RC 网络的级联，如图 7.1 所示。从 $s = 0$ 开始，确定直流增益，在没有负载的情况下增益为 1。然后继续，我们已经描述了不同结构中确定时间常数。一旦组合好，三阶多项式可以被分解为三个不同的极点，从而更好地理解传递函数的作用。当所有电容和电阻值分别相等时，传递函数得到简化，如图 7.1 底部所示。图 7.2 证实了 FACTs 获得的结果与确定两个不同位置的 Thévenin 电阻后获得的参考传递函数相一致。

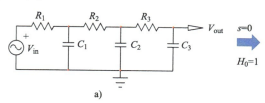

令激励源为0V，确定驱动每个电容的电阻R：
$$\tau_1 = R_1 C_1 \quad \tau_2 = (R_1 + R_2) C_2 \quad \tau_3 = (R_1 + R_2 + R_3) C_3$$

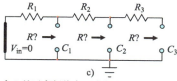

令 C_1 处于高频状态，确定从 C_2 两端看到的电阻R：
$$\tau_2^1 = R_2 C_2$$

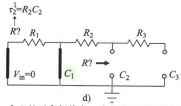

令 C_1 处于高频状态，确定从 C_3 两端看到的电阻R：
$$\tau_3^1 = (R_2 + R_3) C_3$$

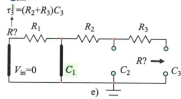

令 C_2 处于高频状态，确定从 C_3 两端看到的电阻R：
$$\tau_3^2 = R_3 C_3$$

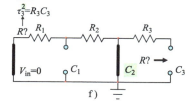

令 C_1 和 C_2 均处于高频状态，确定从 C_3 两端看到的电阻R：
$$\tau_3^{12} = R_3 C_3$$

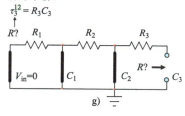

$$b_1 = \tau_1 + \tau_2 + \tau_3 = R_1 C_1 + (R_1 + R_2) C_2 + (R_1 + R_2 + R_3) C_3$$

$$b_2 = \tau_1 \tau_2^1 + \tau_1 \tau_3^1 + \tau_2 \tau_3^2 = R_1 C_1 [R_2 C_2 + C_3 (R_2 + R_3)] + (R_1 + R_2) C_2 R_3 C_3$$

$$b_3 = \tau_1 \tau_2^1 \tau_3^{12} = R_1 C_1 R_2 C_2 R_3 C_3$$

$$D(s) = 1 + s b_1 + s^2 b_2 + s^3 b_3$$

$$H(s) = H_0 \frac{1}{D(s)} = \frac{1}{1 + s b_1 + s^2 b_2 + s^3 b_3}$$

$$H(s) \approx \frac{1}{\left(1 + \dfrac{s}{\omega_{p_1}}\right)\left(1 + \dfrac{s}{\omega_{p_2}}\right)\left(1 + \dfrac{s}{\omega_{p_3}}\right)}$$

如果 $C_1 = C_2 = C_3 = C$ 且 $R_1 = R_2 = R_3 = R$

$$H(s) = \frac{1}{1 + 6RCs + 5(RC)^2 s^2 + (RC)^3 s^3}$$

$$\omega_{p_1} = \frac{1}{b_1} \quad \omega_{p_2} = \frac{b_1}{b_2} \quad \omega_{p_3} = \frac{b_2}{b_3}$$

图7.1　与二阶网络相比，并没有过多复杂，只是多了一些子电路，但原理仍然相似

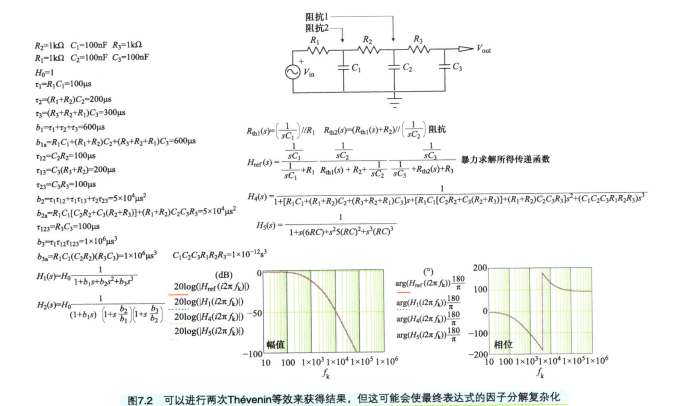

$R_2=1\text{k}\Omega \quad C_1=100\text{nF} \quad R_3=1\text{k}\Omega$
$R_1=1\text{k}\Omega \quad C_2=100\text{nF} \quad C_3=100\text{nF}$

$H_0=1$

$\tau_1=R_1C_1=100\mu s$

$\tau_2=(R_1+R_2)C_2=200\mu s$

$\tau_3=(R_3+R_2+R_1)C_3=300\mu s$

$b_1=\tau_1+\tau_2+\tau_3=600\mu s$

$b_{1a}=R_1C_1+(R_1+R_2)C_2+(R_3+R_2+R_1)C_3=600\mu s$

$\tau_{12}=C_2R_2=100\mu s$

$\tau_{13}=C_3(R_3+R_2)=200\mu s$

$\tau_{23}=C_3R_3=100\mu s$

$b_2=\tau_1\tau_{12}+\tau_1\tau_{13}+\tau_2\tau_{23}=5\times10^4\mu s^2$

$b_{2a}=R_1C_1[C_2R_2+C_3(R_2+R_3)]+(R_1+R_2)C_2C_3R_3=5\times10^4\mu s^2$

$\tau_{123}=R_3C_3=100\mu s$

$b_3=\tau_1\tau_{12}\tau_{123}=1\times10^6\mu s^3$

$b_{3a}=R_1C_1(C_2R_2)(R_3C_3)=1\times10^6\mu s^3 \quad C_1C_2C_3R_1R_2R_3=1\times10^{-12}s^3$

$H_1(s)=H_0\dfrac{1}{1+b_1s+b_2s^2+b_3s^3}$

$H_2(s)=H_0\dfrac{1}{(1+b_1s)\left(1+s\dfrac{b_2}{b_1}\right)\left(1+s\dfrac{b_3}{b_2}\right)}$

阻抗1
阻抗2

$R_{\text{th1}}(s)=\left(\dfrac{1}{sC_1}\right)//R_1 \quad R_{\text{th2}}(s)=(R_{\text{th1}}(s)+R_2)//\left(\dfrac{1}{sC_2}\right)$ 阻抗

$H_{\text{ref}}(s)=\dfrac{\dfrac{1}{sC_1}}{\dfrac{1}{sC_1}+R_1}\dfrac{\dfrac{1}{sC_2}}{R_{\text{th1}}(s)+R_2+\dfrac{1}{sC_2}}\dfrac{\dfrac{1}{sC_3}}{\dfrac{1}{sC_3}+R_{\text{th2}}(s)+R_3}$ 暴力求解所得传递函数

$H_4(s)=\dfrac{1}{1+[R_1C_1+(R_1+R_2)C_2+(R_3+R_2+R_1)C_3]s+[R_1C_1[C_2R_2+C_3(R_2+R_3)]+(R_1+R_2)C_2C_3R_3]s^2+(C_1C_2C_3R_1R_2R_3)s^3}$

$H_5(s)=\dfrac{1}{1+s(6RC)+s^25(RC)^2+s^3(RC)^3}$

(dB)
$20\log(|H_{\text{ref}}(i2\pi f_k)|)$
$20\log(|H_1(i2\pi f_k)|)$
$20\log(|H_4(i2\pi f_k)|)$
$20\log(|H_5(i2\pi f_k)|)$
幅值

(°)
$\arg(H_{\text{ref}}(i2\pi f_k))\dfrac{180}{\pi}$
$\arg(H_1(i2\pi f_k))\dfrac{180}{\pi}$
$\arg(H_4(i2\pi f_k))\dfrac{180}{\pi}$
$\arg(H_5(i2\pi f_k))\dfrac{180}{\pi}$
相位

图7.2　可以进行两次Thévenin等效来获得结果，但这可能会使最终表达式的因子分解复杂化

现在，让我们保持相同的电路，但在 C_2 而不是 C_3 上测量 V_{out}。这需要从头开始吗？当然不需要，因为我们没有改变电路结构，只是将响应观测移动到了另一个节点。事实证明，这就是FACTs真正强大的地方：因为电气结构保持相同，我们确定的分母 $D(s)$ 可以重复被使用，只需要检查增益的变化或零点的存在。如图 7.3 所示，

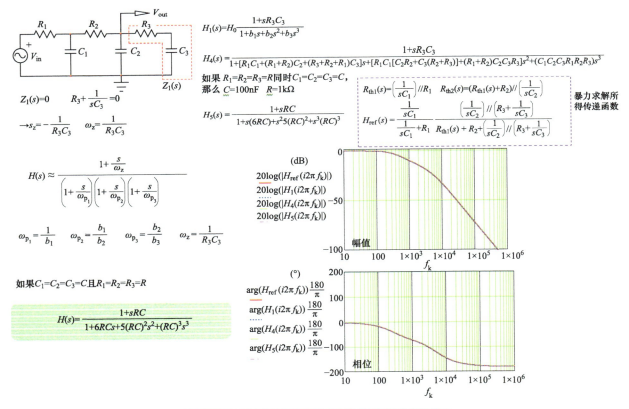

$H_1(s)=H_0\dfrac{1+sR_3C_3}{1+b_1s+b_2s^2+b_3s^3}$

$H_4(s)=\dfrac{1+sR_3C_3}{1+[R_1C_1+(R_1+R_2)C_2+(R_3+R_2+R_1)C_3]s+[R_1C_1[C_2R_2+C_3(R_2+R_3)]+(R_1+R_2)C_2C_3R_3]s^2+(C_1C_2C_3R_1R_2R_3)s^3}$

如果 $R_1=R_2=R_3=R$ 同时 $C_1=C_2=C_3=C$，那么 $C=100\text{nF} \quad R=1\text{k}\Omega$

$H_5(s)=\dfrac{1+sRC}{1+s(6RC)+s^25(RC)^2+s^3(RC)^3}$

$Z_1(s)=0 \quad R_3+\dfrac{1}{sC_3}=0$

$\rightarrow s_z=-\dfrac{1}{R_3C_3} \quad \omega_z=\dfrac{1}{R_3C_3}$

$R_{\text{th1}}(s)=\left(\dfrac{1}{sC_1}\right)//R_1 \quad R_{\text{th2}}(s)=(R_{\text{th1}}(s)+R_2)//\left(\dfrac{1}{sC_2}\right)$ 暴力求解所得传递函数

$H_{\text{ref}}(s)=\dfrac{\dfrac{1}{sC_1}}{\dfrac{1}{sC_1}+R_1}\dfrac{\left(\dfrac{1}{sC_2}\right)//\left(R_3+\dfrac{1}{sC_3}\right)}{R_{\text{th1}}(s)+R_2+\left(\dfrac{1}{sC_2}\right)//\left(R_3+\dfrac{1}{sC_3}\right)}$

$H(s)\approx\dfrac{1+\dfrac{s}{\omega_z}}{\left(1+\dfrac{s}{\omega_{p_1}}\right)\left(1+\dfrac{s}{\omega_{p_2}}\right)\left(1+\dfrac{s}{\omega_{p_3}}\right)}$

$\omega_{p_1}=\dfrac{1}{b_1} \quad \omega_{p_2}=\dfrac{b_1}{b_2} \quad \omega_{p_3}=\dfrac{b_2}{b_3} \quad \omega_z=\dfrac{1}{R_3C_3}$

如果 $C_1=C_2=C_3=C$ 且 $R_1=R_2=R_3=R$

$$H(s)=\dfrac{1+sRC}{1+6RCs+5(RC)^2s^2+(RC)^3s^3}$$

(dB)
$20\log(|H_{\text{ref}}(i2\pi f_k)|)$
$20\log(|H_1(i2\pi f_k)|)$
$20\log(|H_4(i2\pi f_k)|)$
$20\log(|H_5(i2\pi f_k)|)$
幅值

(°)
$\arg(H_{\text{ref}}(i2\pi f_k))\dfrac{180}{\pi}$
$\arg(H_1(i2\pi f_k))\dfrac{180}{\pi}$
$\arg(H_4(i2\pi f_k))\dfrac{180}{\pi}$
$\arg(H_5(i2\pi f_k))\dfrac{180}{\pi}$
相位

图7.3　改变响应观察的位置不会影响网络的电气结构

R_3C_3带来的单个零点被识别出来，并立即通过观察显示出来。

最后，如果我们将探头向左再移动一步，并观察 C_1 上的响应，那么需要使用图7.4中描述的广义方法，这也并不是很复杂，因为当电容被短路替代时，你只需要确定高频增益。这些增益与分母时间常数相结合，形成分子。进行简化，最终的传递函数很容易得到。

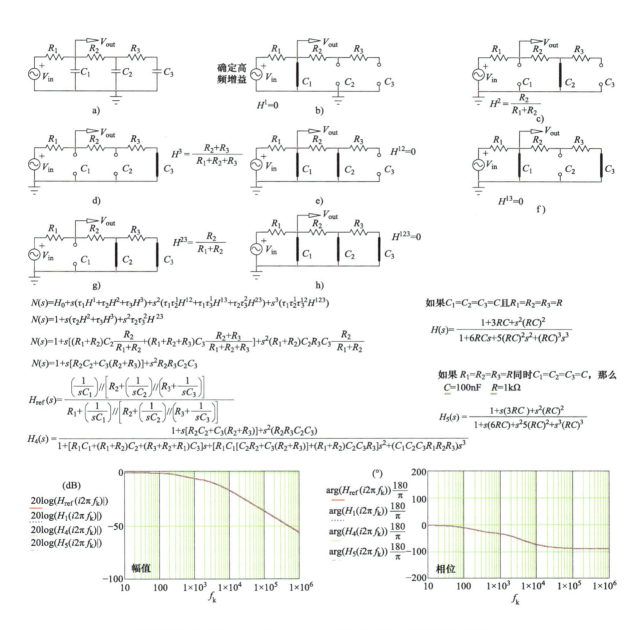

$N(s)=H_0+s(\tau_1H^1+\tau_2H^2+\tau_3H^3)+s^2(\tau_1\tau_2^1H^{12}+\tau_1\tau_3^1H^{13}+\tau_2\tau_3^2H^{23})+s^3(\tau_1\tau_2^1\tau_3^{12}H^{123})$

$N(s)=1+s(\tau_2H^2+\tau_3H^3)+s^2\tau_2\tau_3^2H^{23}$

$N(s)=1+s[(R_1+R_2)C_2\dfrac{R_2}{R_1+R_2}+(R_1+R_2+R_3)C_3\dfrac{R_2+R_3}{R_1+R_2+R_3}]+s^2(R_1+R_2)C_2R_3C_3\dfrac{R_2}{R_1+R_2}$

$N(s)=1+s[R_2C_2+C_3(R_2+R_3)]+s^2R_2R_3C_2C_3$

$H_{ref}(s)=\dfrac{\left(\dfrac{1}{sC_1}\right)//\left[R_2+\left(\dfrac{1}{sC_2}\right)//\left(R_3+\dfrac{1}{sC_3}\right)\right]}{R_1+\left(\dfrac{1}{sC_1}\right)//\left[R_2+\left(\dfrac{1}{sC_2}\right)//\left(R_3+\dfrac{1}{sC_3}\right)\right]}$

$H_4(s)=\dfrac{1+s[R_2C_2+C_3(R_2+R_3)]+s^2(R_2R_3C_2C_3)}{1+[R_1C_1+(R_1+R_2)C_2+(R_3+R_2+R_1)C_3]s+[R_1C_1[C_2R_2+C_3(R_2+R_3)]+(R_1+R_2)C_2C_3R_3]s^2+(C_1C_2C_3R_1R_2R_3)s^3}$

如果$C_1=C_2=C_3=C$且$R_1=R_2=R_3=R$

$$H(s)=\dfrac{1+3RC+s^2(RC)^2}{1+6RCs+5(RC)^2s^2+(RC)^3s^3}$$

如果 $R_1=R_2=R_3=R$同时$C_1=C_2=C_3=C$，那么
$C=100nF$　$R=1k\Omega$

$$H_5(s)=\dfrac{1+s(3RC)+s^2(RC)^2}{1+s(6RC)+s^25(RC)^2+s^3(RC)^3}$$

(dB)
$20\log(H_{ref}(i2\pi f_k)|)$
$20\log(H_1(i2\pi f_k)|)$
$20\log(H_4(i2\pi f_k)|)$
$20\log(H_5(i2\pi f_k)|)$
幅值

(°)
$\arg(H_{ref}(i2\pi f_k))\dfrac{180}{\pi}$
$\arg(H_1(i2\pi f_k))\dfrac{180}{\pi}$
$\arg(H_4(i2\pi f_k))\dfrac{180}{\pi}$
$\arg(H_5(i2\pi f_k))\dfrac{180}{\pi}$
相位

图7.4　C_1的测量显示存在两个零点，可以采用广义传递函数快速获得这两个零点

三阶网络的一个应用，是使用这些级联 RC 构成的相移振荡器。如图 7.5 所示，确定振荡频率：用虚数表示传递函数（用 $j\omega$ 代替 s），并令虚部为零。然后确定该频率下的插入损耗，并设计一个放大器，其增益能精确补偿掉衰减。增益为 0.034 或 1/29，很容易用反相运算放大器实现，其输入由电压跟随器缓冲。环路增益如图所示，在激励返回为同相（0° 相位）时，增益为 1（幅值为 0dB）的频率点略低于 4kHz（计算值）。右侧的仿真证实了振荡频率。在实际电路中，上电过程或噪声会启动振荡器。在 SPICE 中，特别是考虑到理想元件，电路可能无法启动。出于这个原因，我特意在其中一个电容中添加了一个初始条件，它达到了预期的效果。请注意，本章后面将介绍 RC 相移振荡器的另一个例子。

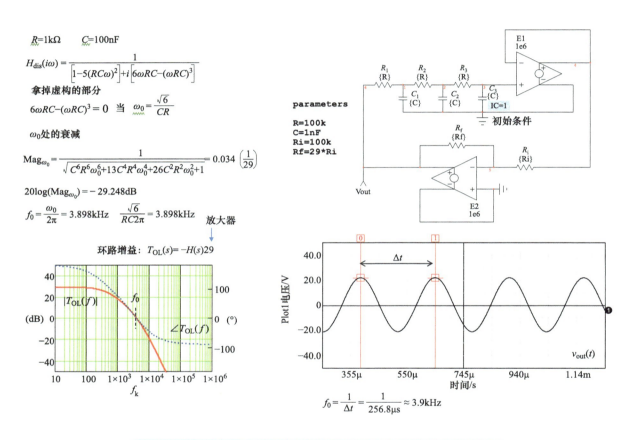

图7.5 添加一个放大器来补偿振荡频率下的插入损耗，从而构建相移振荡器

图 7.6 是一个降压变换器的小信号模型，但没有调制器，由一个 LC 滤波器带两个负载电容构成。其中一个的等效串联电阻（ESR）为 R_2，而第二个没有。这显然是一个三阶系统，已经应用 FACTs 来确定它的传递函数。为了避免不确定性，在某些开路结构中确定 R 时增加一个有限值大电阻 R_{inf}。这样，当 R_{inf} 出现在分子和分母中时，可以在最终表达式中进行简化。

电路的交流响应如图 7.7 所示，在图 7.7 中，我试图查看系数值，以将三阶多项式近似为一个二阶滤波器与一阶低通滤波器相级联。对于所采用的元件值，该近似值成立，幅值和相位曲线叠加证实了这一点。

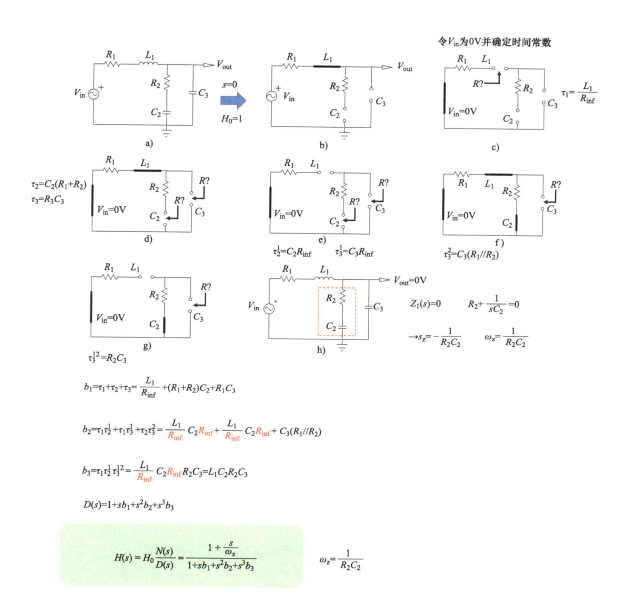

$$b_1 = \tau_1 + \tau_2 + \tau_3 = \frac{L_1}{R_{\text{inf}}} + (R_1 + R_2)C_2 + R_1 C_3$$

$$b_2 = \tau_1 \tau_2^1 + \tau_1 \tau_3^1 + \tau_2 \tau_3^2 = \frac{L_1}{R_{\text{inf}}} C_2 R_{\text{inf}} + \frac{L_1}{R_{\text{inf}}} C_2 R_{\text{inf}} + C_3 (R_1 /\!/ R_2)$$

$$b_3 = \tau_1 \tau_2^1 \tau_3^{12} = \frac{L_1}{R_{\text{inf}}} C_2 R_{\text{inf}} R_2 C_3 = L_1 C_2 R_2 C_3$$

$$D(s) = 1 + s b_1 + s^2 b_2 + s^3 b_3$$

$$H(s) = H_0 \frac{N(s)}{D(s)} = \frac{1 + \dfrac{s}{\omega_z}}{1 + s b_1 + s^2 b_2 + s^3 b_3} \qquad \omega_z = \frac{1}{R_2 C_2}$$

图7.6　虚拟有限值大电阻R_{inf}简化了该电路的分析

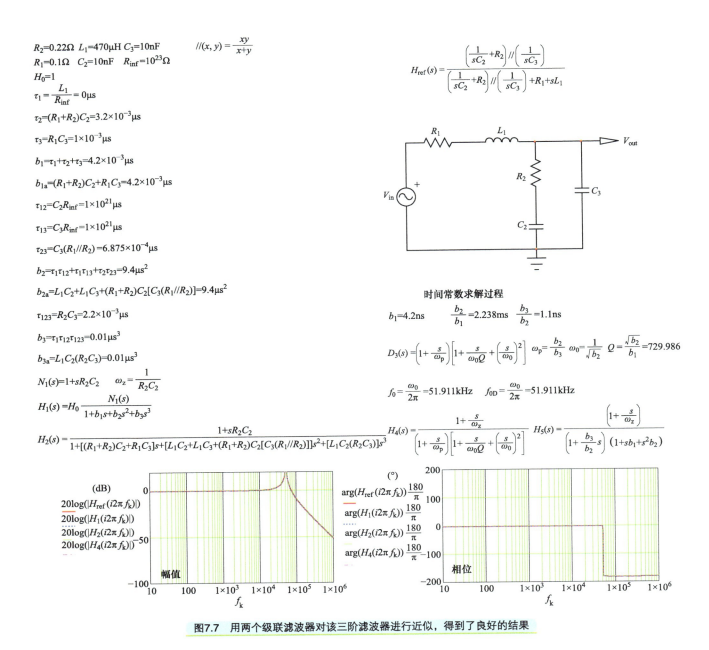

$R_2=0.22\Omega$ $L_1=470\mu H$ $C_3=10nF$ $//(x, y)=\dfrac{xy}{x+y}$

$R_1=0.1\Omega$ $C_2=10nF$ $R_{inf}=10^{23}\Omega$

$H_0=1$

$\tau_1=\dfrac{L_1}{R_{inf}}=0\mu s$

$\tau_2=(R_1+R_2)C_2=3.2\times10^{-3}\mu s$

$\tau_3=R_1C_3=1\times10^{-3}\mu s$

$b_1=\tau_1+\tau_2+\tau_3=4.2\times10^{-3}\mu s$

$b_{1a}=(R_1+R_2)C_2+R_1C_3=4.2\times10^{-3}\mu s$

$\tau_{12}=C_2R_{inf}=1\times10^{21}\mu s$

$\tau_{13}=C_3R_{inf}=1\times10^{21}\mu s$

$\tau_{23}=C_3(R_1//R_2)=6.875\times10^{-4}\mu s$

$b_2=\tau_1\tau_{12}+\tau_1\tau_{13}+\tau_2\tau_{23}=9.4\mu s^2$

$b_{2a}=L_1C_2+L_1C_3+(R_1+R_2)C_2[C_3(R_1//R_2)]=9.4\mu s^2$

$\tau_{123}=R_2C_3=2.2\times10^{-3}\mu s$

$b_3=\tau_1\tau_{12}\tau_{123}=0.01\mu s^3$

$b_{3a}=L_1C_2(R_2C_3)=0.01\mu s^3$

$N_1(s)=1+sR_2C_2$ $\omega_z=\dfrac{1}{R_2C_2}$

$H_1(s)=H_0\dfrac{N_1(s)}{1+b_1s+b_2s^2+b_3s^3}$

$H_2(s)=\dfrac{1+sR_2C_2}{1+[(R_1+R_2)C_2+R_1C_3]s+[L_1C_2+L_1C_3+(R_1+R_2)C_2[C_3(R_1//R_2)]]s^2+[L_1C_2(R_2C_3)]s^3}$

$$H_{ref}(s)=\dfrac{\left(\dfrac{1}{sC_2}+R_2\right)//\left(\dfrac{1}{sC_3}\right)}{\left(\dfrac{1}{sC_2}+R_2\right)//\left(\dfrac{1}{sC_3}\right)+R_1+sL_1}$$

时间常数求解过程

$b_1=4.2ns$ $\dfrac{b_2}{b_1}=2.238ms$ $\dfrac{b_3}{b_2}=1.1ns$

$D_3(s)=\left(1+\dfrac{s}{\omega_p}\right)\left[1+\dfrac{s}{\omega_0Q}+\left(\dfrac{s}{\omega_0}\right)^2\right]$ $\omega_p=\dfrac{b_2}{b_3}$ $\omega_0=\dfrac{1}{\sqrt{b_2}}$ $Q=\dfrac{\sqrt{b_2}}{b_1}=729.986$

$f_0=\dfrac{\omega_0}{2\pi}=51.911kHz$ $f_{0D}=\dfrac{\omega_0}{2\pi}=51.911kHz$

$H_4(s)=\dfrac{1+\dfrac{s}{\omega_z}}{\left(1+\dfrac{s}{\omega_p}\right)\left[1+\dfrac{s}{\omega_0Q}+\left(\dfrac{s}{\omega_0}\right)^2\right]}$ $H_5(s)=\dfrac{\left(1+\dfrac{s}{\omega_z}\right)}{\left(1+\dfrac{b_3}{b_2}s\right)(1+sb_1+s^2b_2)}$

(dB)

$20\log(|H_{ref}(i2\pi f_k)|)$
$20\log(|H_1(i2\pi f_k)|)$
$20\log(|H_2(i2\pi f_k)|)$
$20\log(|H_4(i2\pi f_k)|)$

幅值

(°)

$\arg(H_{ref}(i2\pi f_k))\dfrac{180}{\pi}$
$\arg(H_1(i2\pi f_k))\dfrac{180}{\pi}$
$\arg(H_2(i2\pi f_k))\dfrac{180}{\pi}$
$\arg(H_4(i2\pi f_k))\dfrac{180}{\pi}$

相位

图7.7 用两个级联滤波器对该三阶滤波器进行近似，得到了良好的结果

现在让我们来看一下图 7.8，这是级联的三个 RC 微分器。它是经典的相移振荡器，所有电阻和电容值具有相同的值，传递函数以习惯的方式确定，首先将激励设置为 0V，并在此情况下确定时间常数。剩下的就很简单了，在几个子电路后，即可得到分母。

考虑到所有电容与激励串联，在原点处会有几个零点。为了确定这些零点，可以通过交替地将每个电容或它们的组合置于高频状态来观察高频增益。会立即意识到，除了所有电容短路时，所有这些高频增益都等于零，这是 H^{123} 的情况。可以不必画出所有的电路，但为了便于说明，我保留了它们。正如预期的那样，分子在直流时具有三重零点，如图 7.9 所示。

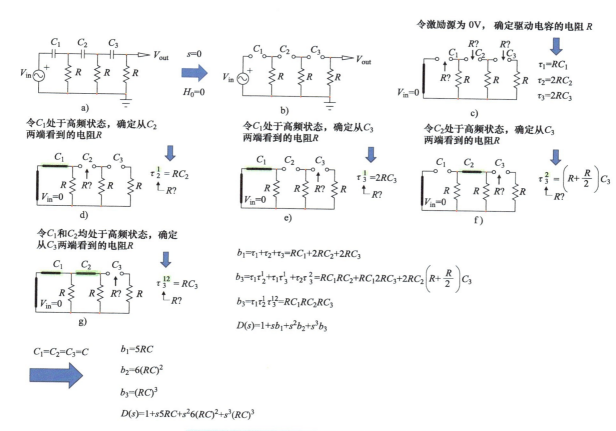

图7.8 即使有三个储能元件，但确认分母十分简单

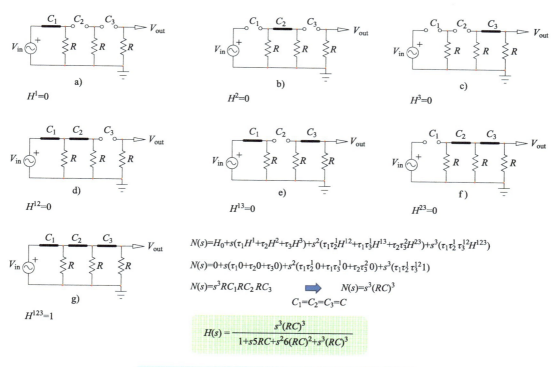

图7.9 只有一个高频增益等于1，而其他所有增益都为零

该传递函数的交流响应如图 7.10 所示。利用所选择的元件值，估计振荡频率为 295Hz。此电路在教科书中经常被作为实现相移振荡器的例子。每一级都会产生 60° 的滞后，在振荡频率下，该滞后总计等于 −180°。这就是图 7.11 中所示的情况，其中振荡的条件是通过找到虚部为零的根来确定的。

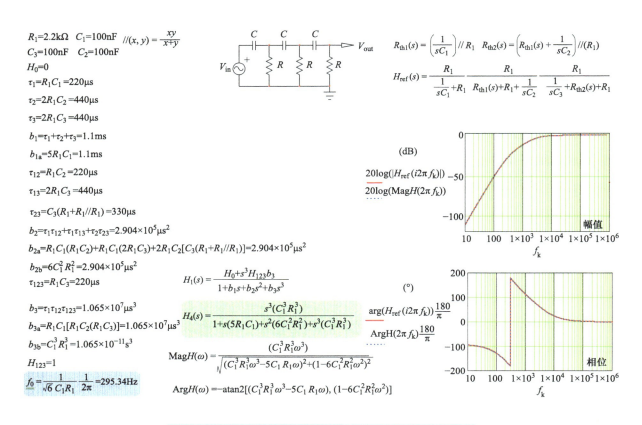

图7.10 传递函数被简化和重新排列，以显示幅值和一个自变量

在实际电路中，上电过程或噪声会启动振荡器，但在 SPICE 中，我在其中一个电容中加入了一个初始条件来获得等效结果。根据 Mathcad 表中的计算结果，频率约为 295Hz。

图 7.12 显示了一个 LC 滤波器，它有两个输出电容，有不同电容值和等效串联电阻（ESR），不能直接并联放置以降低滤波器的阶数，因此它仍是一个三阶结构。例如，它可以是电压模式控制的降压变换器。推导传递函数没有任何困难，到目前为止，应该已经发现了电容和 ESR 串联连接带来的两个零点。

交流响应如图 7.13 所示，将三阶分母分解为低通滤波器和二阶滤波器级联。可以比较不同的时间常数来实现这种方法，并观察是否某个在低频还是高频下占主导。比较完整表达式及其近似表达式的交流响应之间的差异，可以知道简化是否有效。在这个特殊的例子中，近似效果相当好。

$$H(s) = \frac{s^3(RC)^3}{1+s5RC+s^26(RC)^2+s^3(RC)^3}$$

$s=j\omega$

分子因式分解
并简化

$$H(j\omega) = \frac{R^3C^3\omega^3}{R^3C^3\omega^3-5RC\omega+j(1-6C^2R^2\omega^2)}$$

$$|H(j\omega)| = \frac{R^3C^3\omega^3}{\sqrt{(R^3C^3\omega^3-5RC\omega)^2+(1-6C^2R^2\omega^2)^2}}$$

$$\angle H(j\omega) = -\tan^{-1}\left(\frac{1-6C^2R^2\omega^2}{R^3C^3\omega^3-5RC\omega}\right)$$

抵消掉虚部：

$1-6C^2R^2\omega^2=0$

$$\omega_0 = \frac{1}{\sqrt{6}\,RC}$$

ω_0 处的衰减是多少？

$$\left|H\left(\frac{1}{\sqrt{6}RC}\right)\right| = \frac{R^3C^3\left(\frac{1}{\sqrt{6}RC}\right)^3}{\sqrt{\left(R^3C^3\left(\frac{1}{\sqrt{6}RC}\right)^3-5RC\left(\frac{1}{\sqrt{6}RC}\right)\right)^2+\left(1-6C^2R^2\left(\frac{1}{\sqrt{6}RC}\right)^2\right)^2}} = \frac{1}{29}$$

运算放大器增益必须为29，
以补偿该衰减

ω_0 处的相位是多少？

$$\angle H\left(\frac{1}{\sqrt{6}RC}\right) = -180° \text{每一级} RC \text{网络滞后} 60°$$

画出环路增益为：$T_{OL}(s) = H(s)(-29)$

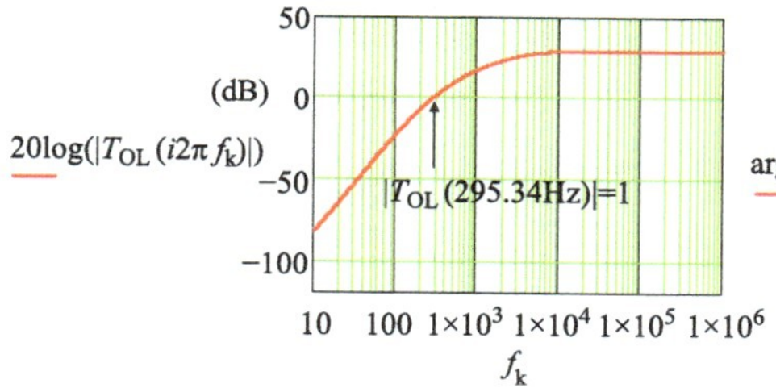

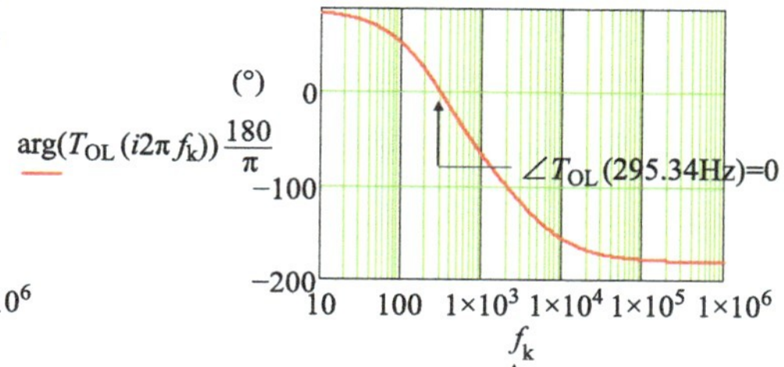

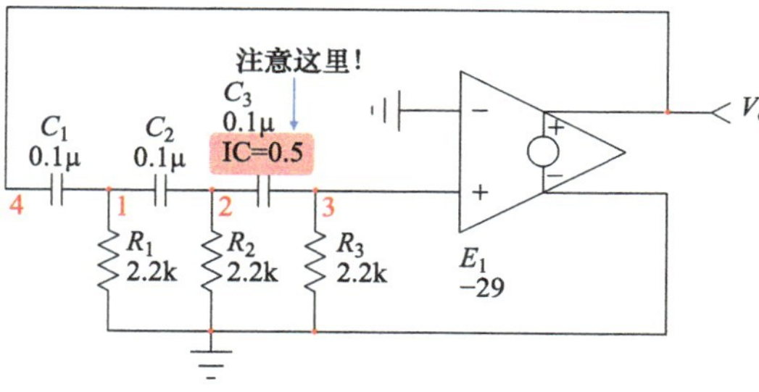

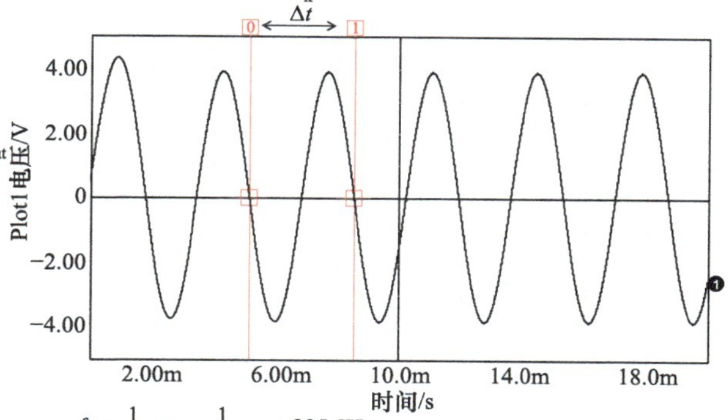

$20\log(|T_{OL}(i2\pi f_k)|)$

$|T_{OL}(295.34\text{Hz})|=1$

$\arg(T_{OL}(i2\pi f_k))\frac{180}{\pi}$

$\angle T_{OL}(295.34\text{Hz})=0$

注意这里！
C_3
0.1μ
IC=0.5

C_1 0.1μ C_2 0.1μ

R_1 2.2k R_2 2.2k R_3 2.2k

E_1 −29

V_{out}

补偿增益大小：29

$$f_0 = \frac{1}{\Delta t} = \frac{1}{3.384\text{ms}} = 295.5\text{Hz}$$

图7.11 利用运算放大器的来实现振荡器，振荡频率为295Hz

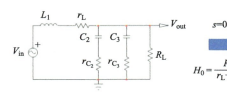

a)

令激励源为 0V，确定驱动电感的电阻 R：

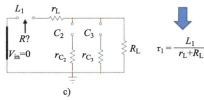

c)

令 L_1 处于高频状态，确定从电容 C_3 两端看到的电阻 R：

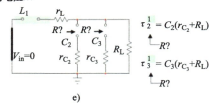

e)

令 L_1 和 L_2 均处于高频状态，确定从电容 C_2 两端看到的电阻 R：

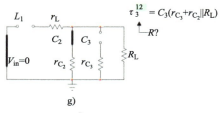

g)

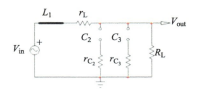

b)

令激励源为 0V，确定驱动电容的电阻 R：

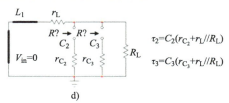

d)

令 C_2 处于高频状态，确定从电容 C_3 两端看到的电阻 R：

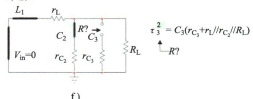

f)

当激励源代回电路中，什么样的阻抗组合会带来一个零响应？

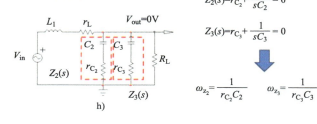

h)

$$b_1 = \tau_1 + \tau_2 + \tau_3 = \frac{L_1}{r_L + R_L} + C_2(r_{C_2} + r_L//R_L) + C_3(r_{C_3} + r_L//R_L)$$

$$b_2 = \tau_1\tau_2^1 + \tau_1\tau_3^1 + \tau_2\tau_3^2$$

$$b_2 = \frac{L_1}{r_L + R_L}[C_2(r_{C_2} + R_L) + C_3(r_{C_3} + R_L)] + C_2(r_{C_2} + r_L//R_L)C_3(r_{C_3} + r_L//r_{C_2}//R_L)$$

$$b_3 = \tau_1\tau_2^1\tau_3^{12} = \frac{L_1}{r_L + R_L}C_2(r_{C_2} + R_L)C_3(r_{C_3} + r_{C_2}//R_L)$$

$$D(s) = 1 + sb_1 + s^2b_2 + s^3b_3 \qquad\qquad N(s) = (1 + sr_{C_2}C_2)(1 + sr_{C_3}C_3)$$

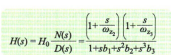

$$H(s) = H_0\frac{N(s)}{D(s)} = \frac{\left(1 + \dfrac{s}{\omega_{z_2}}\right)\left(1 + \dfrac{s}{\omega_{z_3}}\right)}{1 + sb_1 + s^2b_2 + s^3b_3}$$

图7.12　该滤波器中有三个储能元件，因为两个输出电容具有不同的电容值和ESR

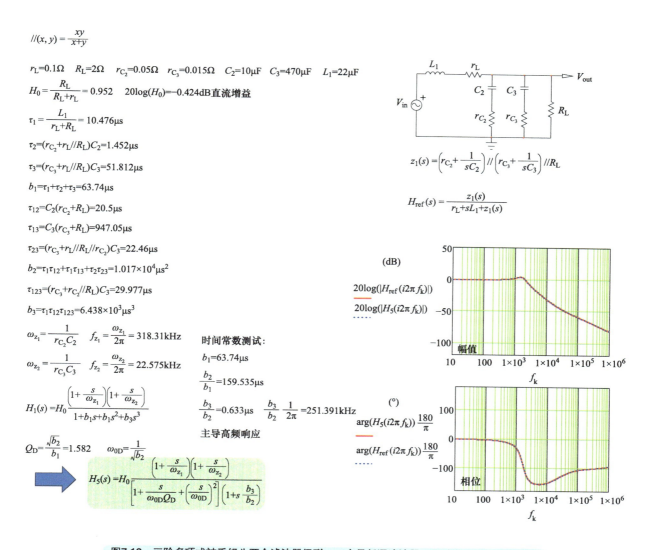

$$//(x,y) = \frac{xy}{x+y}$$

$r_L = 0.1\Omega \quad R_L = 2\Omega \quad r_{C_2} = 0.05\Omega \quad r_{C_3} = 0.015\Omega \quad C_2 = 10\mu F \quad C_3 = 470\mu F \quad L_1 = 22\mu F$

$$H_0 = \frac{R_L}{R_L + r_L} = 0.952 \quad 20\log(H_0) = -0.424dB\,直流增益$$

$$\tau_1 = \frac{L_1}{r_L + R_L} = 10.476\mu s$$

$$\tau_2 = (r_{C_2} + r_L //R_L)C_2 = 1.452\mu s$$

$$\tau_3 = (r_{C_3} + r_L //R_L)C_3 = 51.812\mu s$$

$$b_1 = \tau_1 + \tau_2 + \tau_3 = 63.74\mu s$$

$$\tau_{12} = C_2(r_{C_2} + R_L) = 20.5\mu s$$

$$\tau_{13} = C_3(r_{C_3} + R_L) = 947.05\mu s$$

$$\tau_{23} = (r_{C_3} + r_L //R_L //r_{C_2})C_3 = 22.46\mu s$$

$$b_2 = \tau_1\tau_{12} + \tau_1\tau_{13} + \tau_2\tau_{23} = 1.017\times10^4\mu s^2$$

$$\tau_{123} = (r_{C_3} + r_{C_2} //R_L)C_3 = 29.977\mu s$$

$$b_3 = \tau_1\tau_{12}\tau_{123} = 6.438\times10^3\mu s^3$$

$$\omega_{z_1} = \frac{1}{r_{C_2}C_2} \quad f_{z_1} = \frac{\omega_{z_1}}{2\pi} = 318.31kHz$$

$$\omega_{z_2} = \frac{1}{r_{C_3}C_3} \quad f_{z_2} = \frac{\omega_{z_2}}{2\pi} = 22.575kHz$$

时间常数测试：

$b_1 = 63.74\mu s$

$$\frac{b_2}{b_1} = 159.535\mu s$$

$$\frac{b_3}{b_2} = 0.633\mu s \quad \frac{b_3}{b_2}\frac{1}{2\pi} = 251.391kHz$$

主导高频响应

$$H_1(s) = H_0\frac{\left(1 + \dfrac{s}{\omega_{z_1}}\right)\left(1 + \dfrac{s}{\omega_{z_2}}\right)}{1 + b_1 s + b_1 s^2 + b_3 s^3}$$

$$Q_D = \frac{\sqrt{b_2}}{b_1} = 1.582 \quad \omega_{0D} = \frac{1}{\sqrt{b_2}}$$

$$\Rightarrow \quad H_5(s) = H_0\frac{\left(1 + \dfrac{s}{\omega_{z_1}}\right)\left(1 + \dfrac{s}{\omega_{z_2}}\right)}{\left[1 + \dfrac{s}{\omega_{0D}Q_D} + \left(\dfrac{s}{\omega_{0D}}\right)^2\right]\left(1 + s\dfrac{b_3}{b_2}\right)}$$

$$z_1(s) = \left(r_{C_2} + \frac{1}{sC_2}\right) // \left(r_{C_3} + \frac{1}{sC_3}\right) //R_L$$

$$H_{ref}(s) = \frac{z_1(s)}{r_L + sL_1 + z_1(s)}$$

图7.13 三阶多项式被重组为两个滤波器级联，一个是低通滤波器，跟随着一个二阶滤波器

在图 7.14 中，RC 网络将输入连接到输出，它不会使分析过于复杂，观察会立即看到两个零点：当 C_1 和 C_2 短路时，激励仍然可以传播以形成响应，这表明存在与这些电容相关的零点。当 C_3 因响应消失而短路时，情况并非如此。在这个练习中，电阻都具有相同的值 R，从而可以进行简化。图 7.15 显示了高频增益，由于大多数结构的增益返回为零，因此仅两个图就足够了。如果认为极点和零点很好地分离，就有可能将传递函数重新排列为低通滤波器和高通滤波器级联，从而自然地为面向设计的表达式铺平了道路。这就是我在图 7.16 中所做的，暴力求解计算表达式、FACTs 及其近似表达式结果都非常一致。

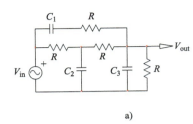

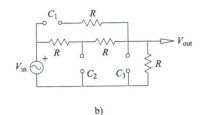

$$s=0$$

$$H_0=\frac{R}{3R}=\frac{1}{3}$$

a) b)

令激励源为0V，确定驱动电容的电阻R：

令C_1处于高频状态，确定从电容C_2两端看到的电阻R：

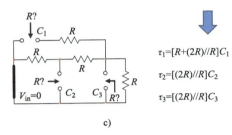

$$\tau_1=[R+(2R)//R]C_1$$

$$\tau_2=[(2R)//R]C_2$$

$$\tau_3=[(2R)//R]C_3$$

c)

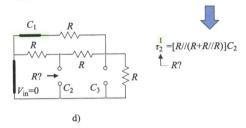

$$\tau_2^1=[R//(R+R//R)]C_2$$

d)

令C_1处于高频状态，确定从电容C_3两端看到的电阻R：

令C_2处于高频状态，确定从电容C_2两端看到的电阻R：

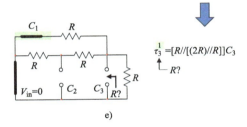

$$\tau_3^1=[R//[(2R)//R]]C_3$$

e)

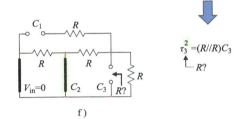

$$\tau_3^2=(R//R)C_3$$

f)

令C_1和C_2均处于高频状态，确定从电容C_3两端看到的电阻R：

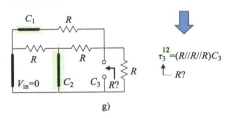

$$\tau_3^{12}=(R//R//R)C_3$$

g)

$$b_1=\tau_1+\tau_2+\tau_3=\frac{5R}{3}C_1+\frac{2R}{3}C_2+\frac{2R}{3}C_3=\frac{R}{3}[5C_1+2(C_2+C_3)]$$

$$b_2=\tau_1\tau_2^1+\tau_1\tau_3^1+\tau_2\tau_3^2=\frac{5R}{3}C_1\left[\frac{3R}{5}C_2+\frac{2R}{5}C_3\right]+\frac{2R}{3}C_2\frac{R}{2}C_3=R^2\left(C_1C_2+\frac{2C_1C_3}{3}+\frac{C_2C_3}{3}\right)$$

$$b_3=\tau_1\tau_2^1\tau_3^{12}=\frac{5R}{3}C_1\frac{3R}{5}C_2\frac{R}{3}C_3=R^3\frac{C_1C_2C_3}{3}$$

$$D(s)=1+sb_1+s^2b_2+s^3b_3$$

图7.14 三阶电路具有两个零点，包含C_1和C_2

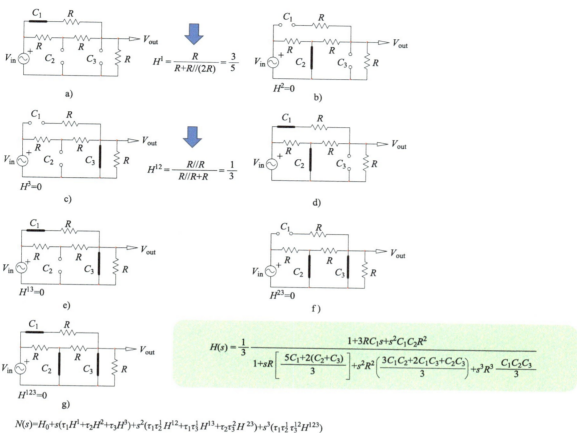

$$N(s)=H_0+s(\tau_1 H^1+\tau_2 H^2+\tau_3 H^3)+s^2(\tau_1\tau_2^1 H^{12}+\tau_1\tau_3^1 H^{13}+\tau_2\tau_3^2 H^{23})+s^3(\tau_1\tau_2^1\tau_3^{12}H^{123})$$

$$N(s)=\frac{1}{3}+s\left(\tau_1\frac{3}{5}+\tau_2 0+\tau_3 0\right)+s^2\left(\tau_1\tau_2^1\frac{1}{3}+\tau_1\tau_3^1 0+\tau_2\tau_3^2 0\right)+s^3(\tau_1\tau_2^1\tau_3^{12}0)$$

$$N(s)=\frac{1}{3}(1+s3RC_1+s^2 C_1 C_2 R^2)$$

如果极点和零点很好地分离，则可以将传递函数近似为

$$H(s)\approx\frac{1}{3}\frac{\left(1+\dfrac{s}{\omega_{z_1}}\right)\left(1+\dfrac{s}{\omega_{z_2}}\right)}{\left(1+\dfrac{s}{\omega_{p_1}}\right)\left(1+\dfrac{s}{\omega_{p_2}}\right)\left(1+\dfrac{s}{\omega_{p_3}}\right)}$$

$$\omega_{p_1}=\frac{1}{b_1}\quad\omega_{p_2}=\frac{b_1}{b_2}\quad\omega_{p_3}=\frac{b_2}{b_3}$$

$$\omega_{z_1}=\frac{1}{3RC_1}\quad\omega_{z_2}=\frac{3}{RC_2}$$

图7.15　确定高频增益简化了寻找零点的过程

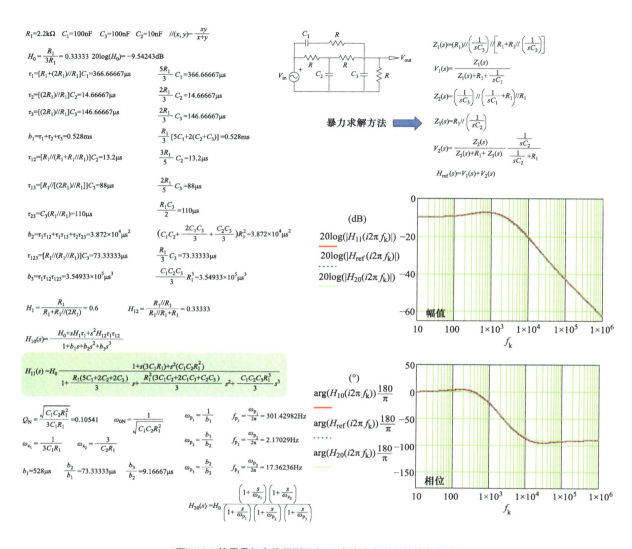

图7.16 使用叠加定律得到了与H_{11}表达式完全一致的参考图

在图 7.17 中观察一个跨阻抗传递函数，该函数将响应 V_{out}（单位为伏特）与激励 V_{in}（单位为安培）关联起来。电流源受到输出电阻 R_{th} 的影响，并且它可以是运算跨导放大器（OTA）的电阻。当 $s = 0$ 时，直流增益 R_0 为 R_{th}。然后，关闭激励源以确定时间常数，意味着电流源从电路中消失。现在通过观察可以很容易地确定在各种电路结构中驱动每个电容的电阻 R。有了时间常数，分母就组合好了。

零点是通过识别涉及任何电容的特定阻抗组合的响应如何消失而获得的。C_1 单独贡献了一个零点：当包含 R_1 和 C_1 的串联支路变为变形的短路时，响应消失。也可以通过将每个电容设置为高频状态来分别测试它们。只有当 C_1 被短路代替时，激励才会产生响应，并且相应的增益 H_1 是非零的。包含 C_2 和 C_3 的任何其他组合导致增益为零。最终结果如图 7.18 所示。只要极点能很好地分离，就可以近似传递函数并获得更简单的形式。

图 7.19 给出了推导的传递函数的交流响应，它们与使用暴力求解得到的传递函数非常吻合。

一个典型的陷波滤波器如图 7.20 所示，它有三个电容，乍一看很吓人，幸运的是，只需观察一下，FACTs 会在不写一行代数的情况下找到答案，当所有电容都断开时，从直流增益开始，等于 1。然后按照前面插图中的说明进行操作。分母出来了，正如预期的那样，它是三阶系统。

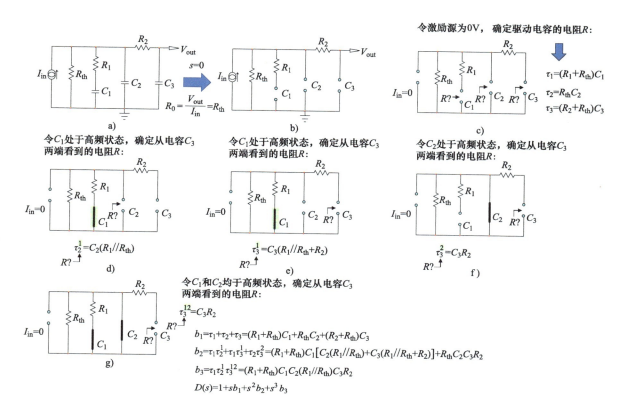

图7.17 该滤波器受到电流源激励，并将其转换为一个电压响应

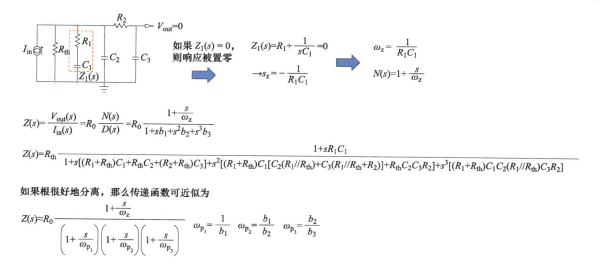

图7.18 传递函数相当复杂，但只要极点分离得很好，就可以对其进行近似

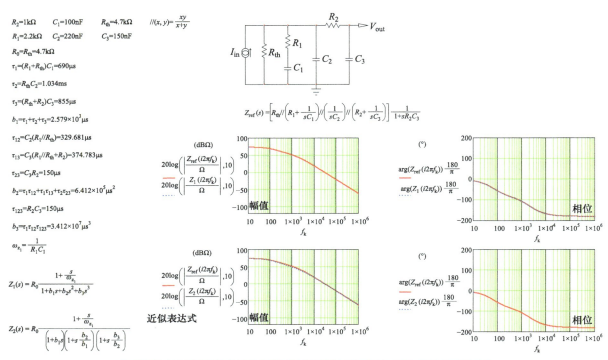

R_2=1kΩ C_1=100nF R_th=4.7kΩ $//(x,y)=\frac{xy}{x+y}$

R_1=2.2kΩ C_2=220nF C_3=150nF

R_0=R_th=4.7kΩ

$\tau_1=(R_1+R_\text{th})C_1$=690μs

$\tau_2=R_\text{th}C_2$=1.034ms

$\tau_3=(R_\text{th}+R_2)C_3$=855μs

$b_1=\tau_1+\tau_2+\tau_3$=2.579×10^{3}μs

$\tau_{12}=C_2(R_1//R_\text{th})$=329.681μs

$\tau_{13}=C_3(R_1//R_\text{th}+R_2)$=374.783μs

$\tau_{23}=C_3R_2$=150μs

$b_2=\tau_1\tau_{12}+\tau_1\tau_{13}+\tau_2\tau_{23}$=6.412×10^{5}μs^2

$\tau_{123}=R_2C_3$=150μs

$b_3=\tau_1\tau_{12}\tau_{123}$=3.412×10^{7}μs^3

$\omega_{z_1}=\frac{1}{R_1C_1}$

$Z_1(s)=R_0\dfrac{1+\dfrac{s}{\omega_{z_1}}}{1+b_1s+b_2s^2+b_3s^3}$

$Z_2(s)=R_0\dfrac{1+\dfrac{s}{\omega_{z_1}}}{(1+b_1s)\left(1+s\dfrac{b_2}{b_1}\right)\left(1+s\dfrac{b_3}{b_2}\right)}$

$Z_\text{ref}(s)=\left[R_\text{th}//\left(R_1+\dfrac{1}{sC_1}\right)//\left(\dfrac{1}{sC_2}\right)//\left(R_2+\dfrac{1}{sC_3}\right)\right]\dfrac{1}{1+sR_2C_3}$

图7.19 通过暴力求解的传递函数和其近似表达式进行了比较，它们非常一致

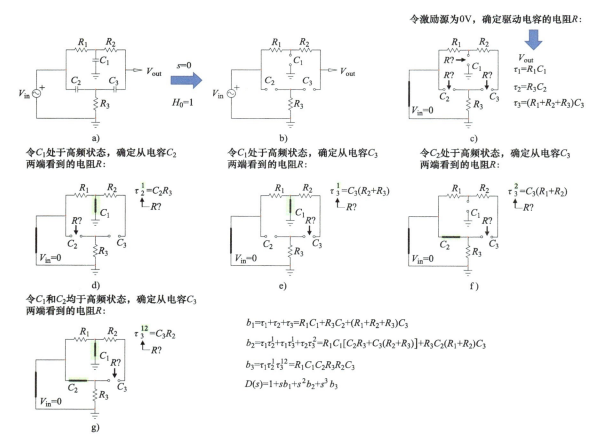

$b_1=\tau_1+\tau_2+\tau_3=R_1C_1+R_3C_2+(R_1+R_2+R_3)C_3$

$b_2=\tau_1\tau_2^1+\tau_1\tau_3^1+\tau_2\tau_3^2=R_1C_1[C_2R_3+C_3(R_2+R_3)]+R_3C_2(R_1+R_2)C_3$

$b_3=\tau_1\tau_2^1\tau_3^{12}=R_1C_1C_2R_3R_2C_3$

$D(s)=1+sb_1+s^2b_2+s^3b_3$

图7.20 传递函数只需要观察就可快速确定

零点可以通过 NDI 获得，但对于这个例子，我更喜欢使用广义传递函数及其高频增益。如图 7.21 所示，电路结构很容易观察，可以快速生成分子表达式。

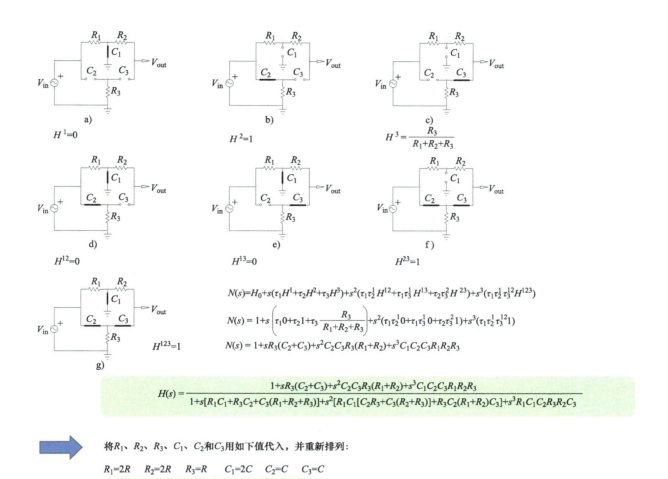

$$N(s)=H_0+s(\tau_1 H^1+\tau_2 H^2+\tau_3 H^3)+s^2(\tau_1\tau_2^1 H^{12}+\tau_1\tau_3^1 H^{13}+\tau_2\tau_3^2 H^{23})+s^3(\tau_1\tau_2^1\tau_3^{12} H^{123})$$

$$N(s)=1+s\left(\tau_1 0+\tau_2 1+\tau_3\frac{R_3}{R_1+R_2+R_3}\right)+s^2(\tau_1\tau_2^1 0+\tau_1\tau_3^1 0+\tau_2\tau_3^2 1)+s^3(\tau_1\tau_2^1\tau_3^{12} 1)$$

$$N(s)=1+sR_3(C_2+C_3)+s^2 C_2 C_3 R_3(R_1+R_2)+s^3 C_1 C_2 C_3 R_1 R_2 R_3$$

$$H(s)=\frac{1+sR_3(C_2+C_3)+s^2 C_2 C_3 R_3(R_1+R_2)+s^3 C_1 C_2 C_3 R_1 R_2 R_3}{1+s[R_1 C_1+R_3 C_2+C_3(R_1+R_2+R_3)]+s^2[R_1 C_1[C_2 R_3+C_3(R_2+R_3)]+R_3 C_2(R_1+R_2)C_3]+s^3 R_1 C_1 C_2 R_3 R_2 C_3}$$

将 R_1、R_2、R_3、C_1、C_2 和 C_3 用如下值代入，并重新排列：

$$R_1=2R \qquad R_2=2R \qquad R_3=R \qquad C_1=2C \qquad C_2=C \qquad C_3=C$$

$$H(s)=\frac{1+4C^2R^2s^2}{1+s8RC+s^2 4C^2R^2}=\frac{1+\left(\dfrac{s}{\omega_0}\right)^2}{1+\dfrac{s}{\omega_0 Q}+\left(\dfrac{s}{\omega_0}\right)^2} \qquad \omega_0=\frac{1}{2RC} \qquad Q=\frac{2RC}{8RC}=0.25$$

图7.21 利用高频增益得出本例中的分子表达式

该滤波器实际电路中的参数有着一定的对称性，即 $R_1=R_2=2R$ 和 $R_3=R$。在最终表达式中代入这些得到了一个紧凑的传递函数，分子和分母中表现出二阶多项式。品质因数为 0.25。

交流响应如图 7.22 所示，所采用的值证实了在 80kHz 左右调谐的陷波滤波器的存在。参考传递函数是通过叠加定律和 Thévenin 等效获得的，不用说，如果没有计算求解器来重新排列系数，结果将是难以处理的。传递函数响应和参考传递函数响应完全一致，这证实了我们的分析。

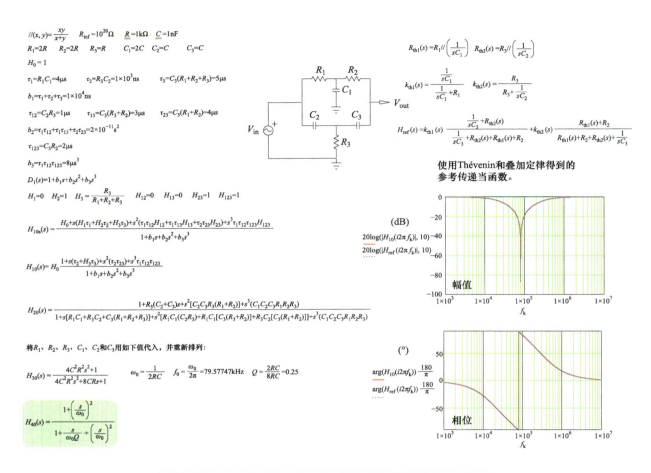

$$//(x,y) = \frac{xy}{x+y} \quad R_{\inf} = 10^{20}\Omega \quad R = 1k\Omega \quad C = 1nF$$

$$R_1 = 2R \quad R_2 = 2R \quad R_3 = R \quad C_1 = 2C \quad C_2 = C \quad C_3 = C$$

$$H_0 = 1$$

$$\tau_1 = R_1 C_1 = 4\mu s \quad \tau_2 = R_3 C_2 = 1\times 10^3 ns \quad \tau_3 = C_3(R_1+R_2+R_3) = 5\mu s$$

$$b_1 = \tau_1 + \tau_2 + \tau_3 = 1\times 10^4 ns$$

$$\tau_{12} = C_2 R_3 = 1\mu s \quad \tau_{13} = C_3(R_3+R_2) = 3\mu s \quad \tau_{23} = C_3(R_1+R_2) = 4\mu s$$

$$b_2 = \tau_1 \tau_{12} + \tau_1 \tau_{13} + \tau_2 \tau_{23} = 2\times 10^{-11} s^2$$

$$\tau_{123} = C_3 R_2 = 2\mu s$$

$$b_3 = \tau_1 \tau_{12} \tau_{123} = 8\mu s^3$$

$$D_1(s) = 1 + b_1 s + b_2 s^2 + b_3 s^3$$

$$H_1 = 0 \quad H_2 = 1 \quad H_3 = \frac{R_3}{R_1+R_2+R_3} \quad H_{12} = 0 \quad H_{13} = 0 \quad H_{23} = 1 \quad H_{123} = 1$$

$$H_{10n} = \frac{H_0 + s(H_1\tau_1 + H_2\tau_2 + H_3\tau_3) + s^2(\tau_1\tau_{12}H_{12} + \tau_1\tau_{13}H_{13} + \tau_2\tau_{23}H_{23}) + s^3 \tau_1\tau_{12}\tau_{123}H_{123}}{1 + b_1 s + b_2 s^2 + b_3 s^3}$$

$$H_{10}(s) = H_0 \frac{1 + s(\tau_2 + H_3\tau_3) + s^2(\tau_2\tau_{23}) + s^3\tau_1\tau_{12}\tau_{123}}{1 + b_1 s + b_2 s^2 + b_3 s^3}$$

$$H_{20}(s) = \frac{1 + R_3(C_2+C_3)s + s^2[C_2 C_3 R_3(R_1+R_2)] + s^3(C_1 C_2 C_3 R_1 R_2 R_3)}{1 + s[R_1 C_1 + R_3 C_2 + C_3(R_1+R_2+R_3)] + s^2[R_1 C_1(C_2 R_3) + R_1 C_1[C_3(R_3+R_2)] + R_3 C_2[C_3(R_1+R_2)]] + s^3(C_1 C_2 C_3 R_1 R_2 R_3)}$$

将 R_1、R_2、R_3、C_1、C_2 和 C_3 用下值代入，并重新排列：

$$H_{30}(s) = \frac{4C^2 R^2 s^2 + 1}{4C^2 R^2 s^2 + 8CRs + 1} \quad \omega_0 = \frac{1}{2RC} \quad f_0 = \frac{\omega_0}{2\pi} = 79.57747kHz \quad Q = \frac{2RC}{8RC} = 0.25$$

$$H_{40}(s) = \frac{1 + \left(\frac{s}{\omega_0}\right)^2}{1 + \frac{s}{\omega_0 Q} + \left(\frac{s}{\omega_0}\right)^2}$$

$$R_{th1}(s) = R_1 // \left(\frac{1}{sC_1}\right) \quad R_{th2}(s) = R_3 // \left(\frac{1}{sC_2}\right)$$

$$k_{th1}(s) = \frac{\frac{1}{sC_1}}{\frac{1}{sC_1} + R_1} \quad k_{th2}(s) = \frac{R_3}{R_3 + \frac{1}{sC_2}}$$

$$H_{ref}(s) = k_{th1}(s) \frac{\frac{1}{sC_3} + R_{th2}(s)}{\frac{1}{sC_3} + R_{th2}(s) + R_{th1}(s) + R_2} + k_{th2}(s) \frac{R_{th1}(s) + R_2}{R_{th1}(s) + R_2 + R_{th2}(s) + \frac{1}{sC_3}}$$

使用Thévenin和叠加定律得到的
参考传递当函数。

(dB)

$20\log(|H_{10}(i2\pi f_k)|, 10)$
$20\log(|H_{ref}(i2\pi f_k)|, 10)$

幅值

f_k

(°)

$\arg(H_{10}(i2\pi f_k)) \frac{180}{\pi}$
$\arg(H_{ref}(i2\pi f_k)) \frac{180}{\pi}$

相位

f_k

图7.22 交流响应证实了在该特定设计中存在调谐到80kHz以下的陷波

下一个例子如图 7.23 所示，包含两个电感与一个电容。将从连接端子来确定这个网络提供的阻抗 Z。通过将测试发生器 I_T（激励源）连接到端子来确定阻抗，电流源上获得的响应为 V_T。从直流开始，电感被短路取代，电容开路，立即观察到 R_3 是直流电阻。继续进行各种组合，找出所有的时间常数并形成分母。在阻抗确定中，通过使响应 V_T 为零来获得分子，这类似于用短路代替发生器。完整的传递函数是在几个简单的电路后组合而成的，如图 7.24 所示。绘制在图 7.25 中导出的各种表达式的交流响应，证实了分析方法是正确的。

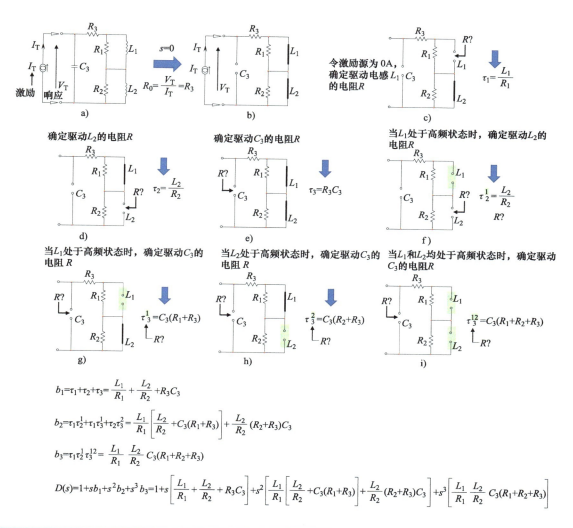

$$b_1 = \tau_1 + \tau_2 + \tau_3 = \frac{L_1}{R_1} + \frac{L_2}{R_2} + R_3 C_3$$

$$b_2 = \tau_1 \tau_2^1 + \tau_1 \tau_3^1 + \tau_2 \tau_3^2 = \frac{L_1}{R_1}\left[\frac{L_2}{R_2} + C_3(R_1+R_3)\right] + \frac{L_2}{R_2}(R_2+R_3)C_3$$

$$b_3 = \tau_1 \tau_2^1 \tau_3^{12} = \frac{L_1}{R_1}\frac{L_2}{R_2}C_3(R_1+R_2+R_3)$$

$$D(s) = 1 + sb_1 + s^2 b_2 + s^3 b_3 = 1 + s\left[\frac{L_1}{R_1} + \frac{L_2}{R_2} + R_3 C_3\right] + s^2\left[\frac{L_1}{R_1}\left[\frac{L_2}{R_2} + C_3(R_1+R_3)\right] + \frac{L_2}{R_2}(R_2+R_3)C_3\right] + s^3\left[\frac{L_1}{R_1}\frac{L_2}{R_2}C_3(R_1+R_2+R_3)\right]$$

图7.23　安装测试发生器 I_T 以得到响应 V_T，进而确定阻抗，幸运的是，FACTs指引我们直接得出结果，而不需要任何数学运算

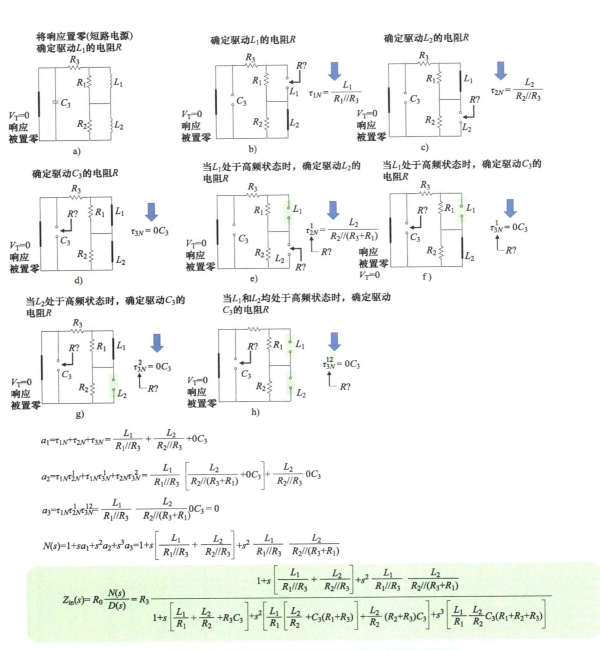

图7.24 通过令响应V_T为零来获得零点，这与短路电流源相同

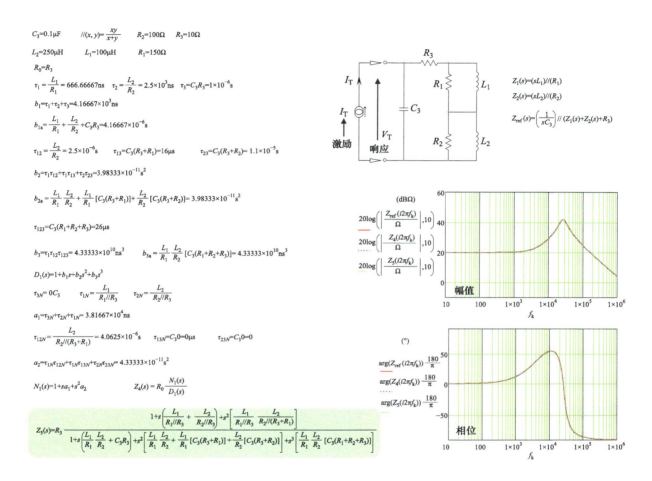

图7.25　该阻抗的幅值和相位响应证实了计算正确

7.3　传递函数图表

为了方便浏览所推导的传递函数，下面汇总了本章研究的电路网络，如图 7.26 所示。

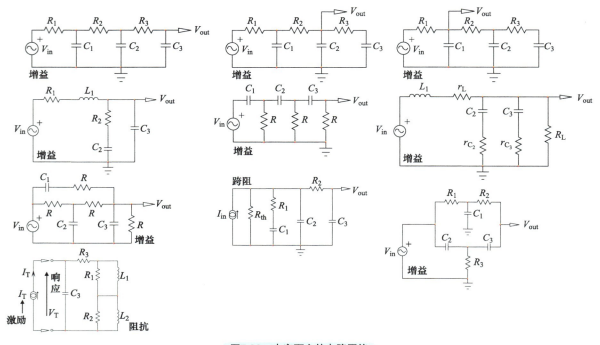

图7.26　本章研究的电路网络

参考文献

1. C. Basso, *Linear Circuit Transfer Functions – An Introduction to Fast Analytical Techniques*, Wiley, 2016.
2. R. Erickson, D. Maksimović, *Fundamentals of Power Electronics,* Chapter 8 (https://www.ieee.li/pdf/introduction_to_power_electronics/chapter_08.pdf), Springer, 2001.